马铃薯科学与技术丛书

马铃薯保质储运与机械作业技术

主编　车树理　赵芳　武睿

图书在版编目(CIP)数据

马铃薯保质储运与机械作业技术/车树理,赵芳,武睿主编.—武汉:武汉大学出版社,2015.10
马铃薯科学与技术丛书
ISBN 978-7-307-16393-5

Ⅰ.马… Ⅱ.①车… ②赵… ③武… Ⅲ.①马铃薯—贮运 ②马铃薯—生产—农业机械化 Ⅳ.S532

中国版本图书馆 CIP 数据核字(2015)第 163094 号

责任编辑:顾素萍 责任校对:汪欣怡 版式设计:马 佳

出版发行:**武汉大学出版社** (430072 武昌 珞珈山)
(电子邮件:cbs22@whu.edu.cn 网址:www.wdp.com.cn)
印刷:湖北民政印刷厂
开本:787×1092 1/16 印张:13.5 字数:327 千字 插页:1
版次:2015 年 10 月第 1 版 2015 年 10 月第 1 次印刷
ISBN 978-7-307-16393-5 定价:28.00 元

总　　序

马铃薯是全球仅次于小麦、水稻和玉米的第四大主要粮食作物。它的人工栽培历史最早可追溯到公元前8世纪到5世纪的南美地区。大约在17世纪中期引入我国，到19世纪已在我国很多地方落地生根，目前全国种植面积约500万公顷，总产量9000万吨，中国已成为世界上最大的马铃薯生产国之一。中国人对马铃薯具有深厚的感情，在漫长的传统农耕时代，马铃薯作为赖以果腹的主要粮食作物，使无数中国人受益。而今，马铃薯又以其丰富的营养价值，成为中国饮食烹饪文化不可或缺的部分。马铃薯产业已是当今世界最具发展前景的朝阳产业之一。

在中国，一个以“苦瘠甲于天下”的地方与马铃薯结下了无法割舍的机缘，它就是地处黄土高原腹地的甘肃定西。定西市是中国农学会命名的“中国马铃薯之乡”，得天独厚的地理环境和自然条件使其成为中国乃至世界马铃薯最佳适种区，其马铃薯产量和质量在全国均处于一流水平。20世纪90年代，当地政府调整农业产业结构，大力实施“洋芋工程”，扩大马铃薯种植面积，不仅解决了温饱问题，而且增加了农民收入。进入21世纪以来，定西市实施打造“中国薯都”战略，加快产业升级，马铃薯产业成为带动经济增长、推动富民强市、影响辐射全国、迈向世界的新兴产业。马铃薯是定西市享誉全国的一张亮丽名片。目前，定西市是全国马铃薯三大主产区之一，建成了全国最大的脱毒种薯繁育基地、全国重要的商品薯生产基地和薯制品加工基地。自1996年以来，定西市马铃薯产业已经跨越了自给自足，走过了规模扩张和产业培育两大阶段，目前正在加速向“中国薯都”新阶段迈进。近20年来，定西马铃薯种植面积由100万亩发展到300多万亩，总产量由不足100万吨提高到500万吨以上；发展过程由“洋芋工程”提升为“产业开发”；地域品牌由“中国马铃薯之乡”正向“中国薯都”嬗变；功能效用由解决农民基本温饱跃升为繁荣城乡经济的特色支柱产业。

2011年，我受组织委派，有幸来到定西师范高等专科学校任职。定西师范高等专科学校作为一所师范类专科院校，适逢国家提出师范教育由二级（专科、本科）向一级（本科）过渡，这种专科层次的师范学校必将退出历史舞台，学校面临调整转型、谋求生存的巨大挑战。我们在谋划学校未来发展蓝图和方略时清醒地认识到，作为一所地方高校，必须以瞄准当地支柱产业为切入点，从服务区域经济发展的高度科学定位自身的办学方向，为地方社会经济发展积极培养合格人才，主动为地方经济建设服务。学校通过认真研究论证，认为马铃薯作为定西市第一大支柱产业，在产量和数量方面已经奠定了在全国范围内的“薯都”地位，但是科技含量的不足与精深加工的落后必然影响到产业链的升级。而实现马铃薯产业从规模扩张向质量效益提升的转变，从初级加工向精深加工、循环利用转变，必须依赖于科技和人才的支持。基于学校现有的教学资源、师资力量、实验设施和管理水平等优势，不仅在打造“中国薯都”上应该有所作为，而且一定会大有作为。

因此提出了在我校创办“马铃薯生产加工”专业的设想，并获申办成功，在全国高校尚属首创。我校自2011年申办成功“马铃薯生产加工”专业以来，已经实现了连续3届招生，担任教学任务的教师下田地，进企业，查资料，自编教材、讲义，开展了比较系统的良种繁育、规模化种植、配方施肥、病虫害综合防治、全程机械化作业、精深加工等方面的教学，积累了比较丰富的教学经验，第一届学生已经完成学业走向社会，我校“马铃薯生产加工”专业建设已经趋于完善和成熟。

这套“马铃薯科学与技术丛书”就是我们在开展“马铃薯生产加工”专业建设和教学过程中结出的丰硕成果，它凝聚了老师们四年来的辛勤探索和超群智慧。丛书系统阐述了马铃薯从种植到加工、从产品到产业的基本原理和技术，全面介绍了马铃薯的起源与栽培历史、生物学特性、优良品种和脱毒种薯繁育、栽培育种、病虫害防治、资源化利用、质量检测、仓储运销技术，既有实践经验和实用技术的推广，又有文化传承和理论上的创新。在编写过程中，一是突出实用性，在理论指导的前提下，尽量针对生产需要选择内容，传递信息，讲解方法，突出实用技术的传授；二是突出引导性，尽量选择来自生产第一线的成功经验和鲜活案例，引导读者和学生在阅读、分析的过程中获得启迪与发现；三是突出文化传承，将马铃薯文化资源通过应用技术的嫁接和科学方法的渗透为马铃薯产业创新服务，力图以文化的凝聚力、渗透力和辐射力增强马铃薯产业的人文影响力和核心竞争力，以期实现马铃薯产业发展与马铃薯产业文化的良性互动。

本套丛书在编写过程中得到了甘肃农业大学毕阳教授、甘肃省农科院王一航研究员、甘肃省定西市科技局高占彪研究员、甘肃省定西市农科院杨俊丰研究员等农业专家的指导和帮助，并对最终定稿进行了认真评审论证。定西市安定区马铃薯经销协会、定西农夫薯园马铃薯脱毒快繁有限公司对丛书编写出版给予了大力支持。在丛书付梓出版之际，对他们的鼎力支持和辛勤付出表示衷心感谢。本套丛书的出版，将有助于大专院校、科研单位、生产企业和农业管理部门从事马铃薯研究、生产、开发、推广人员加深对马铃薯科学的认识，提高马铃薯生产加工的技术技能。丛书可作为高职高专院校、中等职业学校相关专业的系列教材，同时也可作为马铃薯生产企业、种植农户、生产职工和农民的培训教材或参考用书。

杨声

2015年3月于定西

杨声：
“马铃薯科学与技术丛书”总主编
甘肃中医药大学党委副书记
定西师范高等专科学校党委书记　教授

前　　言

在我国北方，随着农业种植结构的调整，马铃薯种植面积逐年扩大，为了提高马铃薯生产效率和降低生产成本，减少收获后的烂耗损失，确保丰产后能够丰收，我们编写了这本《马铃薯保质储运与机械作业技术》。

全书分上下两编，共 14 章。上编主要内容包括：马铃薯采后生理、马铃薯的采收及现代物流、影响马铃薯储藏的因素、马铃薯的储藏方式与管理、马铃薯采后病害及其预防等。主要介绍了马铃薯采收后的一些生理现象，影响马铃薯储藏质量的采前内部因素和环境因素，马铃薯的现代物流方式及常见的储藏方式、管理技术，马铃薯在采后的储藏、运输、销售过程中发生的一系列的生理、病理变化。下编主要内容包括：农业机械使用常识、农用拖拉机使用与维护、土壤耕作机械的使用与维护、马铃薯播种机械的使用与维护、保护地机械的使用与维护、马铃薯中耕培土机械的使用与维护、植物保护机械的使用与维护、灌溉机械的使用与维护、马铃薯收获机械的使用与维护等。主要介绍了农用拖拉机和各种农田作业机械的结构、原理、性能等方面的基础知识及使用、维护、安装、调整和故障排除等职业技能。使学习者清楚马铃薯储藏期间对环境条件的要求，合理地选择其储藏方式并能对其进行科学的管理，能够正确、高效地运用各类马铃薯作业机械为马铃薯生产服务。

本书在内容上尽量突出应用性、科学性、先进性、系统性，切实落实了“管用、够用、适用”的教学思想。本书可作为高等职业学校马铃薯生产加工专业的教材，也可作为相关行业岗位培训教材或自学用书。

由于编者水平有限，加之编写时间仓促，书中难免存在疏漏和错误之处，恳请读者批评指正，以便我们修订时改正。

编　者

2015 年 8 月

前 言

目　　录

上编　马铃薯保质储运技术

下编　马铃薯机械作业技术

上编　马铃薯保质储运技术

第1章　马铃薯采后生理

1.1　呼吸生理

马铃薯采收后，光合作用停止，但它仍是一个活的有机体，其生命代谢活动仍在有序地进行。呼吸作用是马铃薯采后最主要的生理活动，是提供各种代谢活动所需能量的基本保证。在马铃薯的储藏和运输过程中，保持其尽可能低而又正常的呼吸代谢，是保证马铃薯质量的基本原则和要求。因此，研究马铃薯储藏期间的呼吸作用及其调控，不仅具有生物学的理论意义，而且对控制马铃薯采后的品质变化、生理失调、储藏寿命、病原菌侵染、商品化处理等多方面具有重要意义。

1.1.1　呼吸作用的基本概念

呼吸作用是指生活细胞内的有机物在酶的参与下，逐步氧化分解并释放出能量的过程。呼吸作用中被氧化的有机物称为呼吸底物，马铃薯采后呼吸的主要底物是有机物，如糖、有机酸和脂肪等。

依据呼吸过程中是否有氧的参与，可将呼吸作用分为有氧呼吸和无氧呼吸两大类。

有氧呼吸是指生活细胞在 O_2 的参与下，把某些有机物质彻底氧化分解，形成 CO_2 和 H_2O，同时释放出能量的过程。以葡萄糖作为呼吸底物，则有氧呼吸的总反应如下：

$$C_6H_{12}O_6 + 6O_2 \longrightarrow 6CO_2 + 6H_2O + 能量$$

在呼吸过程中，有一部分能量以热能的形式释放，使储藏环境温度提高，并积累了 CO_2。因此，在马铃薯采后储藏过程中要加以注意。

无氧呼吸是指在无氧条件下，生活细胞内的有机物质降解为不彻底的氧化产物，同时释放出能量的过程。无氧呼吸可以产生酒精，也可以产生乳酸。马铃薯块茎在进行无氧呼吸时，产生乳酸。反应式如下：

$$C_6H_{12}O_6 \longrightarrow 2CH_3CHOHCOOH + 能量$$

无氧呼吸的结果除少部分呼吸底物的碳被氧化成 CO_2 外，大部分底物仍以有机物的形式存在，因而所释放的能量远比有氧呼吸少。为了获得等量的能量，就需要消耗更多的呼吸底物来补充。马铃薯采后在储藏过程中，如果储藏环境通气性不好，长期处于无氧或氧气不足的条件下，则易发生无氧呼吸，使产品品质发生劣变。

1.1.2　呼吸作用与马铃薯储藏的关系

1. 呼吸强度

呼吸强度是评价呼吸作用强弱的指标，又称**呼吸速率**，以单位数量植物组织、单位时

间的 O_2消耗量或 CO_2释放量表示。呼吸强度是评价农产品新陈代谢快慢的重要指标之一，根据呼吸强度可估计产品的储藏潜力。呼吸强度越大，表明呼吸代谢越旺盛，营养物质消耗越快，加速产品衰老，缩短储藏寿命。马铃薯的呼吸强度相对较小，在20~21℃下，其呼吸强度是8~16CO_2mg/(kg·h)，较耐储藏。

2. 呼吸商

呼吸商（RQ），又称**呼吸系数**，是呼吸作用过程中释放出的 CO_2与消耗的 O_2在容量上的比值，即 CO_2/O_2。由于植物组织可以利用不同的基质进行呼吸，不同基质的呼吸商不同。

呼吸商越小，消耗的氧量越大，因此，氧化时所释放的能量也越多。同时，因为各种呼吸底物有着不同的RQ值，RQ的大小与呼吸底物和呼吸状态（有氧呼吸、无氧呼吸）有关，故可根据呼吸商的大小大致推测呼吸作用的底物及其性质的改变，有时呼吸商也可能是来自多种呼吸底物的平均值。

但是，呼吸代谢是一个复杂的综合过程，如果同时进行着几种不同的氧化代谢方式，也可以同时有几种底物参与反应，因此，测得的呼吸商，只能综合地反映出呼吸的总趋势，不可能准确指出呼吸底物的种类或无氧呼吸的强度，所以根据马铃薯的呼吸商来判断呼吸的性质和呼吸底物的种类是具有一定局限性的。

3. 呼吸温度系数

呼吸温度系数，指当环境温度提高10℃时，农产品呼吸强度所增加的倍数，以 Q_{10}表示。不同种类、品种的农产品，其 Q_{10}的差异较大，同一产品，在不同的温度范围内 Q_{10}也不同，马铃薯的 Q_{10}在10~24℃时为2.2，0.5~10℃时为2.1。

4. 呼吸热

呼吸热是呼吸过程中产生的、除了维持生命活动以外而散发到环境中的那部分热量，通常以B. t. u（英国热量单位）表示。由于马铃薯采后呼吸作用旺盛，释放出大量的呼吸热。因此，在马铃薯采收后储运期间必须及时散热和降温，以避免储藏库温度升高，而温度升高又会使呼吸增强，放出更多的热，形成恶性循环，缩短储藏寿命。为了有效降低库温和运输车船的温度，首先要算出呼吸热，以便配置适当功率的制冷机，控制适当的储运温度。

1.1.3　影响呼吸强度的因素

控制采后马铃薯的呼吸强度，是延长其储藏期的有效途径。影响其呼吸强度的因素主要有以下几个方面。

1. 自身因素

马铃薯的呼吸强度相对较小，较耐储藏，但不同品种的马铃薯，呼吸强度差异较大，主要是由其遗传特性所决定的，因此它们的储藏期各不相同。一般来说早熟品种呼吸强度大，不耐储藏，晚熟品种呼吸强度小，较耐储藏。

2. 温度

温度是影响马铃薯呼吸作用最主要的环境因素。在一定的温度范围内，呼吸强度与温度呈正相关关系。温度越高，马铃薯的呼吸强度越大，反之亦然。适宜的低温，可以显著降低马铃薯的呼吸强度。但温度过低会导致冷害，对马铃薯的储藏也不利。

3. 湿度

湿度对呼吸作用的影响还缺乏系统研究，一般来说，采后的马铃薯经轻微干燥后比湿润条件下更有利于降低呼吸强度，增强储藏性。

4. 环境气体成分

环境中 O_2和 CO_2的浓度变化，对呼吸作用有直接的影响。在不干扰组织正常呼吸代谢的前提下，适当降低储藏环境 O_2浓度并适当增加 CO_2浓度，可有效地抑制呼吸作用，延长马铃薯的储藏寿命。

5. 机械损伤

马铃薯在采收、采后处理及储运过程中，很容易受到机械损伤。受机械损伤后，呼吸强度会明显提高，不利于马铃薯的储藏。

6. 化学物质

一些化学物质，如青鲜素（MH），对呼吸强度有抑制作用，可作为马铃薯保鲜剂的重要成分。

1.2 蒸腾作用

马铃薯在采收后由于蒸腾作用，水分很容易损失，导致其失重和失鲜，严重影响它的商品外观和储藏寿命。因此，有必要进一步了解影响马铃薯蒸腾作用的因素，以采取相应的措施，减少水分的损失，保持马铃薯的新鲜。

1.2.1 蒸腾作用对采后马铃薯的影响

1. 失重和失鲜

蒸腾作用是指水分以气体状态，通过植物体的表面，从体内散发到体外的现象。由蒸腾作用所导致的组织水分散失称为**蒸腾失水**。

失重，是指储藏器官的蒸腾失水和干物质损耗所造成的重量减少。干物质消耗是呼吸作用所导致的细胞内储藏物质的消耗。因此，储藏器官的失重是由蒸腾作用和呼吸作用共同引起的，且失水是储藏器官失重的主要原因。

一般而言，当储藏失重占储藏器官总重量的5%时，储藏物就呈现出明显的萎蔫和皱缩现象。据研究，马铃薯在温度为25℃、湿度为75%~85%的环境下储藏10 d左右，失重率就可达6%，其新鲜度也随之下降。

2. 破坏正常的代谢过程

马铃薯的蒸腾失水会引起其代谢失调。水分是生物体内很重要的物质，参与多种代谢过程，水分可以使细胞器、细胞膜和酶得以稳定，可以维持细胞的膨压。有研究发现，组织过度缺水会加速器官的衰老。因此，在马铃薯采后储运过程中，减少组织的蒸腾失水是十分重要的。

3. 降低耐储性和抗病性

失水萎蔫破坏了正常的代谢过程，水解作用的加强，细胞膨压的下降会造成马铃薯结构特性改变，必然影响马铃薯的耐储性和抗病性。

1.2.2　影响采后马铃薯蒸腾作用的因素

1. 自身因素

刚收获的马铃薯块茎还未充分成熟，表皮幼嫩，未形成木栓层，收获和运输过程中易受擦伤，当产品组织擦伤后，破坏了表面的保护层，使皮下组织暴露在空气中，蒸腾作用加剧，容易失水。

2. 环境因素

(1) 湿度

储藏环境的相对湿度能够影响马铃薯的蒸腾作用。采后马铃薯的水分蒸发是以水蒸气的状态移动的，而水蒸气是从高密度处向低密度处移动。如果储藏环境干燥，相对湿度比较低，水分就会从马铃薯组织内部向储藏环境中移动，失水就比较严重。

(2) 温度

储藏环境的温度升高时，空气与饱和水蒸气压增大，能够容纳的水蒸气含量增多，储藏在这种环境中的马铃薯失水就会增多。另外，温度高，水分子移动快，细胞液的黏度下降，使水分子所受的束缚力减小，因而水分子容易自由移动，这些都有利于水分的蒸发。

(3) 空气流速

储藏环境中的空气流速可以改变空气的绝对湿度，空气流速大，将潮湿的空气带走的速度就快，这样产品始终处于一个相对湿度较低的环境中，马铃薯的水分就容易损失。

3. 结露现象及其危害

马铃薯在堆藏时，由于呼吸等代谢活动仍在进行，若通风散热不好，堆内的温度、湿度就会高于堆表面的温度、湿度，此时堆内湿热空气运动至堆表面，与冷面接触，温度下降，部分水气就在冷面上凝结成水珠，出现结露现象。另外，储藏库内温度波动也可造成结露现象。这些凝结水本身是微酸性的，附着或滴落到马铃薯表面上，极有利于病原菌孢子的传播、萌发和侵染。所以结露现象会导致马铃薯腐烂损失的增加。因此，在储藏中，要尽可能防止结露现象的出现，主要原则是设法消除或尽量减小温差。

1.3　休眠与发芽

1.3.1　休眠的阶段

休眠指的是植物在生长发育过程中遇到不良条件时，一些器官暂时停止生长的现象。例如，马铃薯在生长过程中体内积累了大量的营养物质，发育成熟后就会转入休眠状态，新陈代谢明显降低，水分蒸腾减少，呼吸作用减缓，一切生命活动都进入相对静止的状态。休眠中马铃薯薯块组织的物质消耗少，能忍受外界不良环境条件，保持其生活力，当外界环境条件对其生长有利时，才又恢复其生长和繁殖能力。因此，对马铃薯储藏来说，休眠是一种有利的生理现象。

马铃薯的块茎收获以后，休眠过程分为三个阶段。

第一个阶段，称为**薯块成熟期**，即休眠前期。表现为薯块表皮尚未完全木栓化，薯块内的水分迅速向外蒸发，由于呼吸作用旺盛和水分蒸发显著增多，使薯块重量显著减少，加以温度较高，容易积聚水汽而引起薯块的腐烂。约经20~35 d的后熟作用后，表皮充分木栓化，随着蒸发强度和呼吸强度的逐渐减弱，而转入休眠状态。

第二个阶段，称为**薯块静止期**，或深休眠期，即储藏中期。在这一时期，薯块呼吸作用减慢，养分消耗减低到最低程度。如果在适宜的低温条件下，可使薯块的休眠期保持较长的时间，一般可达两个月左右，最长可达4个多月。如控制好温度，可以按需要促进其迅速通过休眠期，也可延长休眠期，进行被迫休眠。

第三个阶段，为休眠后期，也称**萌芽期**，即晚期。此时马铃薯的休眠终止，呼吸作用又转旺盛；同时由于呼吸产生热量的积聚而使储藏温度升高，促使薯块迅速发芽。此时，薯块重量减轻程度与萌芽程度成正比。期间如能保持一定的低温条件，并加强储藏所通风，使包装内的O_2和CO_2浓度保持在一定范围，可使块茎处于被迫休眠状态而延迟萌芽，这对增加马铃薯的保鲜储藏期十分重要。

马铃薯品种很多，依皮色可分白、红、黄、紫等类型。应选择休眠期长的马铃薯作为长期储藏品种，早熟品种或在寒冷地区培栽的秋作的马铃薯品种耐储藏。

1.3.2 休眠的原因

马铃薯块茎休眠及解除是一个复杂的生理过程，受很多内在因素所支配。就目前研究所证明，马铃薯块茎周皮中含有一种抑制剂，可抑制淀粉酶活性和氧化磷酸化过程。块茎中还含有脱落酸，除抑制淀粉酶活性外，还抑制蛋白酶和核糖核酸酶的活性，使芽缺少可溶性糖类和代谢所需的能量，使芽生长锥细胞的分裂、生长受到抑制。随着休眠过程的延续，块茎周皮中含有的、一直处于低水平的赤霉素类物质开始活跃，数量增加，赤霉素类可促使淀粉酶、蛋白酶、核糖核酸酶活化，刺激细胞分裂和伸长，促进萌芽，标志着休眠解除。酶抑制剂和赤霉素虽然不是营养物质和能量，但它们却控制着物质和能量代谢的特定酶类的活动。只有特定酶类的活动被激活，块茎才能进入发芽阶段。这些内源激素起到了调控块茎休眠和解除的作用。

1.3.3 休眠和发芽的调控

马铃薯经过休眠期就会发芽，使薯块组织中所含的大量淀粉转化并造成外观萎蔫，同时马铃薯发芽部位会产生有毒物质，造成销售、加工损失，甚至完全失去食用价值。因此必须设法控制休眠，防止发芽，延长储藏期。

1. 储藏环境条件

低温、低氧、低湿和适当地提高CO_2浓度等环境条件均能延长休眠。温度是控制休眠的最重要因素，是延长休眠抑制发芽最安全且有效的措施。虽然高温干燥对马铃薯的休眠有一定作用，但只是在深休眠阶段有效，一旦进入休眠苏醒期，高温便加速了萌芽。

2. 辐射处理

用射线辐射处理马铃薯，可以在一定程度上抑制其发芽，减少储藏期间由于其根或茎发芽而造成的腐烂损失。抑制马铃薯发芽的γ-射线辐射剂量为80~100Gy。辐射以后在适宜条件下储存，可保藏半年到一年。目前已有19个国家批准了经辐射处理的马铃薯出售。

3. 化学药剂处理

对马铃薯进行化学药剂处理具有明显的抑芽效果，Guthric 在 1939 年首次使用萘乙酸甲酯（MENA）来防止马铃薯发芽，薯块经其处理后 10℃下一年不发芽，在 15~21℃下也可以储藏几个月，同时可以抑制萎蔫。其他一些药剂，如氯苯胺灵（CIPC）也可以起到抑芽的作用，但使用氯苯胺灵时应该在薯块愈伤后再使用，因为它会干扰愈伤。另外需要注意的是，上述两种药物都不能在种薯上应用，使用时应与种薯分开。

1.4　马铃薯的营养构成及采后的变化

马铃薯的块茎中含有丰富的营养物质，例如碳水化合物、蛋白质、矿物质和维生素等。营养物质的性质、含量及其采后的变化与马铃薯的品质和储藏寿命密切相关。我们在储藏和运输过程中要最大限度地保存这些营养物质，使其接近新鲜产品。

1.4.1　碳水化合物

马铃薯中碳水化合物的含量占其干重的 80%，这些碳水化合物主要是淀粉、糖、纤维素。

1. 淀粉

淀粉是马铃薯块茎的主要成分，占其干重的 70%~80%。马铃薯块茎中淀粉的含量不但与品种特性及其栽培特性有关，而且与储藏条件有关。

研究表明，随着储藏温度的降低，淀粉的含量也随之减少。这是由于温度降低时，淀粉磷酸化酶分解支链淀粉，将马铃薯中的支链淀粉转变为 1-磷酸葡萄糖。马铃薯在 1.1~13.3℃条件下储藏 2~3 个月，淀粉的损失高达 30%。而在高温条件（大约 10℃）下，淀粉合成酶又会催化部分糖重新合成淀粉，使得淀粉的含量提高。马铃薯在低温下淀粉转化为糖和在高温下部分糖重新合成淀粉都会影响淀粉的质量。

2. 糖

马铃薯中糖的含量为干重的 0~10%，块茎中不仅有游离糖，同时还有糖的磷酸酯。块茎中糖及其衍生物的含量见表 1-1。糖在块茎中的分布不均匀，一般是块茎顶部的含糖量比基部少 15%~20%。

表 1-1　**马铃薯块茎（干重）中的糖及衍生物的含量**

成　分	含　量
葡萄糖	0.5%~1.5%
果糖	0.4%~2.9%
甘露糖	痕量
蔗糖	0.7%~6.7%
麦芽糖	0~1%
棉子糖	痕量

续表

成　　分	含　　量
1-磷酸葡萄糖	0~0.2%
6-磷酸葡萄糖	0.7%~4.5%
6-磷酸果糖	0.2%~2.5%
丙糖磷酸酯类	0.2%~1%
肌醇	0.1%~0.4%

马铃薯在相对较低温度下储藏，糖的含量会提高。在不同温度下，蔗糖和还原糖以不同的比例积累，这主要是磷酸化酶作用使淀粉转化为糖的结果。在低温条件下形成的糖的量依赖于栽培品种、成熟度、预处理和储存温度。马铃薯储藏在1.1~2.2℃，还原糖量会大量增加。在低温储藏下，CO_2的增加能减少糖的积累；在0℃条件下，马铃薯在N_2中储藏能完全抑制糖的积累；辐射会增加糖的积累。

3. 其他碳水化合物

马铃薯含有纤维素、果胶物质、半纤维素和其他多糖。非淀粉多糖占马铃薯块茎的0.2%~3.0%。

纤维素占非淀粉多糖的10%~12%，果胶物质为0.7%~1.5%。马铃薯表皮中果胶含量为薯肉的10倍。应用生长素会促进果胶物质的合成。果胶物质含有原果胶、可溶性果胶和果胶酸。原果胶约占果胶物质的70%。马铃薯在储存时可溶性果胶的含量会提高，降低原果胶的含量。可溶性果胶约占果胶物质的10%，果胶酸部分为13.25%。半纤维素含有葡萄糖醛酸、木糖、半乳糖醛酸和阿拉伯糖。半纤维素占非淀粉多糖的1%。

1.4.2　含氮化合物

马铃薯中氮含量为干重的1%~2%。含氮化合物主要有蛋白质、氨基酸和酶。

1. 蛋白质与氨基酸

马铃薯中的蛋白质含量较低，占鲜重的1.5%~2.5%。马铃薯蛋白质是全价蛋白质，含有人体必需的8种氨基酸，其中赖氨酸的含量较高，达93 mg/100 g，色氨酸也达32 mg/100 g，这两种氨基酸是其他粮食所缺乏的。

储藏条件尤其是温度条件会影响蛋白质的含量。在室温下储藏的马铃薯，与在0℃、4.4℃、10℃下储藏的相比较，含有较高的氨基氮。有报道指出：储藏马铃薯总氮的变化非常小，但是单氮的构成发生了变化。Mica的研究发现马铃薯在2℃和10℃的条件下储藏，随着储藏时间的延长，总氮含量变化很小，但蛋白氮量减少；在储藏末期，游离氨基酸含量较高。据Habib和Brown研究：在4℃储藏的4个品种的马铃薯，游离氨基酸变化很小甚至没有变化，但重新储藏在23℃条件下导致总游离氨基酸量显著降低，精氨酸、组氨酸和赖氨酸完全损失。Fitzpatick等研究发现马铃薯经冷藏后重新回到高温下储藏，所有的游离氨基酸量都增加，这是在高温处理的后期，马铃薯由于发芽而使蛋白质发生代谢降解的结果。很多研究报告指出，在冷藏期间，非蛋白氮或游离氨基酸量减少。

2. 酶

现已证明马铃薯块茎中存在许多酶，如多酚氧化酶、过氧化酶、过氧化氢酶、酯酶、蛋白水解酶、蔗糖转化酶、磷酸化酶和抗坏血酸氧化酶等。这些酶主要分布在马铃薯能发芽的部位，并参与生化反应，马铃薯在空气中的褐变就是其中氧化酶的作用所致。通常防止马铃薯变色的方法是破坏酶类或将其与氧隔绝。

1.4.3　脂类

马铃薯中脂类的含量非常少，为鲜薯的 0.02%~0.96%，平均为 0.2%。马铃薯中的脂肪主要是甘油三酸酯、棕榈酸、豆蔻酸及少量的亚油酸和亚麻酸。

1.4.4　维生素

马铃薯是维生素 C、维生素 B_1、烟酸、吡哆素及其衍生物的重要来源。每 100 g 块茎中含有 10~25 mg 维生素 C，0.4~2 mg 烟酸，0.9 mg 维生素 B_6，0.2~0.3 mg 泛酸，0.05~0.2 mg 维生素 B_1，0.01~0.2 mg 维生素 B_2，0.05 mg 胡萝卜素。但在某些情况下维生素 C 可达 50mg。新收获的嫩薯含维生素 C 较多。

在储藏期间维生素 C 发生损失。维生素 C 的损失大部分发生在储藏前期。传统储藏方式比低温储藏的损失少。Thomas 等报道了在辐射期间和辐射后，维生素 C 含量是稳定的。图 1-1 给出了马铃薯在储藏期间维生素 C 和维生素 B_1 的变化（以新收获的嫩薯维生素 C 含量为 100%计）。

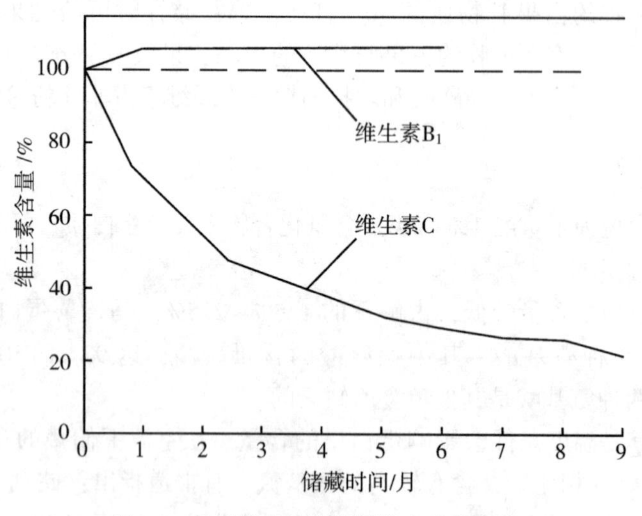

图 1-1　马铃薯在储藏期间维生素的变化

由图 1-1 可知在储藏期间维生素 B_1 含量变化不大，同样，低温储藏马铃薯对维生素 B_2 影响也较小。但有报道指出，在储藏期间维生素 B_6 增加（见图 1-2）。其增加的原因，Addo 和 Augustine 认为，可能是由于在储藏期间合成了一定量的维生素 B_6。

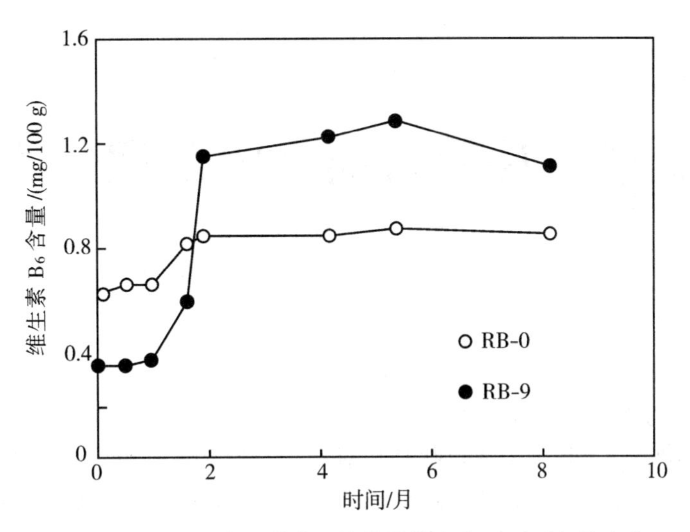

图 1-2　新鲜马铃薯和储藏马铃薯中维生素 B_6随时间的变化

注：马铃薯品种为 Russet Burbank，RB-0：新鲜马铃薯，
RB-9：储藏 9 个月的马铃薯。

1.4.5　其他

在室温下储藏马铃薯，脂肪酸的含量升高，当储藏继续进行时，含量显著降低。低温储藏导致马铃薯的苹果酸和柠檬酸含量增加。

马铃薯中含有铁、镁、磷、钙等矿质元素，但在储藏期间这些矿物质的含量没有显著的变化。

第2章 马铃薯的采收及现代物流

2.1 马铃薯的采收

采收是马铃薯生产中的最后一个环节，也是影响到储藏的关键环节。马铃薯一定要在适宜的成熟度时采收，采收过早或过晚都会对产品品质和耐储性带来不利的影响。另外，在采收时要尽可能避免对马铃薯块茎造成损伤。马铃薯采收的原则是及时而无损伤，达到保质保量、减少损耗、提高其储藏加工性能。

2.1.1 采收成熟度的确定

采收马铃薯之前首先要确定其成熟程度，食用薯块和加工薯块以达到生理成熟期收获为宜，收获产量最高。马铃薯生理成熟标志是：叶色变黄转枯，块茎脐部易与匍匐茎脱离，块茎表皮韧性大，皮层厚，色泽正常。

种用薯块应适当早收，一般可提前5~7 d收获。此外，马铃薯的收获还应依气候、品种等多种因素确定。春薯宜在6月上中旬收获，秋薯则应在11月上旬收获，不能受霜冻。无论春薯秋薯，收获前如遇雨天，都应待土壤适当干燥后收获。刚出土的块茎，外皮较嫩，应在地面晾1~2 h，待薯皮表面稍干后再收集。但夏天不能久晒，采收后应及时收藏在阴凉处。储藏时应严格挑选，剔除有病变、损伤、虫咬、雨淋、受冻、开豁、过小、表皮有麻斑的块茎。

2.1.2 采收方法

马铃薯的采收方法分为人工采收和机械采收两种。

1. 人工采收

人工采收马铃薯是长期以来人们所采用的方法，人工采收和机械采收相比，采收的灵活性很强，机械损伤少，可以针对不同的产品、不同的形状及时进行采收和分类处理。另外，只要增加采收工人就能加快采收速度，便于调节控制。但是目前国内的人工采收仍存在许多问题。例如采收工具比较原始，国内所采用的采收工具主要是铲和耙，采收粗放。有效地进行人工采收需要进行非常认真的管理，对新上岗的工人需进行培训，使他们了解产品的质量要求，尽快达到应有的操作水平和采收速度。

2. 机械采收

20世纪初，中国农村和欧美一些国家开始使用畜力牵引的马铃薯挖掘犁来代替手锄挖掘薯块，随后改由拖拉机牵引或悬挂。这可以说是马铃薯机械采收的雏形。20年代末出现了能使泥土与薯块分离的升运链式马铃薯收获机；此外还有抛掷轮式马铃薯挖收机以及振动式马铃薯收获机。50年代后发展了能一次完成挖掘、分离土块和茎叶以及装箱或装车作业的马铃薯联合收获机。

目前马铃薯收获机仍存在许多问题，如机具的适用性能不够完善。国内马铃薯收获机械研制大多是根据经验设计，以小型、配套动力小、结构简单、轻便为主，普遍存在可靠性差，作业质量不稳定，作业时在起薯铲部容易发生壅土阻塞；分离效果不好，马铃薯搓皮碰撞较重，尤其是薯皮蹭破损伤。机具功能少。马铃薯收获机不但要完成挖掘，还要完成分离、筛选、装车，直至运到收购处，以减少人的劳动强度，提高收获的自动化程度。国内现有马铃薯收获机大多能完成挖掘和初步分离，但需用人工捡拾和分选。国外马铃薯联合收获机技术成熟，但价格昂贵，体积庞大，不适合我国小规模生产方式，所以必须达到相当规模才能具有较好的经济性。

2.1.3 采收时的注意事项

（1）除秧。收获前2~4周，用割秧、拉秧、烧秧或化学药剂等方法除秧。

（2）收获前检修收获农具备用，准备好入窖前的临时预储场所等。

（3）收获过程应注意：避免因使用工具不当而大量损伤块茎；防止块茎大量遗漏在土中，用机械收或畜力犁收后应再检查或耙地捡净；先收种薯后收商品薯，不同品种分别收获，防止收获时的混杂；收获的薯块要及时运走，不能放在露地，更不能用发病的薯秧遮盖，要防止雨淋和日光曝晒；如果收获时地块较湿，应在装袋和运输储藏前，使薯块表面干燥。

2.2 马铃薯的现代物流

马铃薯物流尚无统一的概念，借鉴2001年我国正式实施的《中华人民共和国国家标准物流术语》，并结合马铃薯为农产品的运销特征，本书把马铃薯物流界定为：以马铃薯为对象，将马铃薯采后处理、包装、储存、装卸搬运、运输、配送等基本功能实施有机结合，做到马铃薯保值增值，最终送到消费者手中的过程。

2.2.1 采后处理

马铃薯的**采后处理**是为保持和改进马铃薯产品质量并使其从农产品转化为商品所采取的一系列措施的总称。马铃薯的采后处理过程包括晾晒、预储及愈伤、挑选、分类、药物处理等环节。

1. 晾晒

薯块收获后，可在田间就地稍加晾晒，散发部分水分以便储运，一般晾晒4 h，晾晒时间过长，薯块将失水萎蔫，不利储藏。

2. 预储及愈伤

夏季收获的马铃薯，正值高温季节，收获后应将薯块堆放到阴凉通风室内、窖内或荫棚下预储2~3周，使块茎表面水分蒸发，伤口愈合。预储场地应宽敞、通风良好，堆高不宜高于0.5m，宽不超过2m，并在堆中放置通风管，在薯堆上加覆盖物遮光。

愈伤是指农产品表面受伤部分，在适宜环境条件下，自然形成愈合组织的生物学过程。马铃薯在采收过程中很难避免机械损伤，产生的伤口会招致微生物侵入而引起腐烂。为此，在储藏以前对马铃薯进行愈伤处理是降低失水和腐烂的一种最简单有效的方法（见图 2-1）。

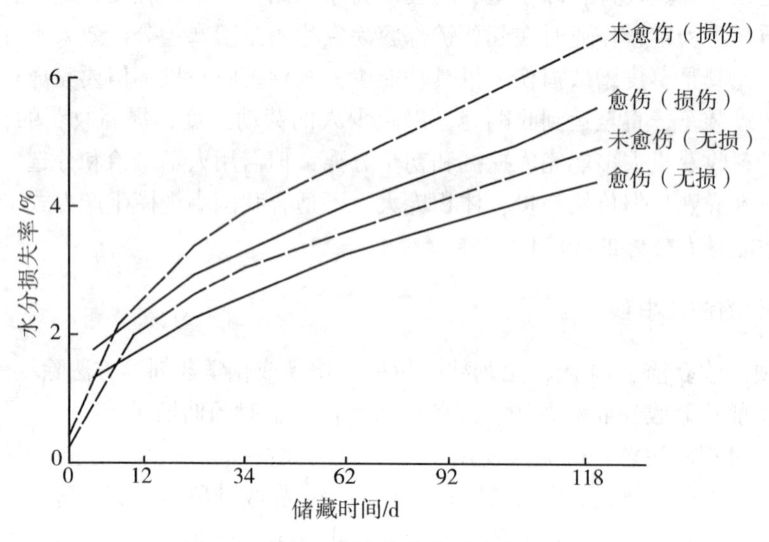

图 2-1　愈伤和未愈伤块茎失水的百分比

伤害和擦伤的马铃薯表层能愈合并形成较厚的外皮。在愈伤期间，伤口由于形成新的木栓层而愈合，防止病菌微生物的感染，以及降低损失（见图 2-2）。在愈伤和储藏前，除去腐烂的马铃薯，可保证储藏后的产品质量。马铃薯采后在 18.5℃下保持 2～3 d，然后在 7.5～10℃和 90%～95%的相对湿度下 10～12 d 可完成愈伤。愈伤的马铃薯比未愈伤的储藏期可延长 50%，而且腐烂减少。

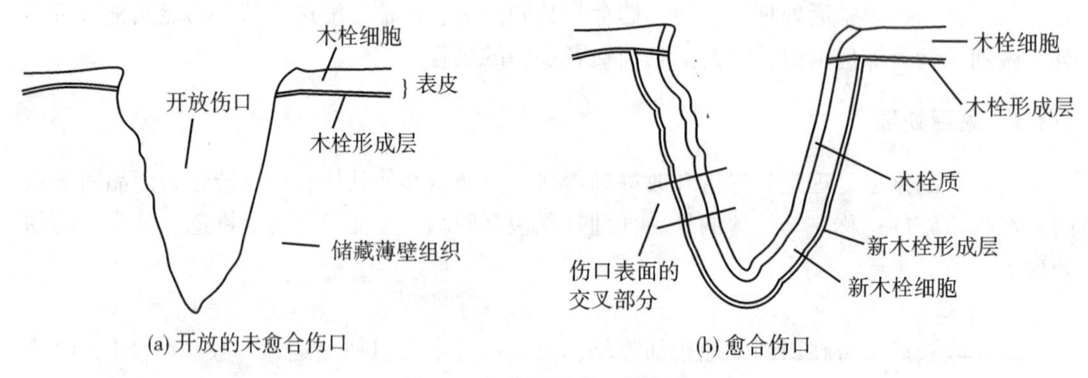

图 2-2　愈伤期间伤口的愈合

3. 挑选

预储后要进行挑选，注意轻拿轻放，剔除有病虫害、机械损伤、萎蔫及畸形的薯块。块茎储藏前须做到六不要，即薯块带病不要，带泥不要，有损伤不要，有裂皮不要，发青不要，受冻不要。

4. 分类

在马铃薯储藏之前要对其进行分类，分类对于马铃薯的科学储藏意义重大。首先，要按照马铃薯的品种分类，不同品种应该分类储藏。其次，根据马铃薯的休眠期进行分类，马铃薯品种不同，休眠期也不同，同一品种，成熟度不同，休眠期也不同。再次，按照薯块等级进行分类。根据中华人民共和国农业行业标准《NY/T 1066-2006 马铃薯等级规格》，马铃薯分为特级、一级和二级。马铃薯的等级应符合表 2-1 的规定。

表 2-1 **马铃薯等级**

等级	要　求
特级	大小均匀；外观新鲜；硬实；清洁、无泥土、无杂物；成熟度好；薯形好；基本无表皮破损、无机械损伤；无内部缺陷及外部缺陷造成的损伤。单薯质量不低于 150 g。
一级	大小较均匀；外观新鲜；硬实；清洁、无泥土、无杂物；成熟度较好；薯形较好；轻度表皮破损及机械损伤；内部缺陷及外部缺陷造成的轻度损伤。单薯质量不低于 100 g。
二级	大小较均匀；外观较新鲜；较清洁、允许有少量泥土和杂物；中度表皮破损；无严重畸形；无内部缺陷及外部缺陷造成的严重损伤。单薯质量不低于 50 g。

马铃薯按照等级分类之后，最后要根据规格进行分类。《NY/T 1066-2006 马铃薯等级规格》中以马铃薯块茎质量为划分规格的指标，分为大（L）、中（M）、小（S）三个规格。规格的划分应符合表 2-2 的规定。

表 2-2 **马铃薯规格**

规格	小（S）	中（M）	大（L）
单薯质量/g	<100	100~300	>300

5. 药物处理

用化学药剂进行适当处理，可抑制薯块发芽，杀菌防腐。具体做法如 4.3 节。

2.2.2 包装

包装是指在物流过程中为了保护产品、方便储运、促进销售，按一定技术方法采用容器、材料及辅助物等将物品包封并予以适当的装潢和标志的工作总称。良好的包装可以保护马铃薯在流通过程、储运过程中的完整性及不受损伤；利于马铃薯的装卸、储存和销售，同时也便利消费者使用。

作为一种农产品，传统的马铃薯包装方法相对比较简单、粗放。随着科技的进步，近年来也出现了一些先进的包装方法。

1. 传统包装方法

为了保证安全运输和储藏，马铃薯经过挑选分类之后要进行包装，大批量的马铃薯一般选用袋装。包装袋的选择，总的原则是既便于保护薯块不受损伤，装卸方便，又要符合经济耐用的要求。适合马铃薯运输包装的有草袋、麻袋、丝袋、网袋和纸箱等。

草袋的优点是皮厚、柔软、耐压，适合于低温条件下运输，而且价格低廉。缺点是使用率较低，一般使用2~3次就会破烂变废。

麻袋的优点是坚固耐用，装卸方便，使用率较草袋高，容量大，可以使用多次。缺点是皮薄质软，抗机械损伤能力差，价格较草袋高。但也可采用不能装粮食的补修麻袋包装薯块，这样还是比较经济实用的。

丝袋的优点是坚固耐用，装卸方便。缺点是透气性差。

网袋的优点是透气性好，能清楚看到种薯的状态，且价格低廉。缺点是太薄太透，易造成种薯损伤。

纸箱的优点是牢固美观，方便物流，但其包装空间较包装袋小，并且包装价格高。

马铃薯包装好之后，包装物上应贴好明显标识，内容包括：产品名称、等级、规格、产品的标准编号、生产单位及详细地址、产地、净含量和采收、包装日期。标注内容要求字迹清晰、规范、完整。

2. 马铃薯保鲜包装技术

目前世界上马铃薯保鲜包装技术主要有日本的脱水保鲜包装技术和美国的超高气体透过膜包装技术，另外还有冷藏气调包装技术以及薄膜、辐射等。其中冷藏气调包装技术虽然有很大的优越性，但由于需降温设备及存在低温障碍及细胞质冰结障碍，因此推广使用受到了局限。而在常温条件下的保鲜包装技术将会得到发展。

（1）脱水保鲜包装技术

日本脱水保鲜包装技术是采用具有高吸水性的聚合物与活性炭置于袋状垫子中，通过吸收马铃薯呼吸作用中放出的水分，起到调节水分的作用，同时可吸收呼吸产生的乙烯等气体，以及吸收腐败的臭味，可防止结露；另外一种是采用SC薄膜，它同时具有吸收乙烯和水蒸气的功能，能防止结露，又可调节包装内氧气和二氧化碳的浓度，还具有一定的防腐作用。SC薄膜透明性好，价格便宜，可防止马铃薯由于水分蒸发和微生物作用而发蔫、腐败；SC薄膜伸缩性好，不易破裂，能长期稳定使用，保鲜效果很好。

（2）超高气体透过膜包装技术

美国研究的超高气体透过膜，可使足够的氧气透过，从而避免无氧状态发生，达到最佳的气体控制，起到保鲜的作用。

（3）保险包装箱

马铃薯的最佳储藏温度为1~3°C，而常温在18°C以上，故仅仅利用瓦楞纸板的隔热性无法达到这种要求，因此，可对瓦楞纸板的隔热进行一些处理。世界先进国家采用的方法有：在纸箱外表面复合蒸镀膜反射辐射热；在瓦楞纸板中间使用发泡苯乙烯，提高隔热性（降低热传导系数）；另外就是使用蓄冷剂。蓄冷剂通常为烷系和石油系的凝胶液体，密封在薄膜袋或吹制成的塑料容器中，它可吸收周围环境中的热量，降低温度，使马铃薯保鲜包装保持在一定的温湿度，延长保鲜储藏期。并且它可以反复使用，还可以调节蓄冷剂的用量，制成可调式保鲜包装冷藏箱。

2.2.3　储存

储存对于调节生产、消费之间的矛盾，促进马铃薯生产和流通都有十分重要的意义。

储存的目的是消除马铃薯生产与消费在时间上的差异。生产与消费不但在距离上存在不一致性，而且在数量上、时间上存在不同步性，因此在流通过程中，马铃薯从生产领域进入消费领域之前，往往要在流通领域中停留一段时间。具体储存保管的方法在第四章中详述。

2.2.4 装卸搬运

装卸搬运是指同一地域范围内进行的，以改变货物的存放状态和空间位置为主要内容和目的的活动。

装卸搬运贯穿于马铃薯流通的各个阶段，做好装卸搬运工作具有重要意义：① 加速车船周转、提高港、站、库的利用效率；② 加快货物送达、减少流动资金占用；③ 减少货物破损、减少各种事故的发生。

1. 装卸搬运的原则

物流活动中，组织装卸搬运工作，应遵循以下原则：

（1）有效作业

有效作业原则是指所进行的装卸搬运作业是必不可少的，尽量减少和避免不必要的装卸搬运，只做有用功，不做无用功。

（2）集中作业

在有条件的情况下，把作业量较小的分散的作业场地适当集中，以利于装卸搬运设备的配置及使用，提高机械化作业水平，以及合理组织作业流程，提高作业效率；另外，尽量把分散的零星的货物汇集成较大的集装单元，以提高作业效率。

（3）安全装卸、文明装卸

装卸搬运作业流程中，不安全因素比较多，必须确保作业安全。作业安全包括人身安全、设备安全，尽量减少事故。另外要文明装卸，避免马铃薯在装卸过程中产生破损。

（4）简化流程

简化装卸搬运作业流程包括两个方面。一是尽量实现作业流程在时间和空间上的连续性；二是尽量提高货物放置的活载程度。

2. 装卸搬运合理化

装卸搬运必然要消耗劳动，这种劳动消耗量要以价值形态追加到马铃薯的价值中去，从而增加产品和物流成本。因此，应科学、合理地组织装卸搬运过程，尽量减少用于装卸搬运的劳动消耗。

（1）防止无效装卸

无效装卸就是用于货物必要装卸劳动之外的多余装卸劳动。防止无效装卸从以下几方面入手：

① 减少装卸次数。物流过程中，货损发生的主要环节是装卸环节，装卸次数减少就意味着减少装卸作业量，从而减少装卸劳动消耗，节省装卸费用。同时，减少装卸次数，还能减少货物损耗，加快物流速度，减少场地占用和装卸事故。

② 消除多余包装。包装过大过重，在装卸时反复在包装上消耗较大的劳动，这一消耗不是必须的，因而形成无效劳动。

③ 去除无效物质。进入物流过程的马铃薯，有时混杂一些杂质，如过多的泥土和沙

石，在反复装卸时，实际对这些无效物质反复消耗劳动，因而形成无效装卸。

(2) 充分利用重力，省力节能

在装卸时可以利用货物本身的重量，将重力转变为促使货物移动的动力，或尽量削弱重力的影响，减轻体力劳动的消耗。例如，从卡车、铁路货车卸物时，利用卡车与地面或小搬运车之间的高度差，使用溜槽、溜板之类的简单工具，依靠货物本身重量，从高处滑到低处，完成货物装卸作业。又如在进行两种运输工具的换装时，将甲、乙工具进行靠接，从而使货物平移，从甲工具转移到乙工具上，这就能有效消除重力影响，大大减轻劳动量。

(3) 利用机械实现“规模装卸”

规模装卸能提高能效。

(4) 提高物的装卸搬运活性

物料放置被移动的难易程度，称为**活载程度**，亦称**活载性**或**活性**。为了便于装卸搬运，马铃薯应放置在最容易被移动的状态。

2.2.5 运输

运输是使用运输工具将物品从一地点向另一地点运送的物流活动，以实现货物的空间位移。运输是马铃薯产、供、销过程中必不可少的重要环节。马铃薯本身含有大量水分，对外界条件反应敏感，冷了容易受冻，热了容易发芽，干燥容易软缩，潮湿容易腐烂，破伤容易感染病害等。薯块组织幼嫩，容易压伤和破碎，这就给运输带来了很大的困难。因此，安排合理的运输，是做好运输工作的先决条件。

1. 运输距离

运输距离的远近，是决定运输合理与否的基本因素之一。因此，物流部门在组织马铃薯运输时，首先，要考虑运输距离，应尽可能实行近产近销，就近运输，尽可能避免舍近求远，要尽量避免过远运输与迂回运输。

2. 运输时间

根据马铃薯的生理阶段及其对温度的适应范围，一般可划分为三个运输时期，即安全运输期、次安全运输期和非安全运输期。

安全运输期，是自马铃薯收获之时起，至气温下降到0℃时止。这段时间马铃薯正处于休眠状态，运输最为安全，在此期间应抓紧时机突击运输。

次安全运输期，是自气温从0℃回升到10℃左右的一段时间。这时随着气温的上升，块茎已度过休眠期，温度达5℃以上，幼芽即开始萌动，若是长距离运输，块茎就会长出幼芽，消耗养分，影响食用品质和种用价值，故应采用快速运输工具，尽量缩短运输时间。

非安全运输期，是自气温下降到0℃以下的整个时期。为了防止薯块受冻，在此期间最好不运输，如因特殊情况需要运输时，必须包装好，加盖防寒设备，严禁早晚及长途运输。

此外，长距离运输，不仅要考虑产区的气温，而且要了解运达目的地的温度。一般地讲，由北往南运时，冬季应以产区的气温而定，春季应以运达目的地的气候而定；由南往北运时则相反，这样既可防止薯块受冻，又能避免薯块长芽。

3. 运输费用

运输费用占物流费的比重很大，它是衡量运输经济效益的一项重要指标，也是组织合理运输的主要目的之一。运输费用的高低，不仅关系到物流企业或运输部门的经济核算，而且也影响马铃薯商品的销售成本。如果组织不当，使运输费用超过了马铃薯价格本身，这是不合理的。

4. 运输方式

在交通运输日益发展，各种运输工具并存的情况下，必须注意选择有利的运输方式（工具）和运输路线，合理使用运力。按运输设备及运输工具的不同分类，马铃薯的运输方式主要有公路运输、铁路运输、水路运输、航空运输和复合运输。

（1）公路运输

公路运输指使用机动车辆在公路上运送货物。公路运输主要承担近距离、小批量货运，承担铁路及水运难以到达地区的长途、大批量货运，以及铁路、水运优势难以发挥的短途运输。其特点是灵活性强、便于实现“门到门”运送，但单位运输成本相对比较高。

（2）铁路运输

铁路运输主要承担中长距离、大批量的货物运输，在干线运输中起主要运力作用。其特点是运送速度快、载运量大、不大受自然条件影响；但建设投入大、只能在固定线路上行驶，灵活性差、需要其他运输方式配合与衔接。长距离运输分摊到单位运输成本的费用较低，短距离运输成本很高。

（3）水路运输

水路运输指使用船舶在内河或海洋运送货物。主要承担中远距离、大批量的货物运输，在干线运输中起主要运力作用。在内河及沿海，水运也常作为小型运输工具，承担补充及衔接大批量干线运输的任务。其特点是能进行低成本、远距离、大批量的运输，但运输速度慢，且受自然条件影响较大。

（4）航空运输

航空运输主要承担价值高或紧急需要的货物运输。其特点是速度快，但单位运输成本高，且受货物的重量限制。鉴于马铃薯自身的特点，一般较少使用航空运输。

（5）复合运输

复合运输指综合利用多种运输方式，互相协调、均衡衔接的现代化运输系统。复合运输加快了运输速度，方便了货主，具有广阔的前景。

运输方式的选择应满足运输的基本要求，即经济性、迅速性、安全性和便利性。要综合考虑库存包装等因素，选择铁路、水运或汽车运输，并确定最佳的运输径路。要积极改进车船的装载技术和装载方法，提高技术装载量，使用最少的运力，运输更多的货物，提高运输生产效率。

5. 运输环节

在物流过程诸环节中，运输是一个很重要的环节，也是决定物流合理化的一个根本性因素。因为，围绕着运输业务活动，还要进行装卸、搬运、包装等工作，多一道环节，须多花很多劳动，所以，物流部门在调运马铃薯物资时，要对所运马铃薯的去向、到站、数量等作明细分类，尽可能组织直达、直拨运输，使其不进入中转仓库，越过一切不必要的中间环节，减少二次运输。

上述这些因素，它们既互相联系，又互有影响，在具体运输过程中需制订最佳运输方案。在一般情况下，运输时间快、运输费用省，是考虑合理运输的两个主要因素，它集中地体现了在马铃薯物流过程中的运输经济效益。

2.2.6　配送

马铃薯配送是指按照消费者的需求，在马铃薯配送中心、批发市场、连锁超市或其他马铃薯集散地进行加工、整理、分类、配货、配装和末端运输等一系列活动，最后将马铃薯交给消费者的过程。在马铃薯物流整个过程中，配送是连接马铃薯生产与消费的中间桥梁，在物流成本中，配送成本占很大比重，提高马铃薯的配送效率，降低配送成本，影响着马铃薯物流系统的运作效率。配送工作主要由以下步骤组成：

1. 制订配送计划

配送计划的制订是经济、有效地完成任务的主要工作。配送计划的制订应有以下几项依据：

（1）订货合同副本，由此确定用户的送达地、接货人、接货方式，用户订货的品种、规格、数量，送货时间及送接货的其他要求；

（2）所需配送的货物的性能、运输要求，以决定车辆种类及运搬方式；

（3）分日、分时的运力配置情况；

（4）交通条件、道路水平；

（5）各配送点所存货物品种、规格、数量情况等。

2. 下达配送计划

配送计划确定后，将到货时间、到货的规格和数量通知用户和配送点，以使用户按计划准备接货，使配送点按计划发货。

3. 按配送计划确定马铃薯需要量

各配送点按配送计划审定库存物资的保证配送能力，对数量、种类不符要求的物资，组织进货。

4. 配送点下达配送任务

配送点向运输部门、仓储部门、分货包装及财务部门下达配送任务，各部门完成配送准备。

5. 配送发运

配货部门按要求将各用户所需的货物进行分货及配货，然后进行适当的包装并详细标明用户名称、地址、配达时间、货物明细。按计划将各用户货物装车，并将发货明细交司机或随车送货人。

6. 配达

车辆按指定的路线运达用户，并由用户在回执上签字。配送工作完成后，通知财务部门结算。

第3章　影响马铃薯储藏的因素

3.1　采前因素

3.1.1　产品本身因素

影响马铃薯块茎储藏的内部因素有两个，一是品种的耐储性，二是块茎的成熟度。

1. 品种的耐储性

马铃薯的主要成分有水、蛋白质、淀粉等，储藏期间水分散失约占块茎损失重量的6.5%~11%。据研究，马铃薯干物质每提高一个百分点，原料损失下降6%~7%，因此不同品种由于干物质含量不同，储藏期间薯块损失差别不同，如表3-1是不同品种马铃薯的干物质含量。

另外，由于马铃薯具有一定的休眠期，不同品种马铃薯休眠期长短不同，休眠期越长，储藏的时间越长。利用品种的休眠期特性是进行有效储藏的重要手段。一般来说早熟品种休眠期长，晚熟品种休眠期短。

表3-1　**几种马铃薯的干物质含量**

品种	陇薯8号	陇薯9号	甘农薯5号	天薯10号	富薯1号
干物质含量	31.59%	26.18%	21.5%	25.34%	22.0%

2. 块茎的成熟度

成熟度好的块茎，表皮木栓化程度高，收获和运输过程中不易擦伤。储藏期间失水少，不易皱缩。此外，成熟度好的块茎，其内部淀粉等干物质积累充足。大大增强了耐储性。未成熟的块茎，由于表皮幼嫩，未形成木栓层，收获和运输过程中易受擦伤，为病菌侵入创造了条件。另外，由于幼嫩块茎含水量高，干物质积累少，缺乏对不良环境的抵抗能力，因此储藏过程中易失水皱缩和发生腐烂。

3.1.2　生态因素

马铃薯生长的生态环境和地理条件，如温度、光照、降雨、土壤等，对其生长发育、质量和储藏性会产生很大的影响。

1. 温度

温度是影响马铃薯栽培的主要因素之一，尤其是结薯期的温度高低直接影响块茎形成和干物质积累，马铃薯在这个时期对温度的要求非常严格。

适宜块茎生长的温度为17~19℃；昼夜温差大时，夜间的低温使植株和块茎的呼吸强度减弱，消耗能量少，有利于将白天植株进行光合作用的产物向块茎中运输和积累。夜间较低的气温比土温对块茎的形成更为重要，植株处在土温16~19℃的情况下，夜间低气温有利于块茎形成和膨大。因此昼夜温差大，马铃薯块茎大、干物质含量高，储藏性好。

2. 光照

太阳光是马铃薯合成碳水化合物不可缺少的能源。马铃薯是喜光植物，需强光照，一般栽培的马铃薯品种基本上都是长日照类型的。光照对马铃薯的质量及储藏性有重要的影响。

在马铃薯生长期间，光照强度大，日照时间长，叶片光合强度高，则有利于花芽的分化和形成，也有利于植株茎叶等同化器官的形成，因此块茎形成早，块茎产量和淀粉含量均比较高，干物质含量高，马铃薯的耐储性强。

3. 降雨

水分是马铃薯生长发育的必须条件，自然降雨是马铃薯获得水分的主要来源。降雨量多少和降雨时间分布与马铃薯的生长发育、质量及储藏密切相关。

马铃薯的整个生育期如果降雨偏少，薯田干旱，会阻碍植株的正常生长，影响薯块的产量和品质。块茎膨大期水分短缺直接减缓茎叶生长，减缓植株的形态建成，减少植株的光合面积，会形成极小块茎，减少产量。结薯期缺水，会导致植株早衰，也会直接影响到马铃薯的产量，并能不同程度地影响到块茎形状、干物质和还原糖含量等，例如有的在块茎顶芽伸出匍匐茎并在顶端膨大形成子薯或链条薯，有的芽眼膨大突出形成肿瘤状块茎，有的顶芽萌发匍匐茎甚至窜出地面形成新枝，有的块茎纵向产生较深的裂沟形成裂薯，等等。发生这些现象后，除其本身的薯形变差外，由于早期形成的淀粉向二次生长部位进行转移从而使淀粉含量降低，影响产量的同时也影响了品质，并且降低了马铃薯的耐储性。

降雨量过多，不但土壤中的水分直接影响马铃薯的生长发育，而且对环境的光照、温度、湿度条件产生影响。这些因素对马铃薯的产量、质量及储藏性有不利的影响。在多雨年份，土壤中水分多时，马铃薯块茎迅速膨大，其上的皮孔扩张破裂，故表皮特别粗糙，这种薯皮易被病菌侵入，不但降低商品质量，而且不耐长期储藏。

4. 土壤

马铃薯对土壤适应的范围较广，最适合马铃薯生长的土壤是轻质壤土和砂壤土。因为块茎在土壤中生长，有足够的空气，呼吸作用才能顺利进行。这两种土壤疏松透气、富有营养，水分充足，对块茎和根系生长有利，还有增加淀粉含量的作用。

马铃薯是较喜酸性土壤的作物，土壤pH值在4.8~7.0的范围内生长都较正常，但最适宜的土壤pH值在5.0~5.5之间。当土壤pH值小于4.8，接近强酸性时，马铃薯植株叶色变淡，生长不正常，早衰，减产；当土壤pH值大于7.0时，碱性过大，会造成大幅度减产。多数品种在pH值5.5~6.5之间的土壤上种植，块茎淀粉含量有增加的趋势。

马铃薯在适合其生长的土壤中生长发育，得到的产品具有良好的质量和储藏性。

5. 地理条件

马铃薯栽培的纬度、地形、地势、海拔高度等地理条件与其生长发育的温度、光照强度、降雨量、空气湿度是密切关联的，地理条件通过影响马铃薯的生长发育条件而对其质量及储藏性产生影响。所以，地理条件对马铃薯的影响是间接作用。同一品种的马铃薯栽培在不同的地理条件下，它们的生长发育状况、质量及储藏性会表现出一定的差异。实践证明，高海拔、高纬度地区昼夜温差大，马铃薯块茎大、干物质含量高，因此有利于马铃薯的储藏。

3.1.3 农业技术因素

马铃薯栽培管理中的农业技术因素如施肥、灌溉、病虫害防治等对马铃薯的生长发育、质量状况及储藏性能有重要影响，其中许多措施与生态因素的影响有相似之处。优越的生态条件与良好的农业技术措施结合，必然能够达到马铃薯高产、优质、耐储藏的目的。

1. 施肥

马铃薯是高产作物，但是只有在充分满足水肥需求时才能高产。肥料不足或生长期间缺肥就不可能高产。矿物质通过提高光合生产率，参与并促进光合产物的合成、运转、分配等生理生化过程，对产量的形成起着重要的作用。在马铃薯生长发育过程中，如果缺乏其中任何一种元素，都会引起植株生长发育失调，最终导致减产和降低品质。因此矿物质养分即肥料对马铃薯的产量、质量及储藏性起着重要的作用。

施用氮磷钾配比复合肥料或马铃薯专用化肥，能使茎叶生长与块茎生长相协调，增加干物质积累，增强马铃薯的耐储能力。研究表明，在砖石窖中储藏的马铃薯，若每公顷施农家肥 96402.975 kg、氮肥 61.2278 kg、磷肥 47.511 kg 时，其储藏效果可以达到最佳水平。

2. 灌溉

灌溉与降雨一样，能够增加土壤的含水量。灌水时间和灌溉量对马铃薯的影响很大。马铃薯在生长后期不能过多灌水，否则由于土壤中水分含量过高而使得马铃薯的质量及耐储性降低。

3. 田间病虫害防治

入窖块茎的病斑和烂薯是马铃薯储藏的最大隐患，而病薯和烂薯都来自田间。搞好夏季田间病害的防治，是减少块茎病斑和烂薯的最有效办法。如果能及时认真有效地进行田间马铃薯病害的药剂防治，就可以大大降低病害感染率，入窖时就比较容易挑除病、烂薯，从而保证入窖马铃薯的质量。

3.2 储藏条件的影响

储藏环境的温度、湿度、光照及气体（O_2、CO_2）浓度是影响马铃薯储藏的主要环境因素。

3.2.1 温度

储藏环境的温度对马铃薯的储藏性能影响很大，根据马铃薯的用途不同其储藏温度也有所不同。一般食用马铃薯适宜的储藏温度为 3~5℃，高于 30℃或低于 0℃时马铃薯会产生生理病害。另外，马铃薯富含淀粉，温度太低，淀粉转化为其他糖，影响马铃薯食用的口感，所以食用马铃薯应尽量保持内部糖分主要以淀粉的形式存在。

用于加工处理的马铃薯，储藏温度可在8~10℃之间，这样会减少马铃薯块茎内糖的积累，避免加工时出现褐变。

马铃薯种薯一般要求在较低的温度条件下储藏以保证种薯品质。储藏初期应以降温散热、通风换气为主，最适温度应为4℃；储藏中期应防冻保暖，温度控制在1~3℃；储藏末期应注意通风，温度控制在4℃。

3.2.2 湿度

马铃薯储藏环境中的相对湿度过高易造成腐烂和发芽，湿度过低，会失水萎蔫，增大损耗，所以马铃薯储藏要保持适宜的相对湿度，相对湿度一般为80%~85%。用于加工用的晚熟马铃薯，相对湿度可在90%左右。

3.2.3 光照

马铃薯在正常情况下其茄碱苷的含量不超过0.02%，对人畜无害。但光照却能促进马铃薯发芽，提高了茄碱苷的含量，对人畜产生毒害作用，所以储藏马铃薯时应避免光线照射。

3.2.4 气体

储藏环境中气体的影响主要指的是O_2和CO_2的浓度对呼吸作用的影响。

CO_2过低，薯块呼吸作用比较旺盛，对薯块中储藏的营养物质消耗大，储藏损失大；CO_2浓度高，薯块呼吸作用比较缓慢，对薯块中储藏的营养物质消耗小，储藏损失小；CO_2浓度过高，薯块呼吸作用完全抑制，会导致活力的降低。如果通风不良，储藏设施内O_2量缺少，种薯长期处在CO_2较多的窖内，就会增加田间缺株率，生长时期发育不良，结果导致产量下降。所以如果作为马铃薯种薯储藏，要注意CO_2的浓度，防止缺氧时间过长而使活力降低。据测定显示，CO_2浓度为503.2 ppm左右时，有利于马铃薯储藏。当CO_2浓度大于1473.8 ppm时，长时间不通风容易引起腐烂。

第4章　马铃薯的储藏方式与管理

4.1　常温储藏

常温储藏是指在构造相对简单的储藏场所，利用环境条件中的温度随季节和昼夜不同时间变化的特点，通过人为措施使储藏场所的储藏条件达到接近产品储藏要求的储藏方式。

4.1.1　堆藏

1. 技术要点及管理

堆藏是一种相对简单的储藏方式，许多地区直接将薯块堆放在室内、竹楼或其他楼板上，或者装入袋子堆放。虽然这种方法简单易行，但难以控制发芽，如配合药物处理或辐射处理可提高储藏效果。另外，利用覆盖遮光的办法也可抑制发芽，此法对多雨季节收获的马铃薯储藏较为理想。在气候比较寒冷的地区，用堆藏法储藏马铃薯也比较成功。

如果进行大规模储藏，需选择通风良好、场地干燥的仓库，先用福尔马林和高锰酸钾混合熏蒸消毒之后，将马铃薯入仓，一般每平方米堆 750 kg，高约 1.5 m，周围用板条箱、箩筐或木板围好，中间放若干竹制通气筒。此法适于短期储藏和秋马铃薯的储藏。

2. 特点

堆藏法的特点是利用地面相对稳定的地温，加上覆盖材料，白天防止辐射升温，夜间可防冻。储藏前期气温高时，夜间可揭开覆盖层。通气性良好，但失水快。

4.1.2　沟藏

1. 技术要点及管理

选择高燥、土质黏重、排水良好、地下水位低的地势，根据储藏量的多少挖地沟。地沟一般东西走向，深 1 m 左右，上口宽 1 m，底部稍窄，横断面呈倒梯形，长度可视储量而定。地沟两侧各挖一排水沟，然后让其充分干燥，再放入马铃薯薯块。下层薯块堆码厚度在 40 cm 左右，中间填 15~20 mm 厚的干沙土，上层薯块厚约 30 cm 左右，用细沙土稍加覆盖。在距地面约 20 cm 处设立测温筒，插入 1 支温度表。当气温下降到 0 ℃以下时，分次加厚覆盖土成屋脊形，以不被冻透为度，保持沟温在 4℃左右。春季气温上升时，可用稻草、麦秆等不易传热的材料覆盖地面，以防埋藏沟内温度急剧上升。

2. 特点

用沟藏法储藏马铃薯，可利用土层变温小的特点，起到冬暖夏凉的作用。此法优于堆藏，储量大，效果较好。在储藏前期，沟内温度仍较高，应注意通风散热。

4.1.3 窖藏

1. 储藏窖的类型及结构

按照规模及储藏量的大小，储藏窖可以分为小型储藏窖、中型储藏窖和大型储藏窖。小型储藏窖的容积小，储藏量一般为1~10 t，在普通农户家里使用最广泛。中型储藏窖储藏量为30~100 t，种植大户使用较多，一般用做马铃薯周转库。大型储藏窖的储藏量比较大，可以达到1000 t左右，用于大规模的马铃薯储藏。

按照结构的不同，储藏窖可以分为井窖、窑窖和棚窖三种形式。

(1) 井窖

井窖的窖体深入地下（见图4-1)，目的是借助地下土层能维持较稳定的温度，窖越深，温度越稳定，适宜在地下水位低、土质坚实的地方采用。可选择地势高燥、排水良好、管理方便的地方挖窖。先挖一直径0.7~1 m、深约3~4 m的窖洞，然后在洞壁下部两侧横向挖窖洞，窖洞的长、宽、高无严格规定，一般高1.5~2 m，宽1 m，长3~4 m，窖洞顶部呈半圆形。具体操作时，窖洞的深浅和窖洞的大小，应根据气候条件和储藏量的多少而定。一般来讲，窖洞愈深，窖温受气温变化的影响愈小，温湿度愈容易控制。窖洞的大小，主要决定于储藏量的多少和薯块的堆放厚度，一般来讲，堆放厚度宜薄不宜厚，最厚不能超过窖容量的一半。另外，在井口周围要培土加盖，四周挖排水沟防止积水。

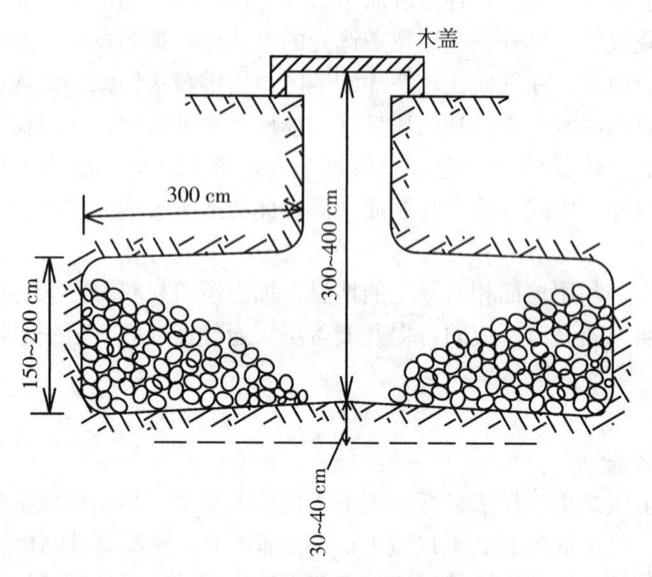

图4-1　井窖储藏马铃薯

(2) 窑窖

窑窖是山区储藏马铃薯普遍采用的形式。它是以深厚的黄土层挖掘成的储藏场所，利用土层中稳定温度和外界自然冷源的相互作用降低窑内的温度，创造适宜的储藏条件。例如在甘肃一些地区采用的山体马铃薯储藏窖就是一种窑窖储藏方法。

山体马铃薯储藏窖要建造在地势高燥、土质（黏性土壤）较好的地方，为了利用窑外冷空气降温，最好选择偏北的阴坡。另外，为了方便保管和随时进行检查，储藏窖应距住户较近。建造时最好先进行开挖，然后用砖旋砌成窑洞形状。一般采用平窑，窑身不短于 30m，还可以打带有拐窑的子母窑。

山体马铃薯储藏窑的最基本结构，由窑门、窑身、通风道和通风孔四部分组成（见图 4-2 和图 4-3）。

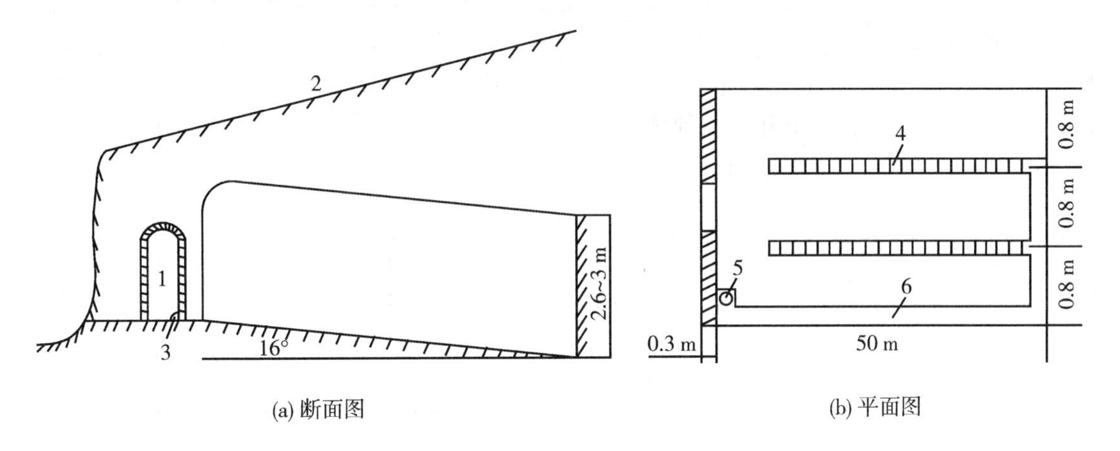

(a) 断面图　　(b) 平面图

1—门；2—通风孔；3—通风孔；4—地下通风道；5—风机；6—给风管道

图 4-2　土窑造型

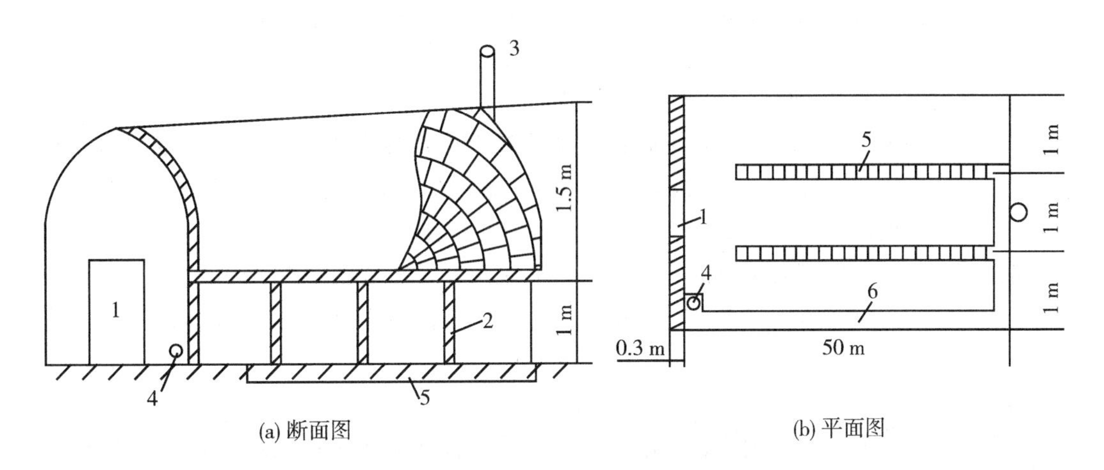

(a) 断面图　　(b) 平面图

1—门；2—砖柱；3—通风孔；4—风机；5—通风沟；6—给风管道

图 4-3　砖窑造型

① 窑门

方向应选择朝北方向，切忌向南或向西南。一般设两道门，头道门要能关严，门上边留 50 cm×40 cm 的小气窗。门道宽 1.5 m 左右，高 2.5~3 m，两道门距 3 m，构成缓冲间。门道向下倾斜，二道门供通风换气用；寒冷季节加设棉门帘，起保暖作用。

② 窑身

窑身为储藏部位，一般深度为 30~50 m，宽 2.5~3 m，高约 3 m。窑身顶部由窑口向内缓慢降低，比降为 0.50∶1000~1∶1000，顶底平行，以防积水并利于空气流通。窄而长的窑身有利于加快窑内空气的流动速度，有利于增强窑体对顶部土层的承受力，窑顶成尖拱形更好。窑过宽会减慢空气的流动，过长会加大库前和库后的温度差。窑顶上部的土层可以隔热防寒。

③ 通风道和通风孔

通风道和通风孔是土窑洞通风降温的关键部位，窑地面设有 2 道 20 cm×30 cm 通风地沟，用以防鼠及灌水降温增湿。窑门内侧设有风机，利用管道将风送到窑里，从里向外送风，窑顶最高处留有通气孔。通气孔内径下部 1~1.5 m，上部 0.8~1.2 m，高为身长的 1/2~1/3，砌出地面，底下开一控制排气量的活动天窗，下部安上排气扇加强通风。

母子窑有“梳子型”和“非字型”两种结构（见图 4-4 和图 4-5）。

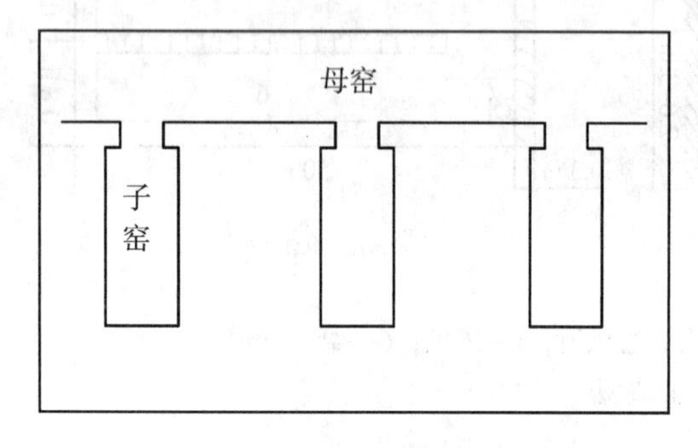

图 4-4　梳子型窑示意图

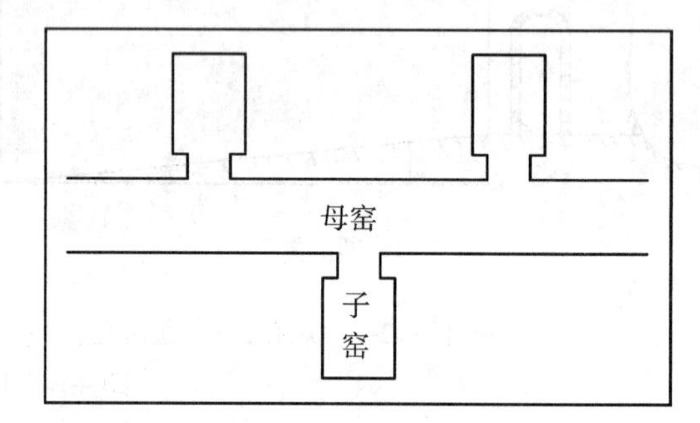

图 4-5　非字型窑示意图

母子窑是在母窑侧向部位掏挖多个间距相等的平行子窑。母窑窑门高约 3 m，宽 1.6~2 m，窑身宽 2 m 左右，为增加子窑数量窑长可延伸至 100 m 左右。通气孔内径 1.4~1.6 m。子窑窑门高 2.8 m，宽 1.2 m 左右，窑顶和窑底低于母窑，有适当比降。位于母窑同侧子窑的间距应大于 8 m，两侧相对窑门要相互错开。

储藏窑的特点是周围有深厚的土层包被，形成与外界环境隔离的隔热层，又是自然冷源的载体，土层温度一旦下降，上升则很缓慢，在冬季蓄存的冷空气，可以周年用于调节窑温。

(3) 棚窖

棚窖在北方平原地区应用比较广泛，是一种临时性或半永久性储藏设施。有地上式、半地下式或全地下式（见图 4-6）。

地下式棚窖在冬季寒冷的地区使用较多，在地面挖一长方体的窖体，用木料或工字铁架在地面上构成窖顶，上面铺稻草或秸秆作为隔热保温防雨材料，最上层涂抹泥土保护，以免隔热材料散落。在窖顶开设若干天窗，便于通风，天窗的大小和数量无严格规定，大体上要根据当地气候条件和储藏量估计通气面积的多少。除天窗之外，还需开设适当大小的窖门，既起到通风换气的作用，又可以便于产品和操作人员出入。

在冬季气候不过分寒冷的地区，可采用半地下式或地上式棚窖，窖身一半或部分深入地下，窖的四周用土筑墙，或用砖砌墙，在墙的基部每隔 2~3 m 留通风口，窖顶留适当数量的天窗。一般在农村使用的简易棚窖高度在 2 m 左右。

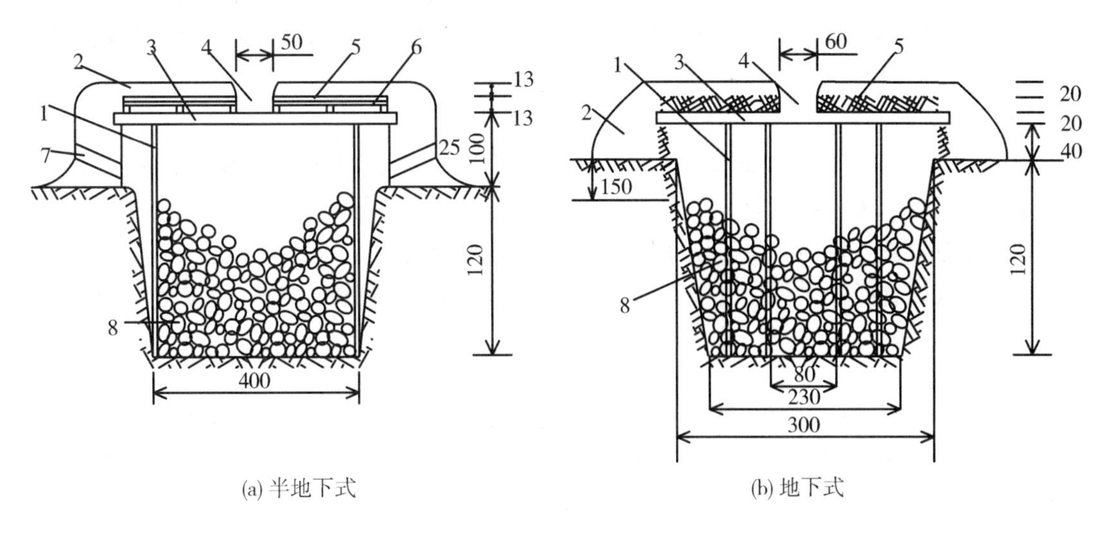

(a) 半地下式　　(b) 地下式

1—支柱；2—覆土；3—横梁；4—天窗；5—秸秆；6—木材；7—气孔；8—马铃薯

图 4-6　棚窖示意图（单位：cm）

2. 窖藏的技术要点

（1）储藏窖处理

在马铃薯生产区，群众修建的储藏窖一般要使用多年。在新薯储藏前要将窖内杂物清扫干净，并在储藏前几天，用点燃的硫磺粉熏蒸，或用高锰酸钾加上甲醛熏蒸，或百菌清喷雾等方法进行消毒处理，也可在夏季适当注入雨水渗窖，以降低储藏窖的温度，可有效延长马铃薯储藏时间。

（2）严格选薯

入窖时严格剔除病、伤和虫咬的块茎，防止入窖后发病，并在阴凉通风的地方预储堆放 3 天左右，使块茎表面水分充分蒸发，使一部分伤口愈合，形式木栓层，防止病菌的侵入。

（3）储藏量的控制

窖藏块茎占储藏容量 60%左右最为适宜。下窖量过多，堆过高时，储藏初期不易散热，储藏中期上层块茎距窖顶过近储藏的块茎容易遭受冻害，储藏后期下部块茎因温度相对较高容易发芽，易造成堆温和窖温不一致，难以调节窖温。但储藏量也不能过少，量太少，不易保温。

（4）入窖方法

轻装轻放，不要摔伤，由里向外，依次堆放。

3. 储藏期的管理

根据马铃薯在储藏期间的生理变化和安全储藏条件，马铃薯入窖后可分三个时期进行管理。

（1）储藏初期

从入窖至 11 月末，块茎正处于准备休眠状态，呼吸旺盛，放出热量多。所以储藏初期窖温较高。该期的主要任务是敞口通气，降温散热，但要注意防风。白天打开通风孔，大敞窖口，夜间小开口或昼开夜关，逐渐封闭窖口防寒过冬，随着气候的变冷，灵活掌握关闭窖口大小、时间长短，控制窖内温湿度，确保安全越冬。

（2）储藏中期

12月至第二年2月份，此期正值严冬季节，气温很低，块茎已进入完全休眠状态，呼吸微弱，易受冻害。特别是立春前后，气温虽有回升，但地温继续下降，窖温低而不稳，如不注意管理，极易冻害，该期管理工作主要是保温防寒。要定期检查窖温，严密封闭窖口和通气孔，必要时可在薯堆上面加盖一层草帘或麦秸吸湿、防潮、保温、防冻害发生。

（3）储藏末期

3~4月份，大地回春，窖温也逐渐升高。块茎度过休眠期，芽眼开始萌发。这段管理工作，如食用马铃薯，白天紧闭窖口和通气孔，夜间打开窖门、气孔，通风降温。种薯可以在白天打开窖门和通气孔，提高窖温，促进块茎幼芽萌动，以备播种。

4.1.4 通风库储藏

通风库储藏是在隔热的建筑下，利用库内外温度的差异和昼夜温度的变化，以通风换气的方式，来保持库内比较稳定和适宜的储藏温度的一种储藏方法。它具有较为完善的隔热建筑和较灵敏的通风设备。通风库建筑比较简单，操作方便，储藏量也较大。但其仍然是依靠自然温度调节库内的温度，因此在气温过高或过低的地区和季节，如果不加其他辅助设施，仍然难以维持理想的温度，而且湿度不易控制。

1. 通风储藏库的种类

按照建造形式，通风储藏库可分成地上、地下和半地下三种类型。

（1）地上式

地上式一般在地下水位和大气温度较高地区采用，全部库身建筑在地面之上，墙壁、库顶、门窗等完全依靠良好的绝缘建筑材料进行隔热，以保持库内的适宜温度。因此建筑成本较其他类型高。

（2）半地下式

半地下式是华北地区普遍采用的类型。在大气温度-20℃条件下，库温仍不低于1℃。半地下式的库身一半或一半以上建筑在地下，利用土壤为隔热材料，可节省部分建筑费用。在地势高燥、地下水位较低的地方采用。

（3）地下式

地下式是严寒地区为防止过低温度对库温的影响，在地下水位较低的地方采用的一种类型。全部库身建筑于地面以下，既利于保温，又节省建筑材料。

2. 通风库的结构

通风库宜建筑在地势高燥、地下水位低、通风良好的地方。为了防止库内积水和春天地面返潮，最高的地下水位应距库底1 m以上。通风库的方向在我国北方以南北长为宜，以减少冬季寒风的直接袭击面，避免库温过低。但在我国南方则以东西长为宜，这样可以减少阳光东晒和西晒的影响，同时有利于冬季北风进入库内以降低库温。

库的平面通常为长方形，我国现已建筑的通风库，一般宽度为9~12 m，高3.5~4.5 m（地面到天花板的距离），长度视储藏量确定，大致为30~40 m左右（见图4-7）。

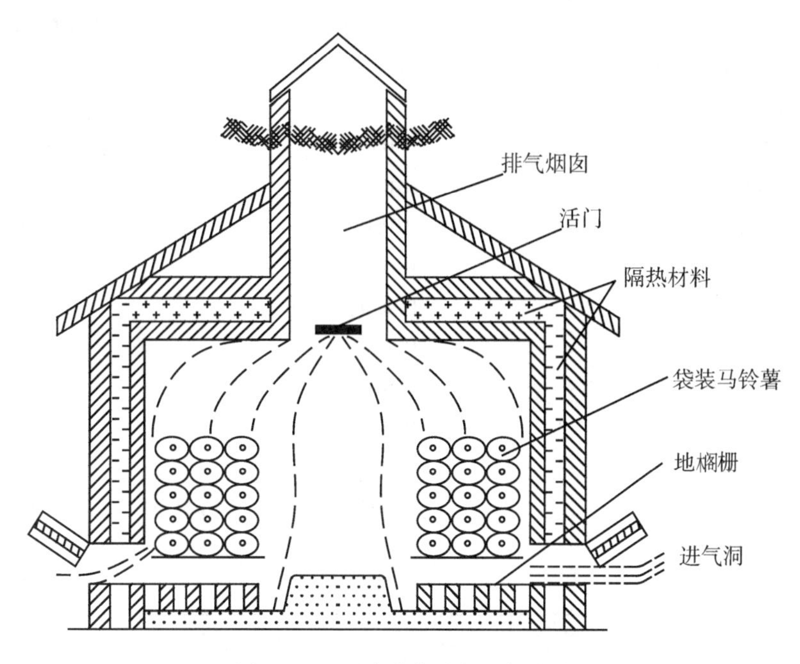

图4-7 通风库的构造与空气流状

（1）隔热材料

通风储藏库的四周墙壁和屋顶，都应有良好的隔热效能，以隔绝库外过高或过低温度的影响，利于保持库内稳定而适宜的温度。

隔热材料的隔热能力，常用导热系数来表示。热阻的大小也说明了隔热性能的高低。凡是导热系数愈小或热阻愈大，则其隔热性能愈强，反之则弱。现将一些常见的隔热材料和建筑材料的导热系数和热阻列于表4-1。

可以看出，死空气层、软木板、油毛毡、芦苇等材料，绝热性能良好；锯末、炉渣、木料、干土等次之；砖、湿土等绝热性能最差。所以要采用不同的建筑材料，达到同样的绝热能力，就需要在厚度上进行调整。

一般情况下，通风储藏库的墙壁和天花板的隔热能力以相当于7.6 cm厚的软木板的隔热功效即可。软木板的导热系数小于砖头10倍，如果单纯用砖做墙壁用以隔热，就得砌76 cm厚的砖墙，十分不经济。为了节省材料，可将不同隔热材料配合使用。以达到通风储藏库的隔热要求。

（2）库形结构

通风库的库墙宜建成夹层墙，外墙厚37 cm、内墙厚25 cm、两墙间隔13 cm，在两层墙中间填放隔热保温材料，如炉渣、膨胀珍珠岩等均可。用空心墙既节省砖，又能提高隔热效果。在建筑时，要选用干燥的材料。为防止夹层墙内材料潮湿，可在内墙的外侧和外墙的内侧挂沥青、油毡；也可喷防潮砂浆或用塑料薄膜把夹层材料包起来。

表 4-1 **各种材料绝热性能比较**

材料名称	导热系数	热　阻
死空气	0.025	40.00
软木板	0.050	20.00
油毛毡	0.050	20.00
芦苇	0.050	20.00
秸秆	0.050	16.70
刨花	0.050	20.00
锯末	0.090	11.10
炉渣	0.180	5.60
木料	0.180	5.60
砖	0.670	1.50
玻璃	0.670	1.50
干土	0.250	4.00
湿土	3.000	0.33
干沙	0.750	1.30
湿沙	7.500	0.13

建造库顶时应夹放隔热保温材料，顶的内部设天花板，板上铺一定厚度的隔热材料，如干锯末、糠壳等，并铺油毡或塑料薄膜作防潮用。隔热材料上构成死空气层，架顶最上层铺木板一层、木板上铺瓦。库顶有人字形顶、平顶和拱形顶。地上式和半地下式通风储藏库多采用人字形库顶，地下式库多采用平顶或拱形顶（见图 4-8）。

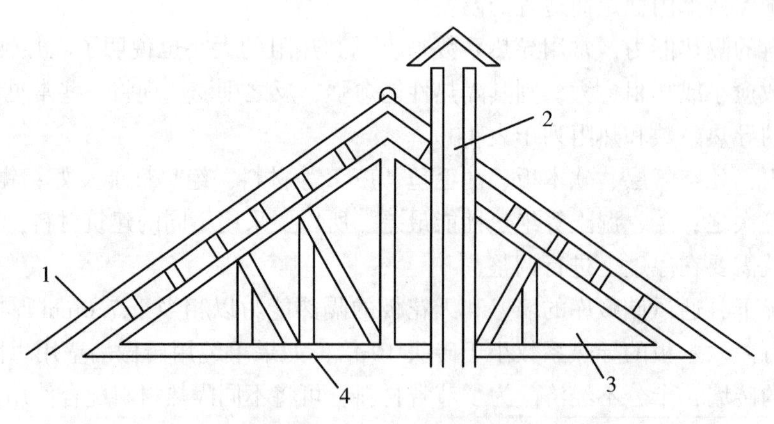

1—库顶；2—排气筒；3—锯末；4—木板层、木板上铺瓦

图 4-8 通风储藏库库顶结构

库门亦具有隔热保温作用，宜做成两层门，在两层木板中间夹放质轻、隔热效能高的材料。

目前国内多采用分列式通风储藏库，库门在通道之内，有良好的气温缓冲地带，开关库门对库温的影响较小（见图 4-9）。

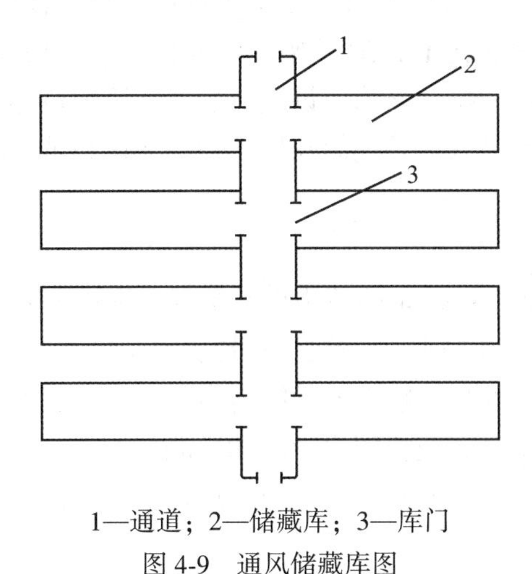

1—通道；2—储藏库；3—库门

图 4-9　通风储藏库图

单库式通风储藏库建筑中，应考虑门的方向，以保温为主，宜设在库的南面和东面，应做两道门间隔 2~3 m 中隔宽约 1 m 的夹道，作为空气缓冲间。库门一般多采用双层木板结构，木板之间填充锯末或谷糠等填充材料，在门的四周钉毛毡等物，以便密闭保温（见图 4-10）。

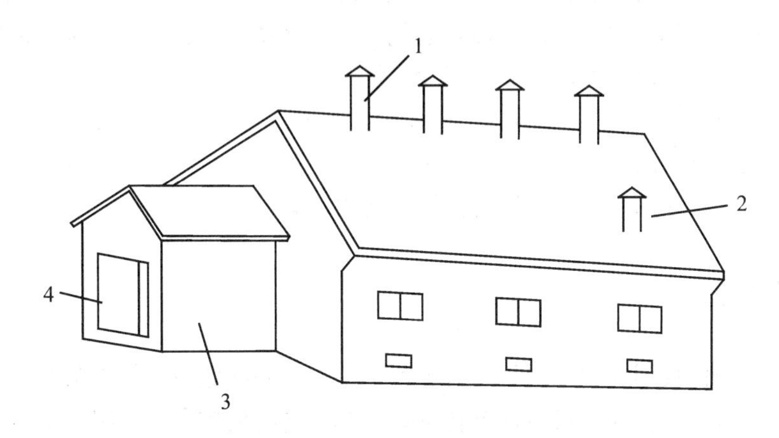

1—排气筒；2—导气筒；3—空气缓冲间；4—双重门的外门

图 4-10　通风储藏库双重门结构

（3）通风设备

根据热空气上升、冷空气下降形成对流的原理，利用通风设备导入低温新鲜空气，排出马铃薯在储藏中放出的二氧化碳、热、水气等气体，使库内保持适宜的低温。通常通风系统应设进气口和出气口，在库内最低的位置即库墙的基部设进气口或导气窗，与库外安置的进气筒连接，导入冷空气。

出气设备形式很多，设计时应注意与进气设备相适应，以便使库内冷热空气循环畅通。一般来说，出气筒多设在库顶并伸出库顶1m以上，在导气筒和排气筒的面积一定时，导气口与排气口的垂直距离越大通风效果越好；导排气筒的数量越多，通风效果越好。导气口和排气口的距离一定时，通风速度和导排气口的面积成正比，即导排面积越大，通风速度越快。导气筒和排气筒均应设隔热层，其筒的顶部有帽罩，帽罩之下的进出口应设铁纱窗，以防虫、鼠进入。导气筒在地下的入库口和排气筒的出库口应设活门，作为通风换气的开关。

3. 储藏技术及管理

入库前，通风库应用5~10 g/m³的硫磺熏蒸消毒。选择个大、无病虫害和机械损伤的薯块装筐堆叠于库内，每筐约25 kg，所装的马铃薯距筐口5 cm左右，以防止筐内马铃薯被压伤同时也有利于通风。堆高一般以五六筐高为宜。另外也可将马铃薯散堆于库中，堆高一般为1.3~1.7 m，薯堆与天花板留出60~80 cm的空间。每隔2~3 m，在薯堆中放一个通风筒，以利通风散热，为加速排出薯堆中的热量和湿气，可在薯堆底部设通风道与通气筒连接，用鼓风机吹入冷风。

储藏初期马铃薯呼吸作用较旺盛，气温也较高，因此要在早晚气温较低时通风，也可用排风扇通风，以利散热，降低库温。经过一段时间，马铃薯进入深休眠期后，就可不必较多地通风了。储藏后期，在马铃薯将脱离休眠并开始萌发时，主要的管理措施是创造适宜的低温条件和用药物处理，迫使薯块延长休眠时间，达到抑制发芽的效果。

马铃薯在较长时间堆藏后，中间和下层会有热量积累，温度高于上层。下层热气流上升并与表层冷空气相遇后，会在薯块表面凝成水珠，即发汗。假如发汗的水汽不能很快地消失，就会加速薯块的变质。因此，加强通气使空气保持流畅，有利于水汽散发，能防止结露，对降低温度、湿度，抑制发芽，减少腐烂都是有利的。

马铃薯储藏过程中，需要倒动检查2~3次，入库后半个月左右倒动检查一次，剔除开始腐烂变质的块茎，防止腐烂蔓延。储藏过程中，如发现有腐烂变质的情况，应随时倒动检查，立春后气温逐渐上升，要进行倒堆，挑出烂薯及发芽的块茎。

4.2 机械冷藏

世界上大部分供食用和加工用的马铃薯都不用人工制冷储藏，但在某些情况下，如热带气候条件下要求长期储存，对质量有特殊要求和经济价值较高的情况下也可以用制冷来储藏马铃薯。

4.2.1 机械冷藏的概念及特点

机械冷藏指的是在有良好隔热性能的库房中，借助机械冷凝系统的作用，将库内的热传递到库外，使库内的温度降低并保持在有利于马铃薯长期储藏范围内的一种储藏方式。机械冷藏的优点是不受外界环境条件的影响，可以迅速而均匀地降低库温，库内的温度、湿度和通风都可以根据储藏对象的要求而调节控制。但是冷库是一种永久性的建筑，储藏库和制冷机械设备需要较多的资金投入，运行成本较高，且储藏库房运行要求有良好的管理技术。

4.2.2 机械冷库的结构

1. 机械冷库的围护结构

机械冷库的围护结构主要由墙体、屋盖和地坪、保温门等组成。围护结构是冷库的主体结构，作用是给马铃薯的保鲜储藏提供一个结构牢固、温度稳定的空间，其围护结构要求比普通住宅有更好的隔热保温性能，但不需要采光窗口。也不需要防冻地坪。

目前，围护结构主要有3种基本形式，即土建式、装配式及土建装配复合式。**土建式**冷库的围护结构是夹层保温形式（早期的冷库多是这种形式）。**装配式**冷库的围护结构是由各种复合保温板现场装配而成，可拆卸后异地重装，又称**活动式**。**土建装配复合式**的冷库，承重和支撑结构是土建形式，保温结构是各种保温材料的装配形式。常用的保温材料是聚苯乙烯泡沫板多层复合贴敷或聚氨酯现场喷涂发泡。

2. 机械冷库的制冷系统

制冷系统是机械冷库的核心，是指由制冷剂和制冷机械组成的一个密闭循环制冷系统。该系统是实现人工制冷及按需要向冷间提供冷量的多种机械和电子设备的组合（见图4-11）。

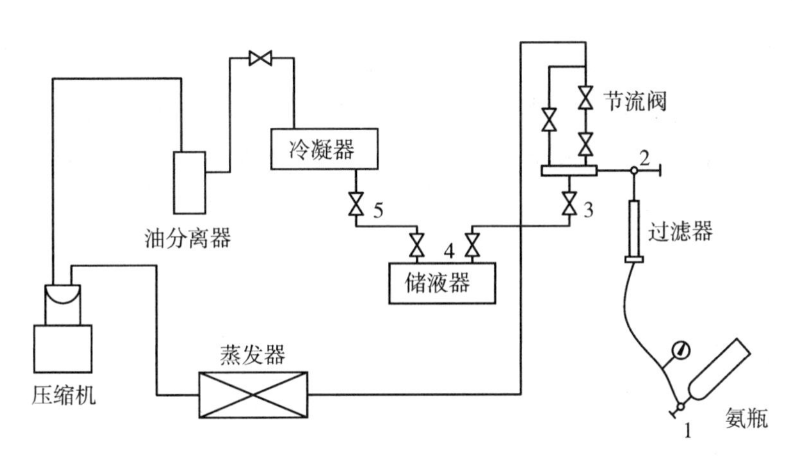

图4-11 制冷系统示意图

(1) 制冷剂

制冷剂又称**制冷工质**，它是在制冷系统中不断循环并通过其本身的状态变化以实现制冷的工作物质。目前生产实践中常用的有氨（NH_3）和氟利昂（freon）等。

氨的优点是汽化热大、冷凝压力低，沸点温度低，价格低廉。但使用氨时对其纯度要求很高，因为氨遇水呈碱性对金属管道等有腐蚀作用。氨泄漏后有刺激性味道，对人体皮肤和黏膜易造成伤害，空气中氨含量超过16%时有燃烧和爆炸的危险，所以利用氨制冷时对制冷系统的密闭性要求很严。此外，氨的蒸发比容积较大，要求制冷设备的体积较大。

氟利昂是卤代烃的商品名。氟利昂对人和产品安全无毒，不会引起燃烧和爆炸，且不会腐蚀制冷设备等。但氟利昂泄漏不易被发现，汽化热小，制冷能力低，仅适用于中小型制冷机组。另外，氟利昂能破坏大气层中的臭氧（O_3），国际上正在逐步禁止使用，目前研究的一些替代品，如氟利昂 134a（CF_3CF_2F）、氟利昂 123（$CHCl_2CF_3$）等虽然对臭氧的破坏能力小，但其生产成本高，在生产实践中完全取代氟利昂并被普遍采用还有待进一步研究完善。

(2) 制冷机

制冷机主要由压缩机、冷凝器、蒸发器和调节阀四大部分组成，另外还有风扇、导管和仪表等辅件。整个制冷系统是一个密封的循环回路，制冷剂在该密封系统中循环，根据需要由调节阀控制供应量和进入蒸发器的次数，以获得适宜的低温条件。

压缩机是制冷系统的心脏，它推动制冷剂在系统中循环，一般中型冷库压缩机的制冷量大约在 3000~5000 kcal/h 范围内，设计人员将根据冷库容量和产品数量等具体条件进行选择。

冷凝器的作用是排除压缩后的气态制冷剂中的热量，使其凝结成液态制冷剂。冷凝器的冷却方式有空气冷却、水冷却、空气与水相结合三种，空气冷却只限于小型冷库制冷设备中应用，水冷却的冷凝器则可用于所有形式的制冷系统。

蒸发器的作用是向冷库内提供冷量，蒸发器安装在冷库内，利用鼓风机将冷却的空气吹向库内的各个部位，大型冷藏库常用风道连接蒸发器，延长送风距离，使库温下降更加均匀。

制冷时启动压缩机，使系统内接近蒸发器的一端形成低压部分，吸入储液罐的液态制冷剂，通过调节阀进入蒸发器，制冷剂在蒸发器中气化吸热，转变为带热的气体，经压缩机推动进入冷凝器，重新凝结为液态制冷剂，暂时储藏在储液罐中。当启动压缩机再循环时，液态制冷剂重新通过调节阀进入蒸发器气化吸热。如此反复工作，不断将冷藏库内的热排出库外，从而降低库内温度。

4.2.3　储藏技术及管理

1. 储藏温度和湿度

冷库储藏马铃薯时温度保持在其适宜的范围内，但库内的相对湿度应保持较高的水平，通常在 90%~95%之间。

2. 冷库的降温速度

马铃薯用机械收获时，总有一些表皮损伤，为了治愈这些伤痕，在收获后应立即将受伤马铃薯存入具有较高库温和高相对湿度的库房内储存 2~3 周，在此期间，由于形成伤口周皮，使伤口治愈。新收获的马铃薯如果立即冷却至 5℃或更低，其表皮容易被冻伤。所以冷库一般要求进货温度为 25℃左右，进库房后在两周内将其从 25℃降至 18℃，以后每天降 1℃，再降至不同商品所要求的储存温度。所以在冷库的耗冷量计算及机器配置时应根据马铃薯的降温速度来计算，并进行机器设备的选型。

3. 通风换气

马铃薯在储藏过程中会放出热量、水分和一些有害的气体成分，为保证冷库的温湿度及马铃薯的储藏质量，当库内 CO_2 浓度高于 1%时，就需要新鲜空气通风，每 24 h/t 马铃薯需 10 m^3 的新鲜空气，库内容积系数按 0.7 计，通风换气按 20 次/d，换气时间 8 h/d，换气系统每天工作约 5 h，库内空气循环量每立方米库容为 80~100 m^3/h。

4. 防止空气中水分在内墙和天花板上凝结

马铃薯冷库围护结构使用的复合板要防止库内空气中的水分在内墙上和天花板上凝结。在北方地区，当外界环境温度很低时，由于储藏室内的空气温度为3~10℃之间，相对湿度接近100%，因此室内水蒸气很容易在内墙和天花板上凝结，如果不采取处理措施，凝结水滴在马铃薯上将造成其大面积腐烂。所以冷库的顶板应设有10%的坡度，使凝结的水分能予以排出。

4.3 气调储藏

气调储藏即调节气体成分储藏，是当今最先进的果蔬保鲜储藏方法之一。它指的是改变果蔬储藏环境中的气体成分（通常是增加CO_2浓度和降低O_2浓度，以及根据需求调节其他气体成分浓度）来储藏产品的一种方法。

4.3.1 气调储藏的原理

气调储藏能在适宜低温条件下，通过改变储藏环境气体成分、相对湿度，最大程度地创造果蔬储藏最佳环境。

正常空气中O_2和CO_2的浓度分别为20.9%和0.03%，气调储藏降低了储藏环境中的O_2含量（一般O_2含量为1%~5%）、而适当增加了CO_2含量，这样能有效地抑制呼吸作用，减少马铃薯中营养物质的损耗，从而有利于马铃薯新鲜质量的保持，延长其储藏寿命。同时，调节后的储藏环境能抑制病原菌的滋生繁殖，控制某些生理病害的发生，减少产品储藏过程中的腐烂损失。除此之外，增加环境气体中的相对湿度，可以降低马铃薯的蒸腾作用，从而达到长期储藏保鲜的目的。

4.3.2 气调储藏的特点

与常温储藏及冷藏相比，马铃薯气调储藏有以下特点。

1. 保鲜效果好

气调储藏由于强烈地抑制了马铃薯采后的衰老进程而使其形状、色泽得以很好的保存，与刚采收时相差无几。

2. 储藏时间延长

由于低温气调环境延缓了马铃薯采后的新陈代谢，致使储藏时间得以延长。

3. 减少了储藏损失

气调储藏有效地抑制了马铃薯的呼吸作用、蒸腾作用和微生物的危害，因而也就明显地降低了储藏期间的损耗。

4. 延长货架期

货架期是指果蔬结束储藏状态后在商店货架上摆放的时间。由于马铃薯长期受低O_2和高CO_2的作用，当解除气调状态后果蔬仍有一段很长时间的“滞后效应”或休眠，这就延长了其货架期。

5. 适于长途运输和外销

马铃薯质量明显改善，为外销和运销创造了条件。

6. 减少污染

在马铃薯气调储藏过程中，不用任何化学药物处理，马铃薯所能接触到的氧气、氮气、二氧化碳、水分和低温等因子都是人们日常生活中所不可缺少的物理因子，因而不会造成任何形式的污染，符合绿色食品标准。

虽然气调储藏具有以上诸多优点，但是其需要专门的储藏设施，投入大，而马铃薯是一种附加值相对较低的农产品，因此在应用时需结合其经济效益综合考虑。

4.3.3　气调储藏的设施

气调储藏是在气调库中完成的。长期使用的气调库，一般应建在马铃薯的主产区，同时还应有较强的技术力量、便利的交通和可靠的水电供排能力，库址必须远离污染源，以避免环境对储藏的负效应。

气调库一般由气调库库体、气调系统、制冷系统、加湿系统、压力平衡系统构成。

1. 气调库库体

对气调库库体的要求一是要具有良好的隔热性，以减少外界热量对库内温度的影响；二是要具有良好的气密性，减少或消除外界空气对库内气体成分的压力，保证库内气体成分调节速度快，波动幅度小，从而提高储藏质量，降低储藏成本。

气调库的围护结构主要由墙壁、地坪、天花板组成。要求具有良好的气密性、抗温变、抗压和防震功能。其中墙壁应具有良好的保温隔湿和气密性。地坪除具有保隔湿和气密功能外，还应具有较大的承载能力，它由气密层、防水层、隔热层、钢层等组成。天花板的结构与地坪相似。

气调库采用专门的气调门，该门应具有良好的保温性和气密性。另外，在气调库封门后的长期储藏过程中，一般不允许随便开启气调门，以免引起库内外气体交换，造成库内气体成分的波动，为便于了解库内马铃薯储藏情况，应设置观察窗。气调库建好后，要进行气密性测试。气密性应达到 300 Pa。

2. 气调系统

要使气调库达到所要求的气体成分并保持相对稳定，除了要有符合要求的气密性库体外，还要有气调系统。气调系统包括制氮系统，二氧化碳调控系统，温度、湿度及气体成分自动检测控制系统。

（1）制氮系统

气调系统的主要设备是制氮机（也称降氧机、保鲜机）。制氮机大体上经历了催化燃烧制氮、碳分子筛吸附制氮、中空纤维膜分离制氮以及目前最先进的真空低压吸附脱氧制氮（即 VSA）的发展过程。目前普遍采用碳分子筛、中空纤维膜分离制氮及 VSA 制氮。

由于催化燃烧式制氮机需要消耗大量水和燃料，操作也不太方便，目前已很少使用。

20 世纪 70 年代末由长春石油化工研究所研制的焦炭分子筛制氮机是国内首创的。它的基本原理是用表面积极大的焦炭分子筛吸附 O_2，同时排出高浓度的 N_2。通过多次改进和完善，本机得到广泛认可和应用。研究结果证明，碳分子筛制氮机比燃烧式制氮机有许多优点，它无需燃烧和降温处理，操作也相对简单。但其缺点是机体庞大，并需要更换碳分子筛。

20 世纪 80 年代，随着科学技术的发展和工业加工水平的提高，又出现了新一代制氮设备，即膜分离制氮机。它首先由美国 Monsanto 公司和 Dow 化学公司研制成功。这种制氮机的心脏是一组极细的中空膜纤维组件。它通过膜纤维组件将洁净压缩空气中的 O_2 和 N_2 分开。这种制氮机所产 N_2 比催化燃烧式更纯净，其机械结构比碳分子筛制氮机更加简单，也更易于自动控制和操作，但目前在价格上仍稍高于碳分子筛制氮机。

真空低压吸附脱氧制氮机是采用 CMS 活性炭吸附再生的原理来吸附大气中的 O_2 并向库内注入高纯度氮气。由两个装满 CMS 活性炭的罐体、泵组、阀件、管路及控制单元组成。与其他制氮方法比，具有能耗低（比同性能的 PSA 及膜制氮机节能 80%左右）、降氧效果好（降氧效果提高 30%以上，可将气调库内氧气含量控制在 1%以下，甚至可以达到 0.3%）、维护成本低（设备中的主要活性炭吸附模块寿命长达 15 年以上，而中空纤维膜制氮机中膜组寿命只能持续 2~3 年）、运行成本低（气调库气体内循环，更有效地节约运行成本）等优点。

（2）二氧化碳调控系统

主要用于控制气调库中 CO_2 含量。根据储藏工艺要求，库内 CO_2 必须控制在一定范围之内，而在气调储藏过程中，因马铃薯呼吸而放出的 CO_2 将升高库内的 CO_2 浓度，当 CO_2 浓度提高到一定数值时，将会影响储藏效果或导致 CO_2 中毒，最终使马铃薯腐烂变质。库内 CO_2 的调控首先依靠马铃薯呼吸时所释放的二氧化碳提高 CO_2 含量，适量的 CO_2 对马铃薯起保护作用，使储藏保鲜效果良好。当库内的 CO_2 浓度从 0.03%提高到上限时，通过 CO_2 脱除器将库内的多余 CO_2 脱掉，如此往复循环，使 CO_2 浓度维持在所需的范围之内。

当前气调库脱除 CO_2 普遍采用的装置是活性炭清除装置。该装置是利用活性炭较强的吸附力，对 CO_2 进行吸附，待吸附饱和后鼓入新鲜空气，使活性炭脱附，恢复吸附性能。

CO_2 脱除系统应根据储藏果蔬的呼吸强度、气调库内气体自由空间体积、气调库的储藏量、库内要求达到的 CO_2 气体成分的浓度确定脱除机的工作能力。

（3）自动检测控制系统

气调库内检测控制系统的主要作用是对库内的温度、湿度、O_2、CO_2 气体进行实时检查测量和显示，以确定是否符合气调技术指标要求，并进行自动（人工）调节，使之处于最佳气调参数状态。在自动化程度较高的现代气调库中，一般采用自动检测控制设备，它由（温度、湿度、O_2、CO_2）传感器、控制器、计算机及取样管、阀等组成，整个系统全部由一台中央控制计算机实现远距离实时监控，既可以获取各个分库内的 O_2、CO_2、温度、湿度数据，显示运行曲线，自动打印记录和启动或关闭各系统，同时还能根据库内物料情况随时改变控制参数。中央控制计算机采用 Windows 界面，使用操作人员可以方便直观地获取各方面的信息。

3. 制冷系统

气调库的制冷系统与普通冷库的制冷系统基本相同。但气调库制冷系统具有更高的可靠性，更高的自动化程度，并在马铃薯气调储藏中长时间维持所要求的库内温度。

4. 加湿系统

与普通冷库相比，由于气调储藏马铃薯的储藏期长，为抑制其水分蒸发，降低储藏环境与马铃薯之间的水蒸气分压差，要求气调库储藏环境中具有最佳的相对湿度，这样可以更大程度的保持马铃薯的鲜度。

5. 气调库压力平衡系统

在气调库建筑结构设计中还必须考虑气调库的安全性。由于气调库是一种密闭式冷库，当库内温度降低时，其气体压力也随之降低，库内外两侧就形成了气压差。温差越大压力差也越大。若不把压力差及时消除或控制在一定的范围内，将会使库体损坏。为保证气调库安全性和气密性，并为气调库运行管理提供必要的方便条件，气调库应设置压力平衡系统：安全阀、缓冲储气袋。

安全阀是在气调库密闭后，保证库内外压力平衡的特有安全设施，它可以防止库内产生过大的正压和负压，使围护结构及其气密层免遭破坏。

缓冲储气袋由气密性好且具有一定抗拉强度的柔性材料制成，其作用是消除或缓解气调库在运行期间出现的微量压力失衡。当库内压力稍高于大气压力时，库内部分气体进入缓冲储气袋，当库内压力稍低于大气压力时，缓冲储气袋内的气体便自动补入气调间。储气袋是把库内压力的微量变化，转换成储气袋内气体体积的变化，使库内外的压差减小或接近于零，消除和缓解压差对围护结构的作用力。

4.3.4　气调储藏的管理

1. 马铃薯气调储藏保鲜的工艺条件

气调储藏保鲜的工艺条件是指保证储藏物质的质量最好、储藏期最长的最佳库内气体成分。正确地利用气调储藏保鲜技术就可以延缓果蔬衰老、保持蔬菜的绿色、减轻或缓解果蔬的某些生理失调、控制果蔬虫害的发生。但若工艺条件不合理，就会对储藏的果蔬产生有害的影响。如过低的O_2浓度会引起马铃薯黑心症状。

实践证明，当气调库中的储藏温度为3℃、相对湿度为85%~90%、O_2含量为3%~5%、CO_2含量为2%~3%时，马铃薯的储藏期可达240天。

2. 气调储藏的管理

气调储藏的管理与操作在许多方面与机械冷藏相似，包括库房的消毒、商品入库后的堆码方式、温度、相对湿度的调节和控制等，但也存在一些不同。

（1）新鲜马铃薯的原始质量

用于气调储藏的新鲜马铃薯要求有很高的质量。储藏用的产品最好在专用基地生产，加强采前的管理。另外，要严格把握采收的成熟度，并注意采后商品化处理技术措施的配套综合应用，以利于气调效果的充分发挥。

（2）产品入库和出库

新鲜马铃薯入库储藏时按照品种、休眠期、等级、规格、储藏时间等分库储藏，不要混储，以避免相互间的影响，确保提供最适宜的气调条件。气调条件解除后，产品应在尽可能短的时间内一次出清。

（3）温度

气调储藏的新鲜马铃薯采收后应尽量一次入库，缩短装库时间及有利于尽早建立气调条件。储藏期间温度管理的要点与机械冷藏相同。

（4）相对湿度

气调储藏过程中由于能保持库房处于密闭状态，且一般不通风换气，能保持库房内较高的相对湿度，降低了湿度管理的难度，有利于产品新鲜状态的保持。气调储藏期间可能会出现短时间的高湿情况，一旦发生这种现象即需除湿（如消石灰吸收等）。

(5) 空气洗涤

气调条件下储藏马铃薯挥发出的有害气体和异味物质逐渐积累，甚至达到有害的水平，气调储藏期间这些物质不能通过周期性的库房内外气体交换方法等被排走，故需增加空气洗涤设备（如 CO_2 脱除装置等）定期工作来达到空气清新的目的。

(6) 气体调节

气调储藏的核心是气体成分的调节。根据新鲜马铃薯的生物学特性、温度与湿度的要求决定气调的气体组分后，采用相应的方法进行调节使气体指标在尽可能短的时间内达到规定的要求，并且整个储藏过程中维持在合理的范围内。

4.4 其他储藏方法

4.4.1 化学储藏

南方各地夏秋季不易获得低温环境，块茎休眠结束后，萌芽损耗严重，可以采用一些药物处理以抑制萌芽发生。

1. α-萘乙酸酯类处理

用α-萘乙酸甲酯或乙酯处理有明显抑芽效果。每5000 kg薯块用药为100~150 g，加7.5~15kg细土制成粉剂撒在堆中，施药时间大约在休眠的中期，过晚则会降低药效。

2. 青鲜素液喷洒

在薯块膨大期间，用青鲜素（MH）进行田间喷洒，用药浓度为0.3%~0.5%，过早或过晚施药效果都不明显。

3. 氯苯胺灵处理

在储藏中期用氯苯胺灵（CIPC）粉剂进行处理，1000 kg薯堆上使用剂量为1.4~2.8 kg，上面扣上塑料薄膜，1~2 d后打开。该药物处理后的马铃薯在常温下储藏也不会发芽。

4.4.2 辐射储藏

用2.06~3.87 C/kg的γ射线照射马铃薯，有明显抑芽效果，是目前储藏马铃薯抑芽效果较高的一种技术。试验表明，在剂量相同的情况下，剂量率越高，效果越明显。通常，照射量在12.9 C/kg下细胞仍具有生命力，照射量在25.8 C/kg以下能阻止生长点细胞DNA的合成，并使蛋白质胶体发生改变、细胞液由酸性向碱性转化、对线粒体中酶的活性有明显的抑制作用、芽眼的呼吸强度明显下降。

马铃薯在储藏中易因环腐病和晚疫病造成腐烂，较高剂量的γ射线照射能抑制这些病原菌的生长繁殖，但也会使薯块受到损伤，使其抗性下降。在这样的薯块上接种该病原菌后，病菌繁殖迅速，但这种不利的影响可以通过提高储藏温度来消除，因为在升高温度的情况下，细胞木质化及周皮组织形成加快，从而可以减少病原菌侵染的机会。

第 5 章　马铃薯采后病害及其预防

5.1　生理性病害及其防治

马铃薯的生理性病害是由于薯块呼吸作用和物质代谢紊乱而引起的。常见的生理性病害有冻害和冷害以及黑心病。

5.1.1　冻害和冷害

1. 症状

在北方，马铃薯采收后经常会遭受冻害、冷害。通常温度低于-1.7℃，马铃薯便会遭受冻害。块茎外部出现褐黑色的斑块，薯肉逐渐变成灰白色、灰褐色直到褐黑色。如局部受冻，与健康组织界线分明。之后薯肉软化，水烂，易被各种软腐细菌、镰刀菌侵害。受冷害的马铃薯往往外部无明显症状，内部薯肉发灰。这类块茎煮食时有甜味，颜色由灰转暗。冷害程度较重的可使韧皮层局部或全部变色，横剖块茎，切面有一圈或半圈韧皮部呈黑褐色；严重的四周或中央的薯肉变褐，如果发生在中央，则易与生理性的黑心病混淆。

2. 防治

（1）不将田间已经受霜冻、冷害的马铃薯入窖（库）储藏。

（2）储库温度宜保持在 3.5~4.5℃，且库内有足够的氧气可供呼吸，故应适当通风。

5.1.2　黑心病

1. 症状

黑心病是马铃薯储运中的常见病。被害薯块中央薯肉变黑，甚至蓝黑色，变色部分形状不规则，与健全部分界线分明，虽然变色组织常发硬，但如置于室温下，将会变软。引起这种病变的原因是储藏环境中氧气不足，致使透入组织的氧气不足而积累了二氧化碳气体，导致薯块中的酪氨酸酶活性增强，使酪氨酸转变成黑素，结果使薯块的肉质变黑。

2. 防治

薯块发芽时气温较高，过度干燥，在运输、储藏过程中造成损伤、受重压，都会出现薯块变黑现象。因此在储藏期间马铃薯不能堆积过高，保持薯堆良好的通气性，减少缺氧，并保持适宜的储藏温度。

5.2　侵染性病害及其防治

马铃薯的生理性病害是由于薯块呼吸作用和物质代谢紊乱而引起的。常见的生理性病害有冻害和冷害以及黑心病。

马铃薯储运中主要的病害是由微生物侵染引起的。主要有晚疫病、干腐病、环腐病和软腐病。

5.2.1 晚疫病

马铃薯晚疫病是导致马铃薯茎叶死亡和块茎腐烂的一种毁灭性真菌病害。晚疫病病原菌可以进行有性繁殖，其产生的卵孢子具有更大的变异性和适应性，这对晚疫病的防治带来更大的困难。晚疫病病原菌在相对湿度为100%、温度21℃时最适宜产生孢子囊。孢子囊散发出的游动孢子在有自由水存在的条件下，产生芽管穿入寄主。病菌一旦穿透寄主的角质层，在21℃时侵染及发育最快。

1. 症状

块茎感病后形成大小不等、形状不规则、微凹陷的暗褐色病斑。将块茎切开，可见病斑皮下组织呈红褐色，与健康薯肉组织无明显分界。当温度较高，湿度较大时，病变可蔓延到块茎内的大部分组织，随着其他杂菌的腐生，可使整个块茎腐败，并发出难闻的臭味，感病块茎在空气干燥，温度较低的条件下，没有其他杂菌的感染，只表现组织的变褐(见图5-1)。

图5-1　马铃薯黑心病

2. 防治

防治马铃薯储藏期病害，应采取预防为主，从大田收获、入窖和储藏等把住各个环节，进行综合防治。

(1) 适时早播

晚疫病病原菌在阴雨连绵季节发展很快，因此，采取适时早播可提早出苗，提早成熟，具有避开晚疫病的作用。各地可根据当地气候条件确定适宜播期。

(2) 加厚培土层

晚疫病可直接造成块茎在田间和储藏期间的腐烂。加厚培土的目的可以保护块茎免受从植株落到地面病菌的侵染，同时还可增加结薯层次，提高产量。

（3）提早割蔓

在晚疫病流行年，马铃薯植株和地面都存在大量病菌孢子囊，收获时提前侵染块茎。应在收获前一周左右割秧，运出田外，在地面暴晒3~5 d，再进行收获。既可减轻病菌对块茎的侵染，又可使块茎表皮木栓化，不易破皮。

（4）药剂防治

晚疫病只能用药剂预防，无法治疗。一些化学药剂，如瑞毒霉锰锌、25%甲霜灵，对马铃薯储藏期间晚疫病的防治具有很好的效果。

5.2.2　干腐病

干腐病对马铃薯的危害主要是储藏期间块茎的腐烂。严重者可导致窖储中的块茎70%腐烂。干腐病是一种真菌性病害，在马铃薯的堆放场地及薯窖里都有可能大量存在该病病菌，成为传播该病的病源。由于病菌种类很多，对温湿度条件要求不同，所以发病的温湿度范围很广。在5~30℃的温度范围内均可发病，10~20℃是最适宜的发病温度。

1. 症状

块茎受病菌侵染后表皮呈现褐色或黑褐色，随着病菌侵染面积的扩大，薯块呈环状皱缩，此时病薯为空心状，切开后可见灰白色绒状颗粒。最后马铃薯整个块茎干腐，一捏成灰（见图5-2）。

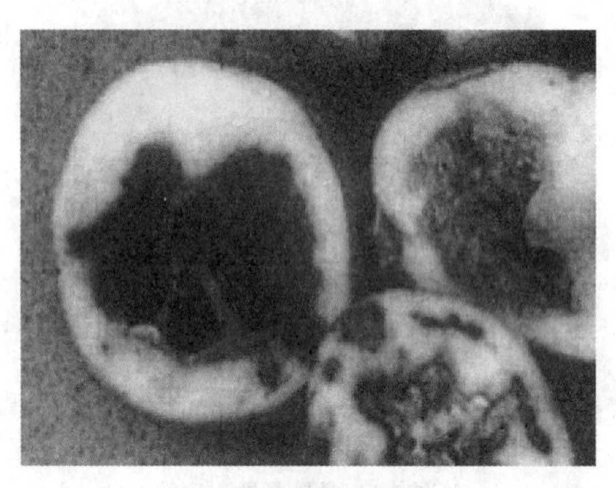

图5-2　马铃薯干腐病

2. 防治

（1）避免块茎在收获、装运、入库等过程中的机械损伤，轻拿轻放，防止病菌侵入。

（2）储藏场所进行消毒，杀死病源。

（3）低温储藏，保持3~5℃，避免发病条件，并对储藏块茎及时检查，剔除病薯，防止传染。

5.2.3　环腐病

环腐病是由环腐细菌侵染而造成的一种传染性病害，具有蔓延性。该病菌发病的最适宜温度为20~30℃，绝大多数由伤口侵入，不能从自然孔道侵染。

1. 症状

感染初期薯块表面无明显症状，储藏一段时间后，症状逐渐明显，皮色稍暗，有时芽眼发黑，有的表面龟裂；割切病薯块，可见维管束呈乳黄色或黄褐色的环状区域，重者可连成一圈，以手挤压，常有乳白色无味菌脓排出，重病薯块病部变黑褐色，用手挤压薯皮与薯心易于分离（见图5-3）。

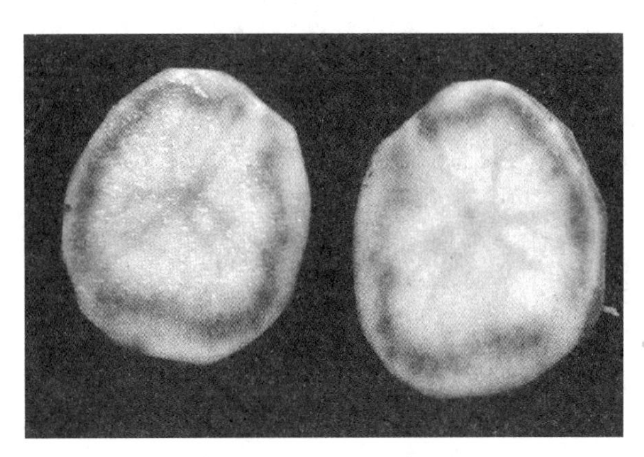

图5-3 马铃薯环腐病

2. 防治

（1）避免块茎在储运过程中的机械损伤，轻拿轻放，防止病菌侵入。

（2）装运种薯的容器要进行消毒，包括车厢、筐、袋子等。可用漂白粉水冲洗。

（3）在保证马铃薯品质的前提下保持较低的储藏温度。

5.2.4 软腐病

软腐病是一种细菌性病害，主要在储藏期和收获后运输过程中发病。该病菌喜高温高湿的环境。最适的发生温度是25～30℃，30℃以上也可发生，低于10℃病菌停止生长。湿度大时，病菌繁殖很快。窖储时空气相对湿度90%以上发病快。软腐病病菌属厌氧菌，储藏时通风不良，可使该病严重发生。另外，储运过程中的机械损伤也会导致该病的发生。

1. 症状

发病初期薯块表面出现褐色病斑，很快颜色变深、变暗，薯块内部逐渐腐烂；条件适宜时，病薯很快腐烂；干燥后薯块呈灰白色粉渣状（见图5-4）。

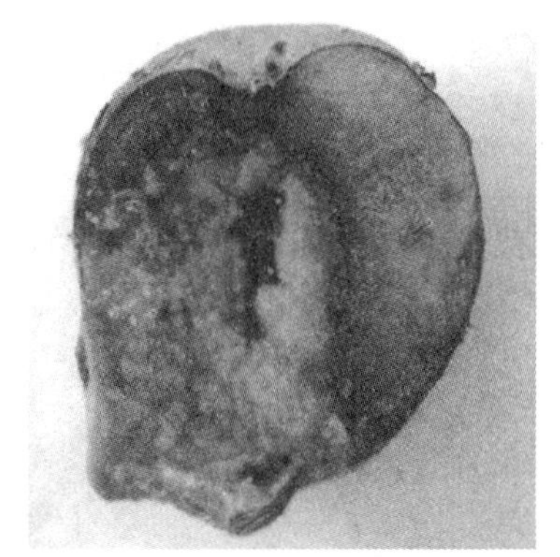

图5-4 马铃薯软腐病

2. 防治

（1）在块茎完全成熟时收获或收获前7～19 d田间灭秧，以使块茎表皮充分木栓化，不易破损，防止病菌侵入。忌在土壤潮湿时收获。避免块茎在阳光下暴晒受伤。收获运输时机械伤口也会给病菌侵入创造条件，应尽量避免。

（2）储藏库或窖要保持冷凉，通风良好。块茎入库前要充分晾晒，待 10℃以下时再入库。码放时堆不要过高并留好通风道，以免造成块茎无氧呼吸。

下编　马铃薯机械作业技术

第6章　农业机械使用常识

6.1　农业机械的应用基础

6.1.1　农业机械的分类

1. 分类

农业机械包括了动力机械和作业机械。动力机械为作业机械提供动力，作业机械则直接完成农业生产的各项作业。从广义上讲，动力机械及配套的作业机械统称为农业机械，从狭义上讲，农业机械只包括作业机械和与动力机械制成一体的联合作业机械，不包括单独的动力机械。

农业机械一般按作业性质可分为农田作业机械（包括耕地整地、种植和施肥、田间管理和植保机械、收获机械等）、农副产品加工机械、装卸运输机械、排灌机械、畜牧机械和其他机械等。

2. 农机具产品型号编制

根据我国《农机具产品编号规则》标准的规定，农机具定型产品除了有牌号和名称外，还应按统一的方法确定型号。型号由三部分符号和数字组成，分别反映产品的类别、特征和主要参数。

（1）产品牌号

产品牌号主要用于识别产品的生产单位。可用地名、物名和其他有意义的名词命名，列于产品的名称之前。

（2）产品名称

① 能说明产品的结构特点、性能特点和用途。

② 产品名称应简明、通俗、易记。一般由基本名称和附加名称两部分组成。

基本名称表示产品的类别。如犁、耙、播种机等。附加名称用来区别相同类别的不同产品，应列于基本名称之前。如背负式喷雾器、圆盘耙等。

③ 产品的全称包括产品牌号、产品型号、产品名称三部分。如丰收牌2B-24谷物播种机。

（3）产品型号

产品型号由汉语拼音字母和阿拉伯数字组成，表示农机具的类别和主要特征。产品型号的编排顺序如下：

大分类代号　小分类代号　特征代号-主参数代号　改进代号
（数字）　（字母）　（字母）　（数字）　（字母数字）

产品型号依次由分类代号、特征代号和主参数代号三部分组成，分类代号和特征代号与主参数代号之间，以短横线隔开。

① 分类代号（类别代号）

分类代号由用数字表示的大类代号（分类号）和字母表示的小类代号（组别号）组成。大类代号共 10 个，用阿拉伯数字表示，分别代表了 10 类不同的机具。小类代号则用产品基本名称的汉语拼音第一个字母表示。为了避免型号重复，小类代号的字母，必要时可以选取汉语拼音文字的第二个或其后面的字母。为简化产品型号，在型号不重复的情况下，小类代号应尽量少，个别产品可以不加小类代号。如 L-犁、B-播种机。农业具产品大类代号见表 6-1。

表 6-1　**农业具产品大类代号**

机具类别和名称	代　号
农副产品加工机械	1
种植和施肥机械	2
田间管理和植保机械	3
收获机械	4
脱粒、清洗、烘干和储存机械	5
耕耘和整地机械	6
运输机械	7
排灌机械	8
畜牧机械	9
其他机械	(0)

注：属于其他机械类的农机具在编制型号时不标出“0”。

② 特征代号

特征代号由产品主要特征（用途、结构、动力类型等）的汉语拼音中一个主要字母表示，为了避免型号重复，特征代号的字母，必要时可以选取汉语拼音文字的第二个或其后面的字母。与主参数邻接的字母不得用“I”，“O”，以免在零部件代号中与数字混淆。为简化产品型号，在型号不重复的情况下，特征代号应尽量少，个别产品可以不加特征代号。如 J 表示牵引，B 表示半悬挂，X 表示悬挂，Y 表示液压，L 表示联合，T 表示通用，M 表示免耕等。

③ 主参数

用以反映农机具主要技术特性或主要结构的参数，用数字表示。如犁用犁体数和每个犁体耕幅表示，播种机用播种行数表示。

例如重型四铧犁 1LD-435：

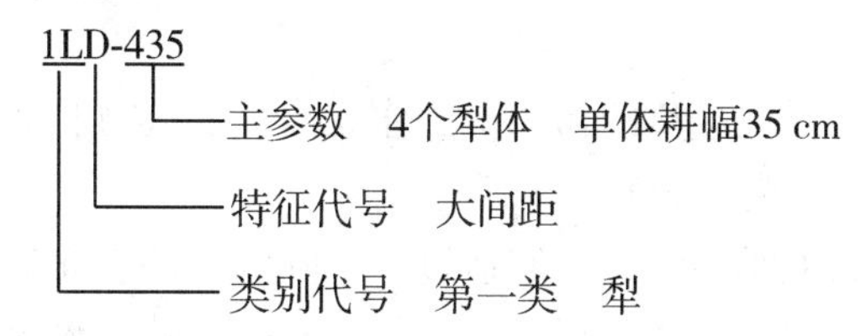

④ 改进代号

改进产品的型号在原型号后加注字母“A”表示。如进行了几次改进，则在字母“A”后加注顺序号。如 2B-16A1 播种机，则表示进行第一次改进。

6.1.2 农业机械的技术保养

农业机械的技术保养就是定期对机器进行系统的除尘、检查、润滑、调整及更换某些零件等，以消除使机器技术状态恶化的不利因素，并及时恢复各有关部件、总成的工作状态。可分为作业班保养和定期保养。

1. 作业班保养

作业班保养一般和动力机械保养同时进行，一般在每个工作班开始或结束后进行，包括清除污垢、泥土和缠在工作部件上的杂草；检查工作部件的技术状态和各部件安装调整是否正确，必要时加以调整；检查并紧固连接部件，按润滑表润滑各部位。

2. 定期保养

定期保养分两种情况：作业期短的可在阶段作业前后结合机器检修合并进行；作业期长的可在完成工作量或工作小时后进行。

（1）机器的清洁　经常保持外部零件的清洁，防止灰尘进入零件的摩擦表面，减小零件的磨损，同时也可减少机器各部分的堵塞，便于对机器各部分进行检查和调整。

（2）连接件的检查　检查连接螺栓松紧程度，并加以紧固。因为各连接件在使用中，由于受震动、冲击的作用，常会松动，从而加速零件的损坏。

（3）润滑脂的加注　农业机械中有砂的摩擦表面是用润滑脂润滑的，使用时间一长，就会脏污或逐渐减少，因此要按时补充更换清洁的润滑脂，以保证摩擦表面的润滑条件。

6.1.3 农业机械零件的损坏

零件是构成机械的基础，零件的损坏是造成农业机械损坏的基本原因。当零件丧失它的正常使用性能以后，我们就认为该零件已经损坏。

零件的损坏可分两种情况：一种是零件的材料特性发生了影响技术要求的变化，从而破坏了零件在农业机械中的正常作用；一种损坏是改变了零件的几何尺寸，从而破坏了零件在农业机械中的正常配合关系。

1. 腐蚀损坏

农业机械的许多零件是用金属材料制造的，腐蚀是一种主要的损坏形式。腐蚀首先从表面尖裂处开始，然后沿裂纹向里边蔓延。金属的生锈能把整台农业机械损坏，因而腐蚀是造成农业机械损坏的一个重要因素。

为了预防零件的腐蚀，常常用耐腐蚀的材料（如镍、铬、锌等）镀敷金属零件表面，或在金属零件表面涂油、涂漆或用塑料零件代替。

2. 疲劳损坏

许多农机是处于交变循环载负的作用下工作。当交变应力和循环次数超过零件材料的疲劳极限时，就产生零件的疲劳损坏。

减小零件疲劳损坏的主要办法是在制造过程中降低零件表面的粗糙度，采用比较缓和的断面过渡，以减少零件的应力集中现象；此外，利用渗碳、淬火等方法，提高零件的硬度、韧性和耐磨性。

3. 摩擦损坏

配合零件或工作零件与介质产生相互运动时，在零件表面产生摩擦，最后使零件表面的几何尺寸和表面质量发生变化，即产生磨损。当磨损到一定程度后，零件不能继续正常工作，即损坏。

6.1.4　农机零件常用的修复方法

农业机械零件损坏后，应根据损坏情况和农业机械本身对它的技术要求，选择经济、合理的调整方法。

1. 调整换位法

这种修理方法的特点是不对现有零件进行任何加工，只是将已磨损的零件变换一个方位，利用零件未磨损或磨损较轻的部位继续工作。农业机械中许多对称的轴、齿轮、链轮、轮胎等，都可以用此方法修理。

2. 修理尺寸法

在农机使用中，有许多零部件都规定有相应的修理尺寸，并备有一定修理尺寸。例如，有些农机的轴、套等可以按修理尺寸法加工，然后制造配件。

3. 附加零件法

附加零件法是用一个特别的零件，装配在零件磨损的部位，以补偿零件的磨损，恢复它原有的配合关系。

4. 更换零件法与局部更换法

当零件损坏不能修复或修复成本太高时，用新零件更换。如果零件的某个部位局部损坏严重，而其他部分还完好，也可将损坏部分去掉，用焊接或其他方法使新换上的部分与原有零件的基本部分连接成一整体，从而恢复零件的工作能力。

5. 恢复尺寸法

恢复尺寸法是通过焊接、电镀、喷镀、胶补、锻、压、车、钳、热处理等加工方法，将损坏的零件恢复到技术要求规定的外形尺寸和性能。

6.2　农机常用油料及选用原则

农业机械常用的油料按用途可分为燃烧用油和润滑用油。由于农业机械的动力源部分主要是柴油机，故其常用主燃油为柴油。常用润滑油为机油和齿轮油。由于油料的用途不同，它们的物理性能、使用和保管的要求等也不尽相同。

6.2.1　柴油

柴油是拖拉机发动机的主要燃料。一般用来表征柴油使用性能的主要指标为：低温流动性、雾化性、蒸发性、自燃性、腐蚀性、积炭性、磨损性和结胶性等。

1. 柴油的使用性能

评价柴油使用性能的主要指标是低温流动性和雾化性，它是以柴油的黏度和凝点来评定的。

一般来说，黏度过大会使柴油流动困难，喷雾质量降低，由于与空气混合不均匀而导致燃烧不好，排气冒烟，使柴油机功率下降，经济性变差；黏度过低，柴油易从喷油泵柱塞偶件和喷油器针阀偶件之间的间隙等处漏出，不易形成油膜，使润滑不良，加速偶件副的磨损，使燃料系统的密封性变差。

柴油的黏度随温度的变化而变化，温度升高，黏度减小；温度降低，黏度增加。当温度下降到使柴油失去流动性而开始凝固时的温度值称为柴油的**凝点**。凝点是柴油牌号确定的依据，也是选用柴油的主要依据。凝固点不高于0℃、-10℃、-20℃、-35℃的柴油相应的牌号为0号、10号、20号、35号柴油。0号柴油适合于夏季或气温高于0℃的地区使用，20号柴油适用于冬季或气温低于-20℃的地区使用。

2. 柴油的选用原则

（1）分类

根据柴油的黏度和比重的不同，国产柴油分为轻柴油、重柴油和农用柴油。按凝点，轻柴油中包括10号、5号、0号、-5号、-10号、-21号、-35号；重柴油中包括10号、20号、30号。轻柴油一般用于中高速柴油机；重柴油一般用于大型低速柴油机；农用柴油一般凝点较高，但由于价格便宜，多用于环境气温较高的地区，特别是农村使用较为普遍。

（2）选用依据

选用柴油的主要依据是柴油的凝点，应根据当地的作业季节并结合当地的气温条件，在冬季和寒冷地区气温较低时，宜选用牌号偏高的柴油。一般的要求是凝点比柴油机工作的外界环境温度低10~12℃。但由于柴油的牌号愈高，价格也愈贵，因此在选用时还要从保证工作的可靠性和经济性两个方面考虑。夏季一般可选用0号轻柴油或农用柴油。在气温较低时，如果选用农用柴油，由于其凝固点偏高，必须采取必要的措施才能可靠使用，比如可采用预热措施，增设副油箱等。为了便于起动，在副油箱内注入普通轻柴油，停车前将主柴油的油路断开而介入到副油箱，使燃油供给系统中充满轻柴油，从而方便下次启动。

6.2.2　机油

机油主要用于运动摩擦副的润滑，其主要使用性能有黏度、凝点、热氧化稳定性、酸值和腐蚀性、残炭等。

1. 黏度

黏度是评价机油的主要性能指标之一，也是机油分类编号的主要依据。机油的黏度通常用运动黏度来表示。由于机油黏度随温度的升高而急剧减小，而不同种类、不同牌号的机油在不同温度条件下黏性差异很大，所以我国用机油在50℃与100℃时的运动黏度值的比来表征机油的黏度与温度的变化特性。该比值越小，说明机油对温度变高的敏感性越低，机油的品质就越好。机油按用途分为柴油机机油和汽油机机油两种。柴油机机油的牌号是按该种机油在 100℃时的运动黏度值来确定的，该值越大，机油的黏度值就越大，牌号就越高。柴油机常用的机油有 HC-14（14 号）、HC-11（11 号）、HC-8（8 号）三种牌号，其中，“H”代表润滑油，“C”代表柴油机机油。

2. 机油的选用

选用机油时，要根据机器的种类和作业季节及环境温度的高低来进行。对于柴油机来说，选择柴油机机油，按照摩擦机件的工作条件，在保证润滑可靠的前提下，尽量选用低黏度的机油。这样有利于降低磨损，减少摩擦阻力损失。冬季或气温较低的季节，选用低黏度的机油有利于发动机的启动，减少机件的磨损，如 HC-8、HC-11 型号的机油；夏季或气温较高时，选用黏度较高的机油，如 HC-14 的机油。为了提高机油的性能，可以加入适量的添加剂，如增加机油黏度的增黏剂、降低机油凝点的降凝剂、抗氧化抗腐蚀剂及多效添加剂等。但同一种添加剂，对不同来源的机油的作用不尽相同，因此在加入添加剂时，加入量一定要按规定控制，否则会适得其反。在使用加有添加剂的机油后，轴承表面会生成暗色保护膜，这是正常情况，不要刮除。值得注意的是，不同种类的机油不能混合使用，更不能用汽油机机油来代替柴油机机油，也不允许在柴油机机油中掺入汽油机机油。

6.2.3　齿轮油

齿轮油主要用在变速箱和中央传动中靠齿轮传递动力的场所。由于齿轮传动的接触面积较小，齿面负荷很大，齿面上的油膜易遭到破坏，加上大部分齿轮传动多采用自然润滑方式，且转速不很高，因此齿面上的润滑油易流失。为了避免齿轮急剧磨损，就要求润滑油的油性要好，黏度一般较大。就拖拉机来说，传动系内齿轮油的黏度比发动机曲轴箱内同期使用的机油黏度大一倍以上。表征齿轮油使用性能的主要指标有油性、极压性能、黏度与温黏性能、防锈性和抗泡性等。国产齿轮油的牌号是按 100℃时的运动黏度平均值来划分的，拖拉机常用的齿轮油有 HL-20（20 号）、HL-30（30 号）两个牌号（H 代表润滑油，L 代表齿轮）。

1. 应根据不同的齿轮类型确定

一般普通的齿轮选用普通的齿轮油；蜗轮传动时由于相对滑动速度大、热量高需选用黏度高、油性好的齿轮油；双曲线齿轮传动负荷大、滑动速度大，需采用高极压性能的双曲线齿轮油，绝不能用一般的齿轮油代替。

2. 依环境温度选用

一般要求齿轮油的凝点应低于使用环境温度 6~10℃，在我国北方，拖拉机用齿轮油，冬季选用 20 号，夏季用 30 号，南方地区可全年选用 30 号。

3. 工作环境不同选取的齿轮油不同

齿轮精度高的，可选用黏度较小的齿轮油；反之，齿轮啮合间隙大时，应选用黏度高一些的。齿轮暴露在外、无外壳密封时，要选用黏度较大的齿轮油。此外，不允许用发动机润滑油和润滑脂的混合物来代替齿轮油使用。因为这种混合物在使用时润滑脂极易分离出来，不能保证齿轮润滑的基本要求。在严冬季节使用时，也不允许掺加柴油。否则，会严重破坏齿轮油形成油膜的能力，产生不良后果。

第7章　农用拖拉机的使用与维护

7.1　概述

由内燃机部分、传动部分、后桥部分组成的具有扭力大、速度低的行走牵引机械叫拖拉机，是用于牵引和驱动各种配套机具，完成农业田间作业、运输作业和固定作业等的动力机械。主要应用于国民经济的农业、林业、牧业、矿产开采业等部门，是现代化农业生产所必备的一种可移动的农用动力机械。

在农业生产中，拖拉机用途广泛，是通过其工作装置来实现不同用途的。如通过牵引装置和悬挂装置，挂上拖车，进行运输作业；或挂上犁、播种机、收获机等田间作业机具，进行耕地、耙地、播种、中耕除草、喷洒农药、收获作物等几乎所有的农田作业。除了跑运输和田间作业外，拖拉机的另一类用途，是进行固定场所下的作业，如利用动力输出轴或皮带将拖拉机的动力输出到抽水机、脱粒机、农产品加工机具等固定作业机具上，进行相应的抽水、脱粒、加工等作业。拖拉机是农业机械化的主要动力，拖拉机保有量和年产量的多少，是评定一个国家农业机械化水平的重要标志之一。

7.1.1　拖拉机的类型

拖拉机种类繁多，目前还没有统一的划分标准，不同的划分依据所分类型也不同。

1. 按行走装置分类

（1）履带（也叫链轨）式拖拉机

履带式拖拉机的行走装置是履带，其接地面积大，牵引附着性能好，对单位面积土壤的压力小。它主要适用于土质黏重、潮湿地块田间作业，农田水利、土方工程等农田基本建设工作。目前我国生产的都是全履带式拖拉机，如东方红-75、东方红-802、东方红-70T、东方红-1002/1202等型号的拖拉机。

（2）轮式拖拉机

轮式拖拉机的行走装置是轮子。按驱动形式分为两轮驱动和四轮驱动。两轮驱动拖拉机工作速度变化范围大，操作灵活，轮距可以调整，主要用于农田作业、固定作业和运输作业。四轮驱动拖拉机除具有两轮驱动拖拉机的优点外，还具有较好的牵引附着性能、越野性能和稳定操纵性能，在坡地、黏重地、潮湿地、沙土地作业及农田基本建设中比两轮驱动拖拉机具有更好的适应性。

（3）手扶拖拉机

手扶拖拉机是用手扶操作的单轴拖拉机，它的行走轮轴只有一根。其外形尺寸小、重量轻、结构简单，操作简便、机动灵活，价格便宜，通过性能好。它不仅是小块水田、旱田和丘陵地区的良好耕作机械，而且适于果园、菜园的多项作业。此外，手扶拖拉机还能与各种农副产品加工机械配套，即可做固定作业又可做短途运输，每年使用时间很长，综合利用性能很高。因此，在我国生产和使用的拖拉机中，手扶拖拉机数量最多。

2. 按功率大小分类

（1）大型拖拉机：功率为 73.6 kW（100 马力）以上。

（2）中型拖拉机：功率 14.7~73.6 kW（20~100 马力）。

（3）小型拖拉机：功率为 14.7 kW（20 马力）以下。

7.1.2　拖拉机的使用性能

拖拉机在使用过程中所表现出来的性能，称为拖拉机的**使用性能**，它是评价拖拉机的重要依据。在拖拉机的择优选购、组织配件、商品检验、宣传推广、销售、“三包”等各项工作中都会遇到拖拉机的使用性能问题。

1. 拖拉机的可靠性

拖拉机的可靠性，是表示拖拉机在规定的使用条件和时间内工作的可靠程度。通常以拖拉机零部件的使用寿命来衡量，可靠性是评价拖拉机的重要指标，因为可靠性越低，使用时间越短，创造价值越低，同时增加了配件的供应，影响了生产。

由于拖拉机各零部件的工作条件不同及制造水平不同，它们的寿命标准也不相同。一般农用拖拉机各部件在第一次大修前应具有的使用寿命为：发动机 5000 h，传动系统 6000 h，行走系统 3500~5000 h，无故障工作时数为 750 h。主要零件也都有相应的规定。为保证产品质量，各种拖拉机（包括整机和主要零部件）都明确地规定了保用期，在原农机部颁发的“三包”细则中规定拖拉机的保用期不得少于一年，但使用累计不超过 1500 h，这是原农机部对保用期的最低要求。

2. 拖拉机的经济性

拖拉机的经济性是指拖拉机在使用时所消耗的费用。拖拉机经济性主要是指燃料消耗经济性；拖拉机的打滑率、滚动阻力、润滑油耗量、拖拉机的维修和折旧费等也影响其经济性。拖拉机燃油消耗的经济性是用每千瓦小时耗油量，即比耗油量来评价的，对耕整地来说，可用每亩地耗油量来衡量。

拖拉机的经济性对使用者和经销者的农机公司来说都是非常重要的，在市场上可以看到，凡使用经济性好的拖拉机，就受欢迎，一般销售量都大。

3. 拖拉机的牵引附着性能

拖拉机牵引性能是表示拖拉机发挥牵引力的能力。牵引力大即为牵引性能强。拖拉机附着性能是表示其行走机构对地面的附着（“抓住”土层）的能力。附着性能好，牵引性能也就好，因此这两者常相提并论。四轮驱动拖拉机比两轮驱动拖拉机附着性能好，高花纹轮胎比低花纹轮胎附着性能好。

附着性能强，拖拉机用于牵引力上的功率就能得到充分的发挥，因此具有同样功率的拖拉机，附着性能强者，其牵引力就大。由于拖拉机主要用于牵引作业，因此在评价拖拉机是否有劲时，不仅要看拖拉机上的内燃机功率大小，而且还要比较拖拉机牵引功率及牵引力的大小。

4. 拖拉机的通过性能

拖拉机的通过性能包括对地面通过性能和对行间通过性能两个方面。对地面的通过性能是指对各种地面的通过性能。如拖拉机能在潮湿泥泞、低洼有水、冰雪滑路地面行驶顺利，在雨季地湿、松软或砂土团里工作正常，在狭小弯路上通行、爬越沟埂容易等，都说明拖拉机的通过性能好。对行间通过性能是指拖拉机在作物之间（或果树之下）通过的性能。如拖拉机在行间或果树下工作，少伤枝、叶、果，少压损根苗则为通过性能好。

一般来说，拖拉机的外形尺寸小、重量轻，行走装置对地面接地压力小、拖拉机最低点离地面间隙（地隙）大，其通过性能就好，接地压力主要与机重和行走装置的类型有关，重量轻、行走装置接地面积大（如履带），接地压力则小。中耕拖拉机（如长春—400 型拖拉机）离地间隙大，可保证中耕时不易损伤中耕作物的枝叶等。

5. 拖拉机的机动性

拖拉机的机动性包括拖拉机行驶的直线性及操纵性两个方面。当拖拉机向前或向后直线行驶时不自动偏离直线方向，由于外界影响而偏离后，又有足够的自动回正的能力，这称为行走直线性好。通常所说的拖拉机跑偏，就是指拖拉机行驶直线性不好的意思。拖拉机操纵性能是指拖拉机能按所需路线行驶及制动、起步可靠的性能。拖拉机操纵轻便、灵活、转弯半径小、制动与起步顺利、挂挡可靠，则称为操纵性好。

6. 拖拉机的稳定性

拖拉机的稳定性是指拖拉机能保持自身稳定，防止翻车的性能，特别是拖拉机在坡地上行驶时，其稳定性更为重要。它主要与拖拉机的重心高度及重心在轴距与轮距（履带为轨距）间的位置有关，拖拉机的重心低、轴距、轮距（或轨距）大，稳定性就好。一般说来，拖拉机离地间隙高虽然通过性能好，但幅度于离地间隙高，使其重心也提高了，所以稳定性差。

7. 拖拉机的生产率及比生产率

拖拉机在单位时间内（以小时计算）完成的工作量称为拖拉机的**生产率**。拖拉机每千瓦小时完成的工作量称为拖拉机**比生产率**。拖拉机生产率通常用来衡量功率相同的拖拉机的工作效能，而拖拉机比生产率则用来衡量功率不同的拖拉机的工作效能。拖拉机的生产率和比生产率主要与拖拉机的功率、牵引附着性能及与农机具配套共同工作时的协调程度有密切关系。

8. 拖拉机的结构重量与结构比重量

拖拉机的**结构重量**是指未加油、水，未装配重，未坐驾驶员拖拉机的重量。拖拉机的使用重量则包括油、水，手扶拖拉机还包括配带农具（旋耕机或犁）的重量。拖拉机每千瓦所占的重量称为**结构比重量**，结构比重量是衡量拖拉机消耗金属和技术水平的一个重要指标。

拖拉机的上述这些使用性能及其指标有些可能会有相互矛盾的地方，在择优选购及评价时，应把拖拉机的适应范围与使用条件和要求配合起来考虑，才是恰当的。每种拖拉机的这些性能及其指标，在产品使用说明书中或有关技术文件中一般有规定。

7.1.3　拖拉机的型号标记和基本构造

1. 大中型拖拉机型号标记和基本构造

我国拖拉机的型号标记是机械牌号加数字代号，如上海-504，“50”指发动机功率为 36.77 kW（50 马力），“4”为四轮驱动；东方红-802，“80”指发动机功率为 58.84 kW（80 马力），“2”为履带式拖拉机。

大中型拖拉机的主要组成部分包括发动机、传动系统、转向系统、制动系统、行走系统、工作装置（包括液压悬挂装置、牵引装置和动力输出轴及皮带轮）和电器设备。这些部分除发动机和电器设备外，统称为底盘。另外，还有车身及附属装置。

发动机是拖拉机行驶和工作的动力源。

传动系统的功用是将发动机的动力传至驱动轮，还能传至动力输出轴。在动力传递过程中，由于柴油机具有低扭矩高转速的特点，所以均为降速增扭传动。此外，通过操纵离合器和变速箱，可实现动力的切断或接合，并能改变行驶速度和牵引力，以及使机车倒退行驶等。

转向系统的功用是控制和改变拖拉机的行驶方向。

制动系统的功用是使机车能够迅速减速和停车，以及使之能够可靠地停放在平地或坡地上。后轮制动常采用分侧制动结构，以协助转向，减小转弯半径。而履带式拖拉机则称为转向离合器，以单侧分离动力、配合制动来实现转向或原地 360°转向。

行走系统的功用是支撑机车，保证行驶，把发动机传到驱动轮上的扭矩通过行走系统与地面的相互作用变为驱动机车前进的推动力。工作装置的功用，是以直接牵引或悬挂牵引的方式以及旋转方式，向工作机械输出牵引力或驱动扭矩。

电器设备的主要功用，是实现机车的启动、照明、信号等。

2. 小型拖拉机型号标记和基本构造

小型拖拉机的型号标记也是机械牌号加数字代号，如东方红-180，“18”指发动机功率为 13.24 kW（18 马力），“0”指轮式拖拉机。

小型四轮拖拉机的基本构造和大中型拖拉机基本相似，也由传动系统、转向系统、制动系统、行走系统、工作装置（液压悬挂、牵引装置和动力输出装置）、电器设备、车身等组成，只是传动系统采用了三角皮带传动装置。

三轮或手扶拖拉机结构更加简单，驱动和转向共用前桥，尾轮支撑并配合转向。

7.2　拖拉机传动系统的使用与维护

7.2.1　传动系统的功用、组成和拖拉机行驶原理

拖拉机传动系统的主要功用是将发动机的动力传递到拖拉机的驱动轮和动力输出装置，根据拖拉机工作需要，改变拖拉机的行驶速度、驱动力，实现拖拉机前进、后退、起步或停车。

传动系统由三角皮带传动装置、离合器、变速箱和后桥（中央传动、差速器、半轴）组成。发动机动力经三角皮带→离合器传动装置→离合器→变速器→后桥，最后传到变速

箱驱动轮。拖拉机的传动系统如图 7-1 所示。

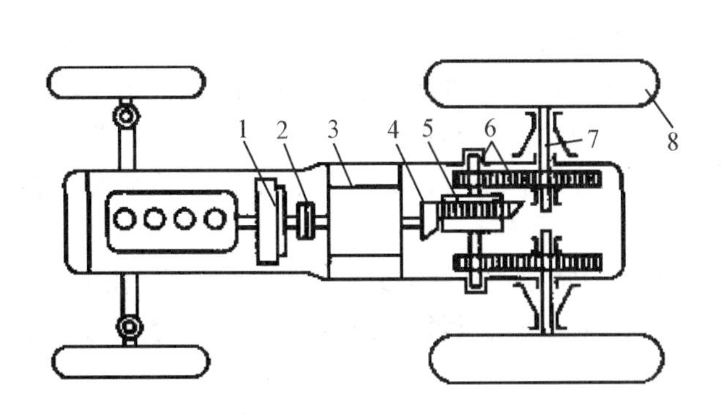

（a）轮式拖拉机的传动系统

1—离合器；2—联轴器；3—变速箱；
4—中央传动机构；5—差速器；
6—最终传动机构；7—半轴；8—驱动轮

（b）履带式拖拉机传动系统

1—离合器；2—变速箱；3—中央传动机构；
4—最终传动机构；5—转向离合器

图 7-1 拖拉机的传动系统

拖拉机行驶原理如图 7-2 所示。当发动机将动力传给驱动轮时，驱动轮对地面产生一个向后的切向力，与此同时，地面对驱动轮产生一个大小相等方向相反的作用力，此力称为拖拉机的驱动力。如驱动力等于或大于行驶阻力与牵引阻力之和时，拖拉机就可以向前行驶。

图 7-2 拖拉机行驶原理

7.2.2 传动系统主要部件的构造与工作原理

1. 三角皮带传动装置

三角皮带传动装置由安装在发动机飞轮上的皮带轮、离合器外壳（外缘制有三角皮带槽）和传动三角皮带组成。通过三角皮带与皮带槽之间的摩擦力将发动机的动力传给离合器。由于飞轮上皮带轮（主动轮）的直径小于离合器壳（从动轮）的直径，从动轮的转速比主动轮的低，扭矩比主动轮的大，所以三角皮带传动装置不仅能传递动力，而且起到减速增扭的作用。

2. 离合器

（1）离合器的功用和类型

离合器位于发动机和变速箱之间。主要由主动部分、从动部分、压紧机构和操纵机构四部分组成。其作用是：① 切断动力，保证在发动机的曲轴与传动装置间能根据车辆行驶的需要传递或切断发动机动力输出；② 接合动力，接合时传递发动机传到变速箱的动力，分离时切断动力，便于换挡，使拖拉机平稳起步；③ 超载保护，工作超负荷时离合器能自动打滑，起到过载保护作用。

离合器根据其传递动力的方式不同，可分为摩擦式和液力式两种。液力式是用液体作为工作介质来传递扭矩。摩擦式离合器利用摩擦面相互压紧时在接触面间产生摩擦力来传递扭矩。

摩擦式离合器按摩擦片的数目分为单片式、双片式和多片式；按压紧装置分为弹簧压紧式、杠杆压紧式和液力压紧式；按摩擦表面的工作条件分为干式和湿式；按其在传动系统中的作用分为单作用式和双作用式。

国产拖拉机大多采用干式常接合摩擦离合器，根据从动盘数目的多少，可分为单片式离合器和双片式离合器。干式常接合摩擦离合器由 5 部分组成，即主动部分、从动部分、压紧机构、分离机构和操纵机构。主动部分和发动机曲轴相连，从动部分和变速箱相连。主动部分始终和发动机曲轴一起转动，从动部分只有在离合器接合时才转动。当离合器分离时，从动部分停止转动。主、从动部分用压紧机构压紧在一起，靠它们之间的摩擦阻力传递动力。操纵分离机构可使主、从动部分分离，切断动力。

（2）离合器的构造与工作原理

① 常接合式离合器的基本构造和工作原理见图 7-3。

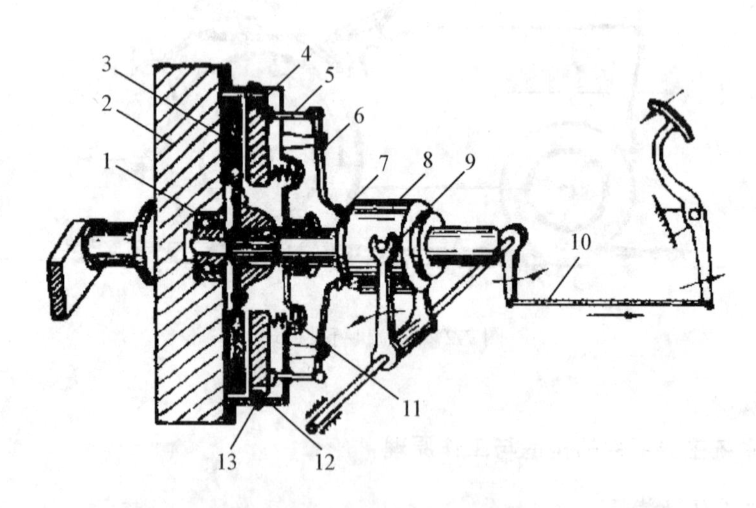

1—离合器轴；2—飞轮；3—从动盘；4—压盘；5—分离拉杆；
6—分离杠杆；7—分离轴承；8—轴承座；9—分离叉；
10—拉杆；11—压紧弹簧；12—离合器盖；13—传力销

图 7-3　常接合式离合器工作原理

常接合式离合器由主动部分、从动部分、压紧装置和操纵机构等四部分组成。主动部分由飞轮、离合器盖和压盘等组成。离合器盖固定在飞轮后端面上，同曲轴一起转动。压盘轴向槽与固定在离合器盖上的传力销相连接，使它既受离合器盖带动做旋转运动，又可在操纵机构或加压弹簧作用下做轴向移动。

从动部分由双面均铆有摩擦片的从动盘和离合器轴等组成。从动盘处在飞轮和压盘之间，并套在离合器轴向花键上，既能借花键带动离合器轴转动，又能在轴上做轴向移动。从动盘上的摩擦片用来增大接触面间的摩擦系数。

压紧装置由装在压盘与离合器盖间、沿圆周均匀分布的一组压紧弹簧等组成。压紧弹簧的预紧力使压盘、从动盘和飞轮三者的接触面相互压紧。

操纵机构由装在压盘上的分离拉杆、沿离合器盖圆周均匀分布的 3 个或 6 个分离杠杆、套在离合器轴上能沿轴向移动的分离轴承座、分离叉和离合器踏板等组成。在离合器踏板未踏下时，离合器在弹簧预紧力作用下处于接合状态，此时发动机曲轴传出的动力便依靠主动盘、从动盘间的摩擦力带动从动盘，再通过离合器轴传给变速箱。踏下离合器踏板后，通过与它下端相连的拉杆和分离叉使分离轴承向飞轮方向移动。分离轴承在接触分离杠杆内端后，便推动分离杠杆绕其中间支点转动，于是分离杠杆的外端便通过分离拉杆使压盘克服离合器弹簧的预紧力向离开飞轮的方向移动。此时从动盘与飞轮及压盘的接触面相互分离，离合器处于分离状态，切断了发动机传到变速箱的动力。

由于摩擦离合器的接合是在踏板逐渐放松、弹簧逐渐伸张的过程中推动主动盘、从动盘相互压紧而产生的，从摩擦盘刚接触到完全压紧，传动系统的转速也在逐渐升高，驱动力也逐渐增强，整个接合过程，都是一个逐渐增长的过程。如果踏板放松的速度恰当，便能满足平顺接合，平稳起步的要求。

松开踏板，使离合器处于接合状态时，在分离轴承与分离杠之间出现的间隙，通常称为离合器间隙。与此间隙相对应的踏板行程，叫踏板自由行程。由于自由行程是踏板放松时，从踏板到分离杠杆的全部传动件间的各种间隙的综合反映，所以它只能在一定程度上反映离合器间隙。对于状态完好的车辆，可以通过踏板自由行程来判断离合器间隙。离合器间隙可以通过调整螺母来调整，而踏板自由行程可以通过拉杆来调整。

② 单作用离合器的基本构造和工作原理见图 7-4。

单作用离合器主要由主动部分、从动部分、压紧装置和操纵机构等组成，主动部分包括飞轮、离合器盖、压盘等。发动机工作时，压盘、离合器盖随同飞轮一起旋转。压盘在旋转的同时，在操纵机构的作用下还可做轴向移动。

从动部分包括从动盘和离合器轴。为了提高摩擦力，在从动盘两面铆有摩擦衬片。从动盘与离合器轴以花键连接，并可在轴上做轴向移动。

压紧装置由压紧弹簧组成，位于离合器盖与压盘之间。弹簧均匀分布并加压在压盘上，使从动盘与飞轮紧压在一起。

操纵机构由离合器踏板、分离轴承、分离杠杆及分离拉杆等组成。离合器盖上装有沿圆周均匀分布的三个分离杠杆。

离合器在接合时，由于压紧弹簧的弹力使从动盘与飞轮之间产生的摩擦力足以将发动机曲轴的转矩传递给离合器轴而不会打滑。分离离合器时，踩下离合器踏板，使分离轴承前移，加压于分离杠杆，分离杠杆与分离拉杆铰接，分离拉杆带动压盘克服离合器压紧弹

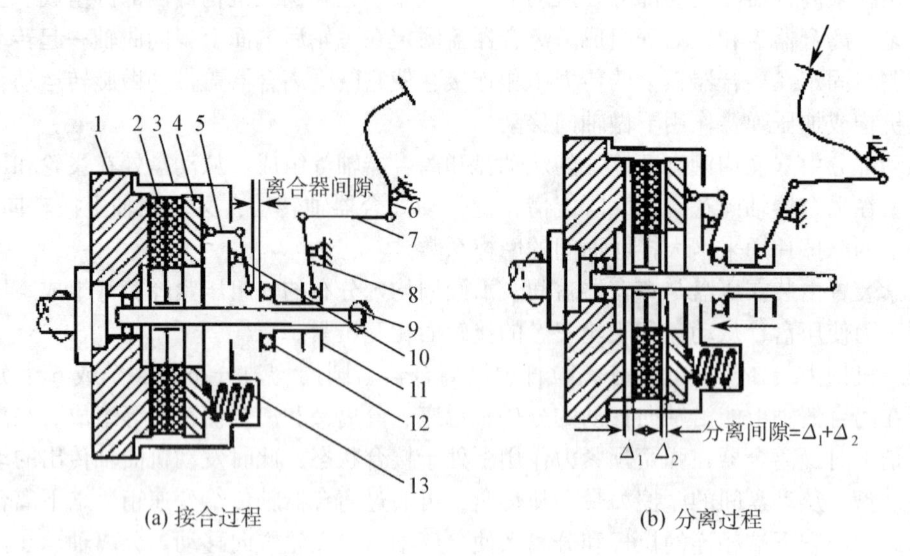

(a) 接合过程　　(b) 分离过程

1—飞轮；2—从动盘；3—离合器盖；4—压盘；5—分离拉杆；6—离合器踏板；7—拉杆；8—拨叉；9—离合器轴；10—分离杠杆；11—分离轴承套；12—分离轴轴承；13—压力弹簧

图 7-4　单作用离合器工作原理简图

簧的弹力后移，从动盘与压盘和飞轮之间就出现间隙，摩擦力消失，切断动力传递。

重新接合离合器时，平缓地放回离合器踏板，在压紧弹簧的作用下，压盘逐渐将从动盘压向飞轮，摩擦力逐渐增大，从动盘平稳地带动离合器轴旋转，将动力传递给变速箱。当离合器踏板完全放回后，压紧弹簧的压力使压盘将从动盘压紧在飞轮上，发动机的全部转矩通过离合器传递给变速箱。

有些拖拉机上使用双作用离合器，它是将发动机转矩由主、副离合器分别传递给驱动轮和动力输出装置。主、副离合器安装在一起，使用一套操纵机构。

在主离合器分离后，继续踩下离合器踏板，到底时便切断了发动机传往动力输出轴的动力。双作用离合器的特点是离合器踏板有两个行程，第一个行程是主离合器分离，副离合器不分离，即动力输出轴仍输出动力；第二个行程是主、副离合器都分离，动力完全不传递。接合离合器时，先接合副离合器，再接合主离合器。

（3）离合器的正确使用

① 分离迅速

分离离合器时动作要快，脚踏板一定要踏到底，做到彻底分离，避免半接合滑磨，造成挂挡困难甚至打齿。

② 接合柔顺

接合离合器时动作要缓慢，使离合器平顺接合，但当要完全接合时动作要迅速，这样拖拉机起步才能平稳。接合时过猛易损坏摩擦片和从动盘，也会加快传动零件的磨损和早期破坏。

③ 禁止半分离离合器传递扭矩和长时间分离

不应当采用半分离离合器的办法来降低拖拉机的行驶速度，行驶中不得将脚一直放在离合器踏板上，这样将加速分离轴承、压盘和摩擦片的磨损。离合器不宜长时间分离，长时间分离会造成压紧弹簧长期受压后弹力减弱，压力不够。若要长时间停车应挂空挡。

④ 动力输出轴的使用

只有在动力输出轴、离合器分离时，才能操纵手柄接合或分离动力输出轴，否则易打坏接合套。

（4）离合器的维护保养

① 检查调整离合器踏板的自由行程

为了使离合器结合牢固，在离合器分离轴承与分离杠杆之间应保持一定的间隙，此间隙反映到踏板上就是离合器踏板自由行程。离合器在使用中由于摩擦片的磨损压盘前移，杠杆内端向后，使自由行程减少。自由行程过小时，离合器容易出现打滑现象，因此，在使用中必须予以检查调整，以保证离合器接合可靠。

② 检查操纵机构及其助力装置的技术状态

为了减轻离合器的操纵力，离合器的操纵机构大多装有助力装置。随着时间的增长，其技术状态可能变差，再加上机械部分各运动件间易进入尘土，使摩擦阻力增大，因此必须予以检查保养，以保证离合器操纵轻便。

③ 加注润滑脂

离合器各部油嘴、轴承及各活动关节，必须按规定期予以润滑，保证机件转动灵活，使离合器操纵轻便，避免机件磨损松旷后离合器分离不彻底。防止分离轴承因缺油烧蚀卡死后损坏其他机件。

④ 检查清洗离合器油污

离合器分离轴承如加注润滑脂过多或加注的油脂不对，这时它们受高温影响熔化后可能溅到摩擦片上。另外，如发动机曲轴的后油封损坏，从曲轴箱渗漏到离合器室的机油易溅到离合器的摩擦片上。所以，要经常清洗离合器油污。清洗摩擦片上油污的方法是：将煤油加入离合器壳内（淹没 1/3 飞轮为宜），启动发动机，在离合器接合状态下转动 2～3 min，先清洗离合器各零件表面油污。发动机熄火后，放出清洗油，在离合器分离状态下，可再清洗一次。

3. 变速箱

（1）变速箱的功用和类型

变速箱由不同的几对齿轮组成。其功用是：① 变扭变速，改变排挡，即可改变传动比，使拖拉机获得多种速度和驱动力；② 增扭减速，协同中央传动、最终传动将发动机传到驱动轮的扭矩增大，转速降低；③ 实现空挡，使拖拉机能在发动机不熄灭情况下长时间停车，并实现发动机无负荷启动；④ 实现倒挡，使拖拉机倒退行驶；⑤ 实现拖拉机的动力输出。

拖拉机变速器多为齿轮式有级变速箱，一般均为定轴轮系，个别现代拖拉机采用定轴和周转轮系混用的混合轮系。

拖拉机齿轮式有级变速箱均由变速齿轮箱和操纵机构两部分组成，按是否设有中间轴，又可分为两轴式和三轴式变速箱。按是否串有副变速箱，又可分为一般齿轮变速箱和组成式齿轮变速箱。拖拉机上多采用组成齿轮式变速箱。

（2）变速箱的构造与工作原理

① 构造

变速箱由变速器和操纵机构组成。变速器由齿轮、传动轴和箱体组成，齿轮安装在传动轴上，如图 7-5 所示。输入动力的轴称为第一轴，输出动力的轴称为第二轴。由第一轴上的齿轮与第二轴上的齿轮啮合，就可得到不同转速的动力使拖拉机前进。在两个齿轮中间加入中间齿轮，可改变第二轴的旋转方向，使拖拉机后退。

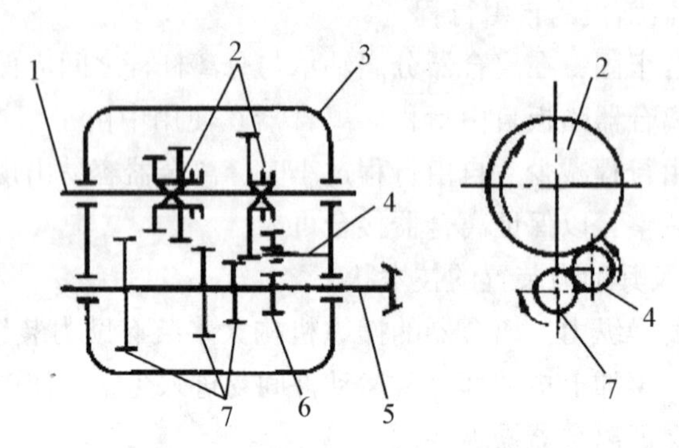

1—第一轴；2—滑动齿轮；3—变速箱外壳；4—倒退轴和倒退挡齿轮；
5—第二轴；6—倒退挡从动齿轮；7—固定齿轮

图 7-5　双轴式变速箱示意图

操纵机构包括变换挡位的拨叉轴、拨叉和变速杆等。为保证齿轮啮合或空挡时处于正确位置，不同时挂两个挡和不自动脱挡，还设有锁定、互锁和连锁机构，如图 7-6 所示。

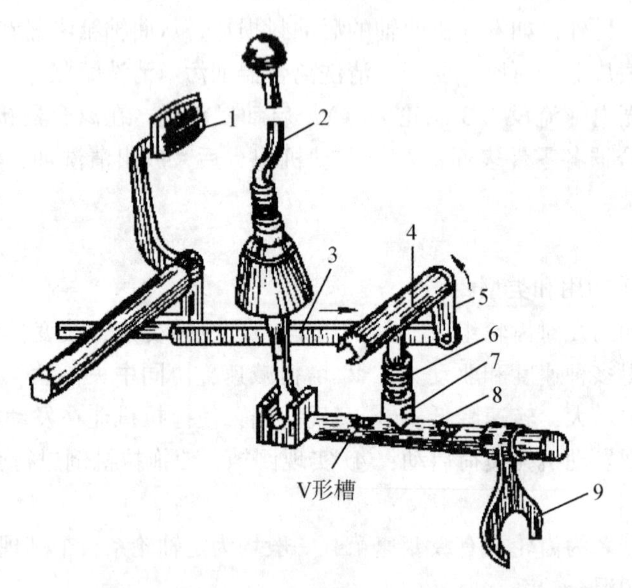

1—离合器踏板；2—变速杆；3—推杆；4—连锁轴；5—连锁轴臂；
6—锁定弹簧；7—锁定销；8—拨叉轴；9—拨叉

图 7-6　变速箱的操纵机构

操纵变速杆使拨叉轴和拨叉移动，从而拨动相应的齿轮啮合，即可得到不同的前进挡位或倒退挡位。当变速杆处于中间位置时为空挡，拖拉机停车。锁定机构由锁定销、锁定弹簧和拨叉轴上的 V 形槽组成。换挡时，必须施加一定的作用力，将锁定销顶起，才能使拨叉轴移动。当锁定销落入另一个 V 形槽时，即可保证齿轮全齿宽啮合以及不自动脱挡或挂挡。互锁机构为一框架板，可防止同时挂两个挡，如图 7-7 所示。连锁机构的连锁轴与离合器踏板相连接，只有踩下离合器踏板分离离合器后，才能拨动变速杆进行换挡。

② 工作原理

变速箱的增扭减速作用原理见图 7-8。两齿轮传动，靠齿轮的牙齿传递动力，主动齿轮一个齿推动从动齿轮一个齿。当主动齿轮为 8 个齿，从动齿轮为 16 个齿时，主动齿轮转一圈，从动齿轮只转半圈即 8 个齿，这样从动齿轮的转速就降低了一半。同时，两齿轮牙齿接触表面上的作用力是相等的。根据“作用力乘半径等于扭矩”的原理，在作用力相等的条件下，主动齿轮半径小，其扭矩也小。从动齿轮半径大，其扭矩也大，这样从动齿轮的扭矩就增大了。实际上，齿轮的直径与它的齿数是一个正比的关系，如不计传动过程中的摩擦阻力，则从动齿轮转速降低的倍数，也就是扭矩增大的倍数。

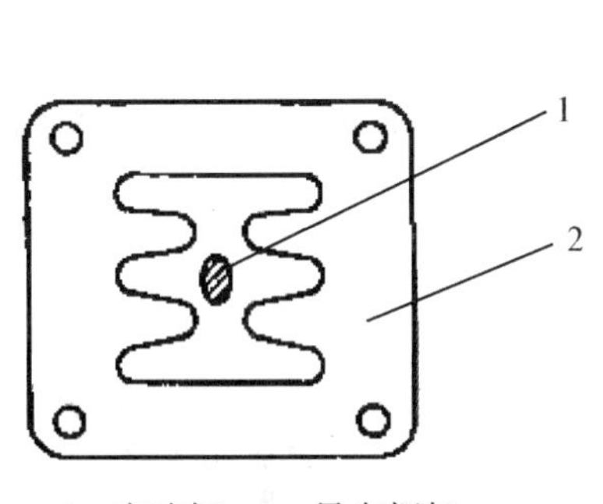

1—变速杆；2—导向框架

图 7-7 互锁机构

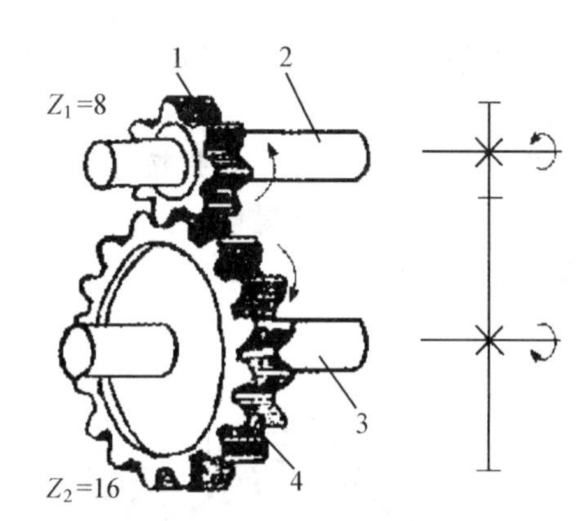

1—主动齿轮；2—主动轴；3—从动轴；4—从动齿轮

图 7-8 齿轮传动增扭减速原理

所谓一对齿轮的传动比，就是主动齿轮转速与从动齿轮转速之比，其大小取决于两齿轮的齿数或直径。即

$$传动比=\frac{主动齿轮转速}{从动齿轮转速}=\frac{从动齿轮齿数}{主动齿轮齿数}$$

为实现变速变扭，变速箱由不同的多对齿轮组成。当一对齿轮传递动力时，其他齿轮脱开。图 7-9 是常用滑动齿轮变速箱的工作原理。

主动齿轮是双联的，可在主动轴的花键上前后移动，从动齿轮则固定在从动轴上。主动齿轮处在不啮合的中间位置时即为空挡位，见图 7-9（a）。将主动齿轮向左移，使小主动齿轮与大从动齿轮相啮合。主动轴的动力经主动小齿轮轴传给从动大齿轮轴输出，即获得了一个减速增扭挡，即低挡位，见图 7-9（b）。将主动齿轮向右移，使大主动齿轮与小从动齿轮相啮合，又获得一个增速减扭挡，即高挡位，拖拉机将以较高的速度行驶，见

图 7-9。

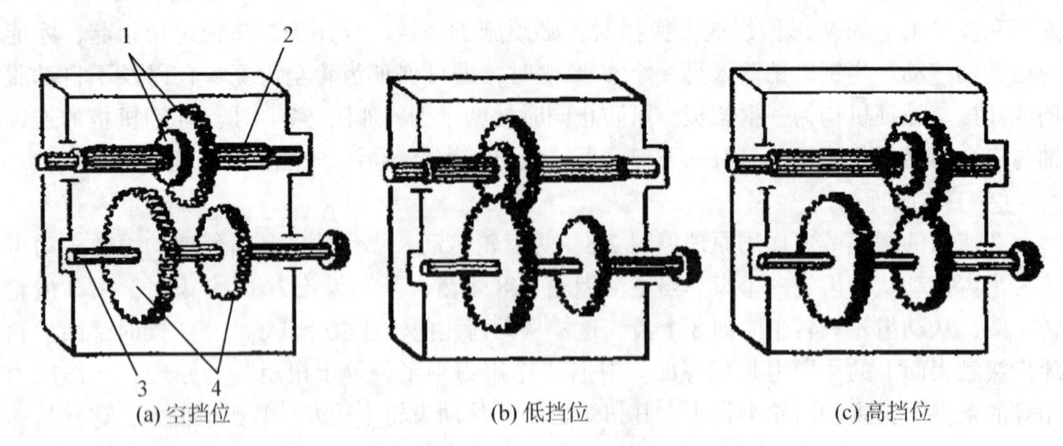

1—主动齿轮；2—主动轴；3—从动轴；4—从动齿轮

图 7-9　变速箱工作原理

若在主动齿轮和从动齿轮间加上一个中间齿轮，即可获得反向旋转，即倒挡位，见图 7-10。

现代常用的齿轮变速箱就是按这个原理设计的。排挡增加，齿轮也增加，结构更复杂。为了使齿轮变速箱获得较多挡位，可将两个变速箱串联，形成主副变速箱及主副操纵杆，即组成式变速箱。

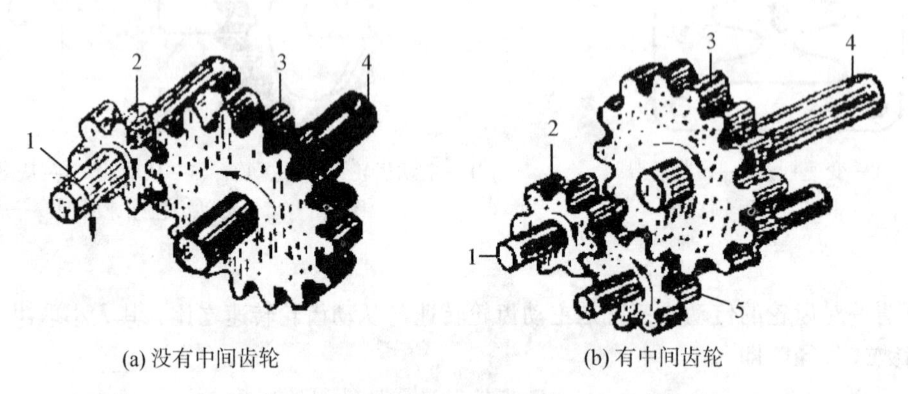

1—主动轴；2—主动齿轮；3—从动齿轮；4—从动轴；5—中间齿轮

图 7-10　倒挡工作原理

（3）变速箱的正确使用

挂挡时，必须彻底分离离合器以免齿轮发生撞击损坏齿轮。挂挡时，用力不能过猛，如挂不上挡，应接合一下离合器，使两齿轮齿端错开，再分离离合器挂挡。变速箱应按要求更换润滑油。

（4）变速箱的维护保养

按下面方法保养和操作，可明显减少变速箱故障，延长使用寿命。

① 经常检查变速箱各连接部位的紧固状况，及时予以拧紧。经常检查轴端油封及外部接合处是否漏油、渗油，及时更换失效的油封和纸垫，并拧紧螺钉。定期更换新油，换油时要趁热放出脏油，用柴油或煤油清洗，新换的润滑油应符合规定要求。

② 换挡时，操纵变速杆不能用力过猛，以免打齿和损坏拨叉等零件。当离合器彻底分离后再换挡，以免打坏齿轮。运输作业时，可以不停车换挡。离合器接合不应过快，以免造成传动件遭受冲击载荷，导致齿面早期剥落、传动花键轴表面挤伤，甚至造成花键轴折断。严禁用猛抬离合器踏板的方法来克服重负荷或超越障碍，以减少对齿轮的冲击磨损。

4. 后桥

(1) 后桥的结构组成与功用

① 结构组成

从变速箱第二轴传动的小锥形齿轮开始至驱动轮以前的所有零件及壳体统称为后桥，也称驱动桥。轮式拖拉机的后桥由中央传动、差速器、最终传动和半轴等组成，如图 7-11 所示。履带式拖拉机的后桥由中央传动、转向离合器和最终传动组成，中央传动和转向机构安排在同一壳体中，而最终传动分置于两侧单独的壳体中，如图 7-12 所示。

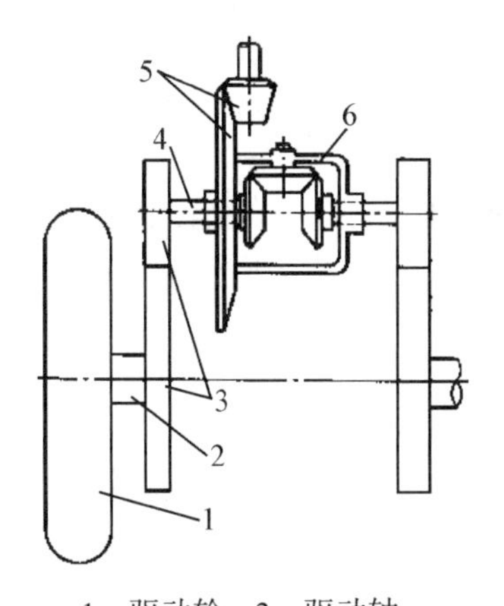

1—驱动轮；2—驱动轴；
3—最终传动机构；4—半轴；
5—中央传动机构；6—差速器
图 7-11 轮式拖拉机后桥

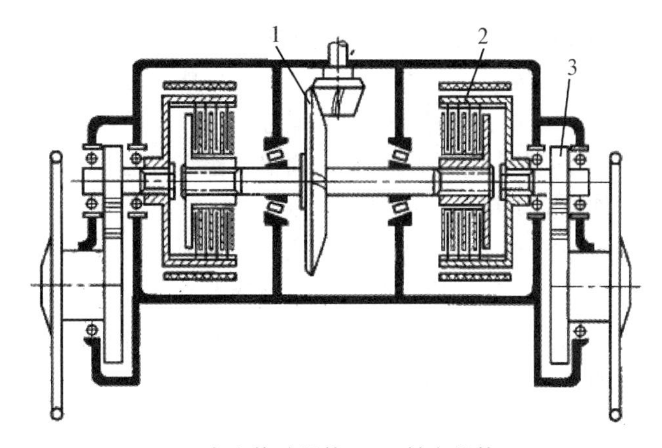

1—中央传动机构；2—转向机构；
3—最终传动机构
图 7-12 履带式拖拉机后桥

② 功用

后桥的功用是进一步降低速度，增加扭矩，将动力旋转平面改变传动方向 90°并分配给左右驱动轮，传递和承受地面推进力和其他反作用力，是安装其他农具挂接装置的基础方位。

(2) 后桥的正确使用与调整

① 正确使用要点

拖拉机行走时，首先使主离合器分离，并使脚踏板保持在这一位置。再把变速杆挂到所需挡位。最后将燃油控制手柄（油门）前移并平稳地松开离合器踏板，拖拉机开始行走。

转向时，应平稳地向后拉转向机构操纵杆，拖拉机转弯后也要平稳地、迅速地把杆放开。但不要从手柄上一下子放手。在拖拉机急转弯或原地转弯之后，先松开停车制动踏板，然后平稳、快速地放回转向机构操纵杆。急转弯时拖拉机应低速行驶。

制动时，在主离合器分离的情况下，踩一下制动踏板，就可使齿圈完全制动，两条履带便停止行驶。

② 调整要点

第二轴轴向间隙的检查调整。先将第二轴向远离后桥轴位置移动，然后测量第二轴向靠近后桥轴的位置，测量尺寸之差即是第二轴轴向间隙。一般正常的轴向间隙 0. 15～0. 3 mm,如不符合要求可拆下第二轴前轴承盖，调整增减垫片达到正常需要，增加垫片，轴向间隙增大，反之减小。

后桥轴轴向间隙的检查调整。检查时可分离左右转向离合器操作杆，用撬杠拨动大圆锥左右移动，在此过程中，后桥轴总的移动量为轴向间隙。后桥轴向间隙应为 0. 15～0. 3 mm。

调整方法：拆下调整螺母锁片，将隔板螺母拧松 1～2 圈，用钩形扳手拧退右调整螺母，并拧紧左调整螺母，直到齿轮副啮合间隙消除而将后桥轴顶住为止，再将左调整螺母松退 10～12 个齿，这就是正常的啮合间隙；拧紧右调整螺母，使后桥轴左移，至左调整螺母与左隔板相碰为止，再将右调整螺母松退 4～5 个齿，转动大圆锥齿一圈，轴向间隙合格时，上紧左右隔板固定螺母。

小圆锥形齿轮的装配距调整。检查方法与检查第二轴轴向间隙一样，前后移动测量，增加或减少垫片，装配距为 102. 5±0. 3 mm，就是小锥形齿轮的后端至后桥轴处距离，再测量后桥轴直径，取轴的半径加轴处至小锥形后端距离，即为齿轮装配距。

啮合印痕的检查调整。检查调整时，应首先保证前进挡工作面的啮合印痕，再适当照顾倒挡工作面的印痕，啮合印痕的调整是通过大、小圆锥齿轮的位置进行的。啮合印痕测取的方法：将铅油均匀地涂在大圆锥齿轮工作面上，摇动曲轴，使大圆锥齿轮转动一圈，然后查看小圆锥齿轮工作面。取正常值，啮合印痕在齿轮的中部，上下左右应适中；印痕在小头时，减少变速箱第二轴调整垫片，减小轴向间隙使第二轴向右移；印痕在大头时，增加变速箱第二轴调整垫片，增加轴向间隙，使第二轴向前移；印痕在齿尖时，拧松右调整螺母，拧紧左螺母，大锥向右移；印痕在齿根时，拧松左调整螺母，拧紧右螺母，大锥向左移。

检查时就不少于三个齿，且在齿轮圆周上均匀分布。中央传动的检查调整是拖拉机动力输出和传递扭力最重要部分，应勤检查，发挥其最大效能。

7. 3　拖拉机转向系统的使用与维护

拖拉机不可能只做直线行驶，而不转弯。有时要求向左转，则右边的驱动轮必须比左边的驱动轮转得快些；有时要求向右转，则左边的驱动轮必须比右边的驱动轮转得快些。转向系统的作用就是使两边驱动轮能得到不同的转速，改变和控制拖拉机的行驶方向，保证拖拉机正常行使和作业。

7.3.1 大中型轮式拖拉机的转向系统

轮式拖拉机上常用的转向系统是偏转前轮式。前轮偏转后，在后轮驱动力的作用下，地面对两前轮的侧向反作用力构成一个转向力矩，使车辆转向。

1. 大中型轮式拖拉机的转向系统结构组成

轮式拖拉机转向系统由转向机构和差速器组成。

（1）转向机构

轮式拖拉机的转向机构主要由方向盘、转向器和传动杆件等组成，如图 7-13 所示。

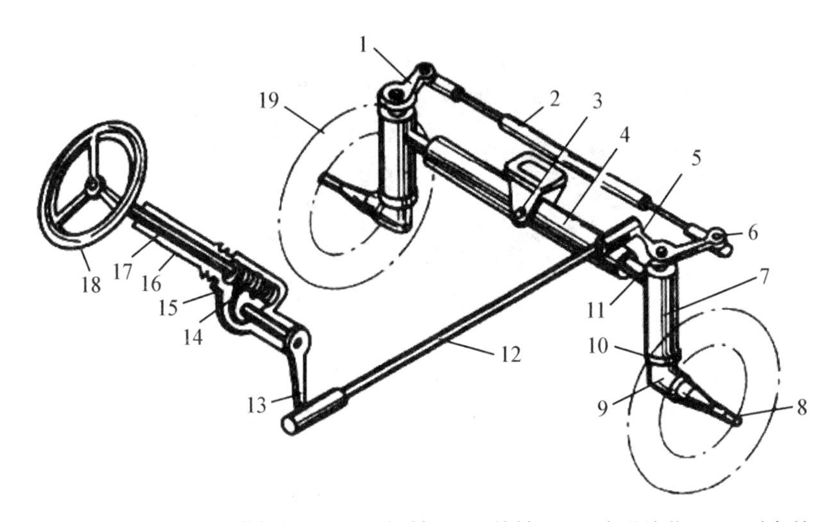

1 和 5—转向节；2—横拉杆；3—摇摆轴；4—前轴；6—球形关节；7—副套管；8—前轮轴；9—主销；10—止推轴承；11—伸缩轴；12—纵拉杆；13—转向垂臂；14—转向器；15—转向器壳；16—套管；17—转向轴；18—方向盘；19—前轮

图 7-13 轮式拖拉机转向机构简图

转向器是转向机构的主要部件，其功用是将驾驶员作用于方向盘的转矩加以放大，并将方向盘的转动变为转向垂臂的摆动，再通过一系列杆件推动前轮偏转。转向器的类型有蜗轮蜗杆式、球面蜗杆滚轮式、螺杆螺母循环球式等。

轮式拖拉机转向时一般是偏转前轮，利用作用在前轮上的侧向力进行转向。由转向节臂、横拉杆和前轴组成“转向梯形”，它的作用是使左、右前轮的偏转角度不相同并保持适当的比例关系，保证转向时左、右前轮沿着不同半径的轨道向前滚动而不产生侧滑。

（2）差速器

差速器的功用是使拖拉机转向或在不平坦路面行驶时，能自动使两驱动轮转速不同，使机组容易转向并减少轮胎的磨损，如图 7-14 所示。中央传动机构的大圆锥齿轮安装在差速器壳体上，行星齿轮安装在差速器壳体上的行星齿轮轴上，可随轴一起公转和绕轴自转。两半轴齿轮分别与行星齿轮啮合，并装入差速器壳体中。

当拖拉机直线行驶时，两驱动轮上受到的阻力相同，中央传动机构的大圆锥齿轮带动差速器壳体旋转，壳体带动两行星齿轮跟着公转，此时行星齿轮在相同阻力作用下没有自转，因此两侧的半轴齿轮同速旋转。当拖拉机向右转弯时，由于右侧驱动轮阻力大于左侧驱动轮，右半轴齿轮阻力也就大于左半轴齿轮的阻力，从而迫使行星齿轮在带动半轴齿轮公转的同时也绕行星齿轮轴自转。由于行星齿轮自转的结果，使得右半轴齿轮的速度是在行星齿轮带动其公转的速度上减去行星齿轮自转速度，速度降低；左半轴齿轮的速度是在行星齿轮带动其公转的速度上再加上行星齿轮自转速度，速度增高。左侧增高的速度等于右侧降低的速度，若一侧的半轴齿轮停止转动，则另一侧的转速即为中央传动机构的大圆锥齿轮转速的两倍。

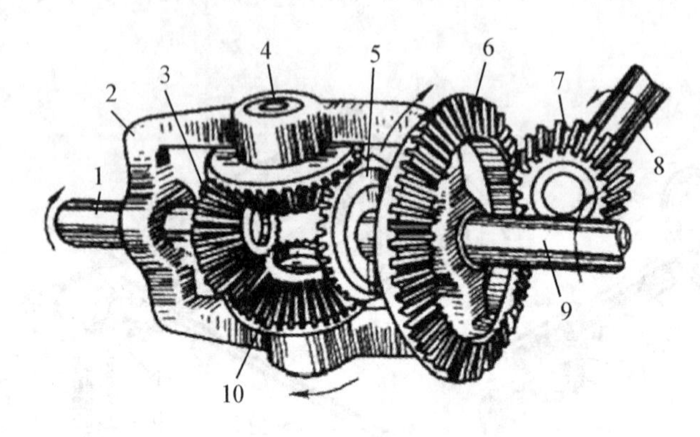

1 和 9—半轴；2—差速器壳体；3 和 5—半轴齿轮；4—行星齿轮轴；6—大圆锥齿轮；7—小圆锥齿轮；8—变速器第二轴；10—行星齿轮

图 7-14　差速器基本结构

轮式拖拉机安装差速器后，降低了拖拉机在泥泞易滑地面上的通过能力。如一侧驱动轮陷入泥泞地中，而另一侧驱动轮在坚实的地面上，即前者阻力小于后者。由于差速器的作用使陷入泥泞地中的驱动轮严重打滑，即在原地加速空转，而处在坚实地面上的驱动轮根本不动，于是拖拉机就不能前进。为了防止发生这种现象，轮式拖拉机上设有差速锁。遇到上述情况时，可结合差速锁，将两根半轴连接成同一刚性的整轴，差速器不起作用，使拖拉机驶出陷车地段。在使用差速锁时拖拉机不能转弯，因此在正常行驶时应将差速锁分离。

2. 大中型轮式拖拉机转向系统的类型

大中型轮式拖拉机上常用的转向机构有转向梯形式和双拉杆式两种类型，见图 7-15 和图 7-16。上海-50 型拖拉机采用双拉杆转向机构，方向盘用来操纵拖拉机的行驶方向，转向器用来增大驾驶员作用在转向臂上的扭矩，同时改变扭矩的方向。

轮式拖拉机的转向器有蜗杆蜗轮式、球面蜗杆滚轮式、螺杆螺母循环球式等几种。

图 7-17 为上海-50 型拖拉机上的螺杆螺母循环球式转向器。

转动转向螺杆，螺杆通过钢球推动转向螺母做上下轴移动的同时，钢球在螺母和导流管中循环流动，使螺杆与螺母间的滑动摩擦变为滚动摩擦。转向螺母又通过球头指销和曲柄带动下扇形齿轮轴转动，并使上扇形齿轮轴以相反方向跟着转动，从而带动左右转向垂臂做一前一后的摆动，再经左右纵拉杆和转向节臂使左右导向轮偏转。其中曲柄与下扇形

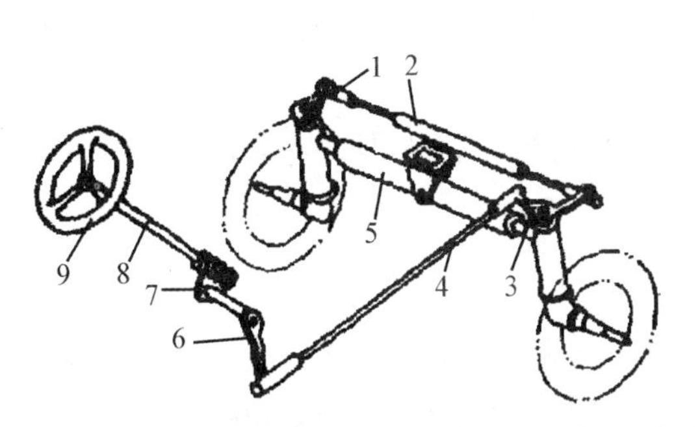

1—转向梯形臂；2—横拉杆；3—转向节臂；
4—纵拉杆；5—前轴；6—转向垂臂；
7—转向器；8—转向轴；9—方向盘

图 7-15 转向梯形式转向机构图

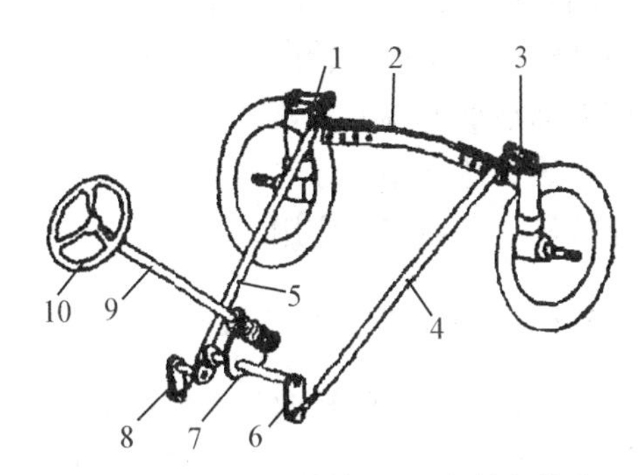

1—左转向节臂；2—前轴；3—右转向节臂；
4—右纵拉杆；5—左纵拉杆；6—右转向垂臂；
7—转向器；8—左转向垂臂；9—转向轴

图 7-16 双拉杆式转向机构图

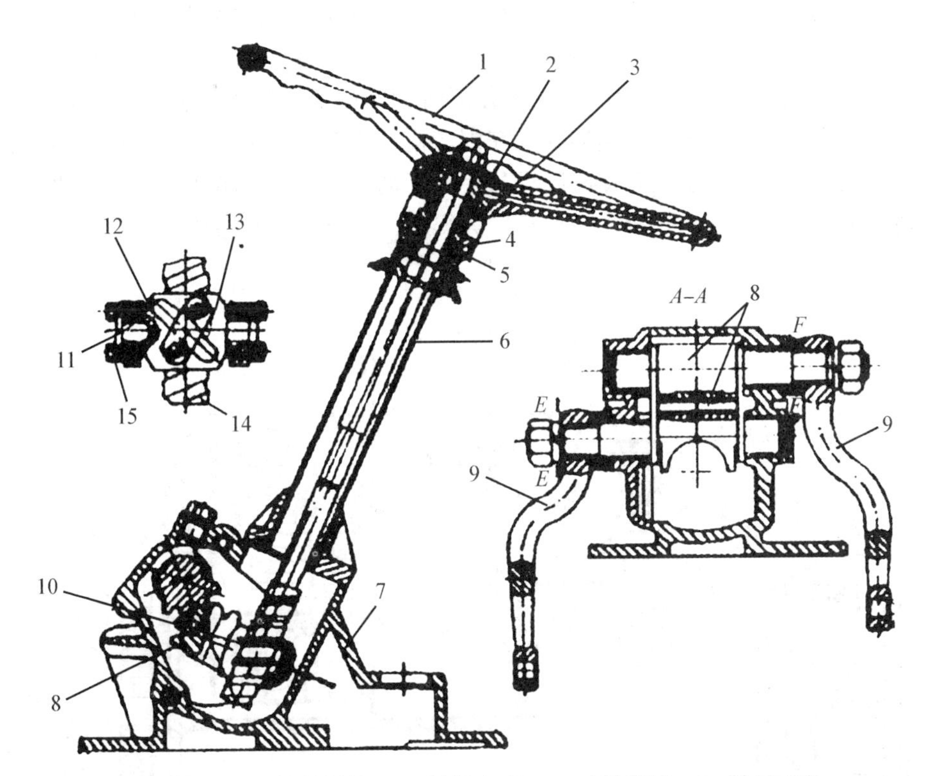

1—方向盘；2—锁紧螺母；3—轴承上座；4—止推钢球；5—轴承下座；
6—转向管；7—壳体；8—扇形齿轮；9—转向垂臂；10—钢球；
11—球头指销；12—转向螺母，13—导流管；14—转向螺杆；15—调整垫片

图 7-17 上海-50 型拖拉机转向器

齿轮轴制成一体，安装在曲柄上的两个球头指销，插在循环球螺母外圆上两个对应的半球形销窝中，销与销窝间的间隙，可用球头指销板与曲柄间的调整垫片来调整。因为曲柄销

做圆弧运动，所以与转向轴制成一体的螺杆的下端没有轴承支撑，仅在转向轴上端设一推力球轴承，支撑在转向管中，让转向螺杆下端能做少量的摆动。此转向轴的轴向间隙可用推力球轴承上端的锁紧螺母调整。

螺杆螺母循环球式转向器的摩擦损失小，传动效率高，操纵轻便，耐磨性好，因而在拖拉机上得到广泛应用。

7.3.2　履带式拖拉机的转向系统

轮式拖拉机的转向是靠转动方向盘偏转导向来实现的，而履带式拖拉机的行走机构履带相对拖拉机的机体不能偏转，主要是靠改变两侧驱动轮驱动转矩，使两侧履带获得不同的推进力，造成不同转向力矩，从而使两侧履带能以不同的速度行驶来实现拖拉机转向。即当减少一侧驱动轮上的驱动转矩时，拖拉机以一定半径转向；当完全切断该侧驱动轮上的驱动转矩时，拖拉机以较小半径转向；若切断动力以后，再制动该侧驱动轮，则转弯半径更小；若切断动力以后，并将该侧完全制动住时，拖拉机就绕该侧履带某点转向或称原点转向。这种用以改变驱动轮驱动转矩的机构称为履带拖拉机的转向机构。

履带式拖拉机常用的转向机构装在后桥壳内，在中央传动和左、右驱动轮之间，如图7-18所示。转向离合器结合时传递扭矩，分离时切断扭矩。其类型繁多，主要有离合器式、单级行星齿轮机构式及双差速器式。在国产拖拉机上多采用离合式转向机构，简称转向离合器。其作用原理和主离合器相同，只是由于动力经过变速箱和中央传动两级增扭减速后，转向离合器所传递的扭矩比主离合器大得多，所以它的摩擦片是多片的。

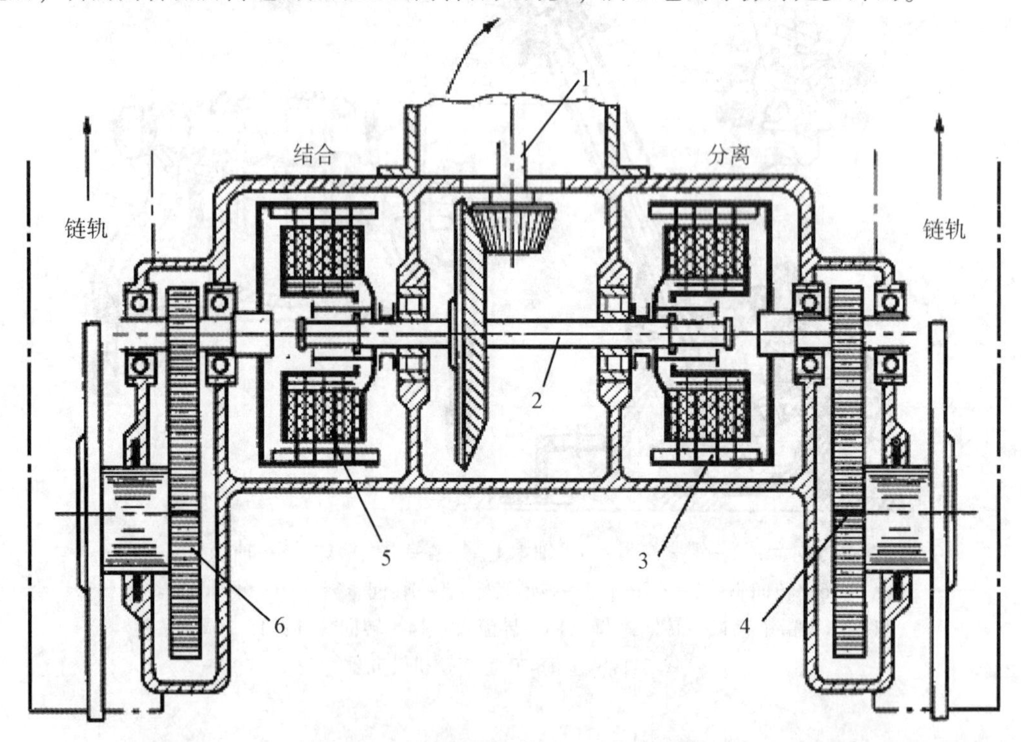

1—中央传动；2—后桥轴；3—右转向离合器；4和6—最终传动；5—左转向离合器

图7-18　履带式拖拉机后桥及转向原理

转向离合器对称地安装在后桥轴两端，由主动鼓、主动片、从动鼓、从动片及压盘、弹簧等组成，如图 7-19 所示。主动鼓固定在后桥轴两端花键上，因此可随轴一起转动，在主动鼓外表面有许多纵向的齿槽，与具有内齿的主动片相啮合。因此，主动片除随主动鼓一起转动外，还可以左右移动。在主动片间安装着从动片，而从动片的外缘有齿，套装在从动鼓的内齿槽中，所以从动片也可以左右移动。为了增加摩擦力，在从动片两面铆有摩擦片。从动鼓上装有压片弹簧 6 对，并通过螺杆与压板相连接，利用弹簧的张力使压盘紧压从动片而成为一体，这时中央传动装置所获得的动力经后桥轴、转向离合器主动部分和从动部分及最终传动装置传给拖拉机驱动轮。两边转向离合器结合，从中央传动传来的扭矩通过左右转向离合器传给驱动轮，使拖拉机直线行驶。当操作机构使某侧的转向离合器的主动片和从动片分离时，则传给该侧驱动轮的扭矩被切断，于是该侧履带速度变慢而另一侧保持正常运转，使拖拉机向某侧转向。

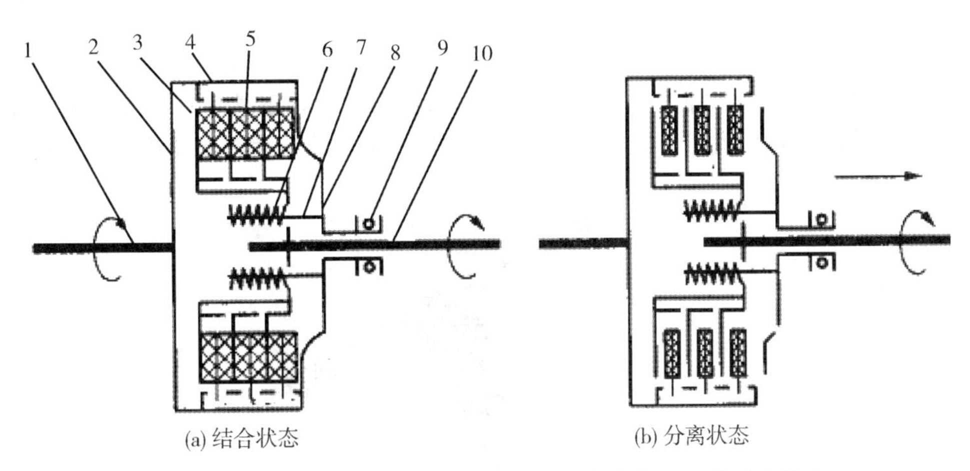

(a) 结合状态　　(b) 分离状态

1—从动轮；2—从动鼓；3—主动鼓；4—从动摩擦片；5—主动摩擦片；
6—压片弹簧；7—拉杆；8—压盘；9—分离轴承；10—主动轴

图 7-19　转向离合器的结构

7.3.3　小型拖拉机的转向系统

1. 小四轮拖拉机的转向系统

(1) 小四轮拖拉机的转向系统结构和组成

小四轮拖拉机的转向系统由方向盘、转向器及转向传动机构等组成。转向时操纵方向盘，通过转向器使转向垂臂向前或向后摆动，带动各联动件，使两前轮向左或向右转，改变拖拉机的行驶方向。

① 方向盘

方向盘也叫转向盘，一般由一个圆环、三根辐条和骨架座组成，安装在转向轴的上部。

② 转向器

转向器由壳体、蜗杆、涡轮和调芯衬套等零件组成，如图 7-20 所示。其主要作用是增大作用在方向盘上的扭矩，同时改变扭矩的传动方向。转向器壳体由 4 个螺钉固定在机

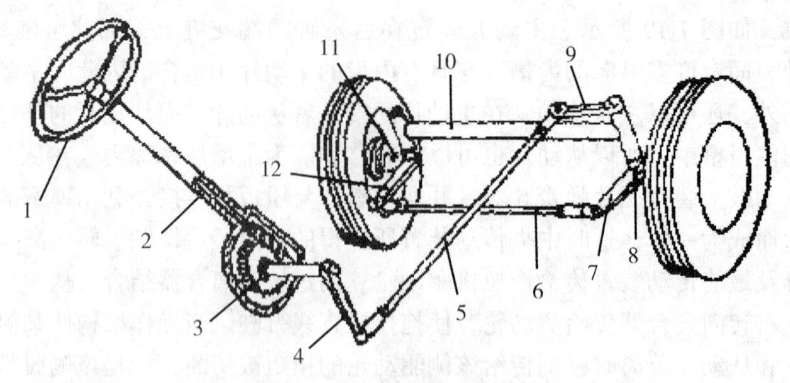

1—方向盘（转向盘）；2—转向轴；3—转向器；4—转向垂臂；5—纵拉杆；6—横拉杆；
7和12—左、右转向节臂；8和11—右、左转向节总成；9—转向摇臂；10—前轴

图7-20 小四轮拖拉机转向系统

架上，其内装有涡轮和蜗杆，如图7-21所示。蜗杆和转向轴下端焊在一起，由壳体上的两个单列圆锥滚子轴承支撑，轴承下盖与壳体之间装有调整垫片。改变垫片的厚度，可调

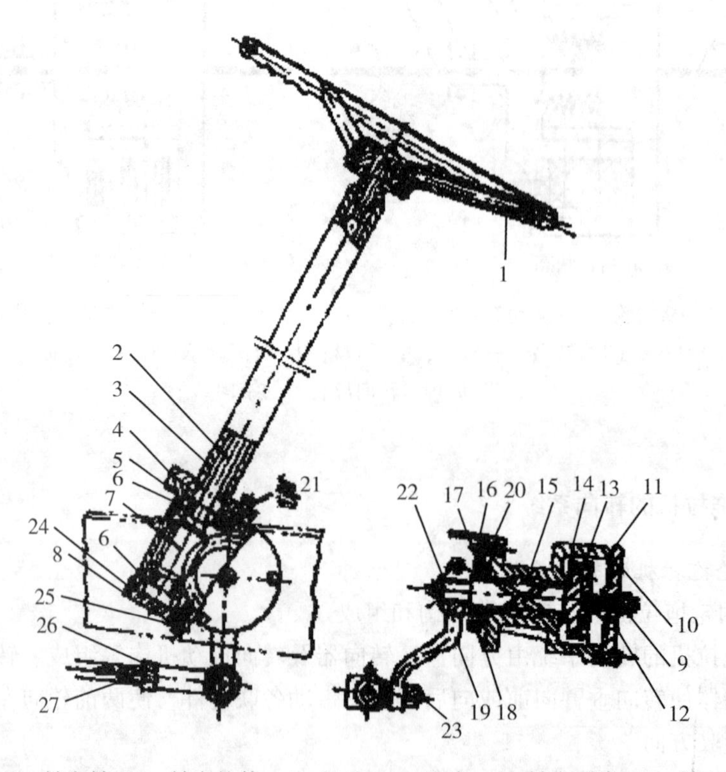

1—转向盘；2—转向轴；3—转向柱管；4、11和24—垫片；5—转向器壳；6—转向滚子轴承；
7—蜗杆；8—轴承下压盖；9和26—螺母；10—涡轮封盖；12—紧定螺钉；13—涡轮；
14—调整垫片；15—调芯衬套；16—毡圈；17—防尘盖；18—调芯盘；19—转向垂臂；
20、21和25—螺栓；22—挡圈；23—球节销；27—转向纵拉杆；28—半圆头螺钉

图7-21 转向盘和转向器

整圆锥滚子轴承间隙。调芯衬套是一个内偏距 0.5 mm 的偏心套，其上两个凸爪与调芯盘的内花键槽相配合。转动调芯盘时，调芯衬套也随之转动。由于调芯衬套是偏心套，所以当它转动时可改变涡轮蜗杆的中心距，从而调整涡轮、蜗杆的啮合间隙。在调芯盘外面装有密封毡圈和防尘盖，以防转向器壳内润滑油漏出和外面尘土进入壳内。涡轮和调芯衬套之间设有调整垫片，涡轮封盖中心装有紧定螺钉，外端用锁紧螺母锁紧。调整垫片和紧定螺钉可保证涡轮与蜗杆的正常啮合。

③ 转向传动机构

转向传动机构由转向垂臂、纵拉杆、横拉杆、左右转向节臂和左右转向节组成。如图 7-20 所示。

转向垂臂通过花键与垂臂轴连接，并用螺栓夹紧。垂臂的下端通过球头销与纵拉杆相连。因此，转向垂臂能将转向器传来的动力传给拉杆。

纵拉杆由拉杆和拉杆接头组成。两个拉杆接头分别用螺纹与拉杆的两端相连。拉杆接头两端分别以球头销与垂臂和转向节摇臂相连。因此可将摇臂的动力传给转向节摇臂。

转向梯形由横拉杆及左、右转向节臂和前轴组成。其作用是在转向时，能使内、外侧前轮偏转的角度不等，内侧前轮的偏转角大于外侧前轮的偏转角，从而使两前轮沿不同半径的圆弧滚动，而减少横向滑移。这样就减少轮胎的磨损，延长轮胎的使用寿命。

球关节由球头销、球头座、球头、补偿弹簧和密封盖构成，如图 7-22 所示。当球头和球头座磨损时，补偿弹簧能及时消除由磨损而造成的间隙。

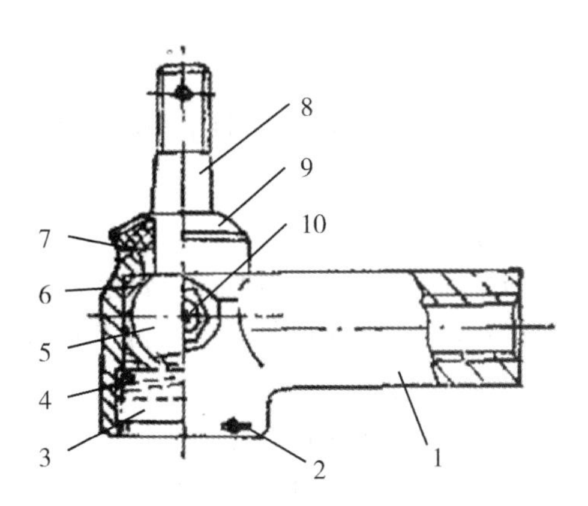

1—转向拉杆接头；2—开口销；3—密封盖；4—补偿弹簧；5—球头；
6—球头座；7—防尘圈；8—球头销；9—碗形盖；10—油嘴

图 7-22　球关节

（2）小四轮拖拉机转向系统的工作过程

转向系统的工作是将转向器传来的扭矩传给前轮，使其相对机体发生偏转。同时，使两轮有不同的转向角度，以保证转向时，前轮做无侧滑的滚动，从而减少轮胎磨损。当要拖拉机左转向时，将方向盘向左转，通过转向器、转向垂臂、纵拉杆和转向梯形使左、右前轮分别向左偏转不同的角度（左前轮偏转角大于右前轮偏转角），实现拖拉机向左转向，而且防止车轮在转向时发生拖滑现象。当拖拉机向右转向时，就将方向盘向右转，使导向前轮向右偏转不同的角度（右侧前轮偏转角大于左侧前轮偏转角），实现拖拉机向右转向。拖拉机直线行驶时，利用方向盘控制导向前轮保持方向。

（3）小四轮拖拉机转向系统的调整

在使用过程中，由于球形接头的磨损，产生晃量，支撑轴承的磨损间隙增大，涡轮蜗杆副的磨损，使配合间隙增大，都反映到方向盘上来。转动方向盘使前轮开始摆动时，方向盘向左或向右空转的角度称为方向盘的自由行程（又称自由转角）。方向盘自由行程在使用中逐渐增大，影响转向操纵的灵活性，因此，必须定期检查调整。

小四轮拖拉机转向系统的调整包括球头节的调整、转向器轴承间隙的调整和涡轮蜗杆啮合间隙的调整。在调整之前应检查转向盘的自由转角和转向轴的轴向间隙。方向盘自由转角检查方法是：让拖拉机处在平地，打正前轮朝向前进方向，然后左转转向盘感有明显阻力为止，再将方向盘向右转，也是感有阻力为止。转向盘左、右空转的角度就是转向盘自由转角。转向轴轴向间隙的检查方法是：用两手把住方向盘，上下拉动转向轴，如无明显晃量而又转动灵活，即为正常。如方向盘自由转角过大且转向轴有明显晃量，即需按下述步骤进行调整。

① 球头节的调整

使用中，球头与球头座、压盖之间要产生磨损，在补偿弹簧不能补偿而出现间隙时，就会引起方向盘自由转角变大，而影响转向的灵活性，应予以调整。调整方法是：先卸下球头密封槽中的开口销，再拧动密封盖，直至球头销间隙消失又能灵活转动为止。然后再装上开口销。

② 轴承间隙的调整

当转向轴轴向晃量过大时，说明其支撑轴承的间隙过大，应予以调整。调整方法是：减少轴承盖与转向器壳之间的垫片厚度。

③ 涡轮和蜗杆啮合间隙的调整

如果上述调整之后，方向盘的自由转角仍不符合要求，应进一步调整涡轮和蜗杆啮合间隙。调整方法是：拧下紧固转向垂臂的夹紧螺栓，拆下垂臂，如图 7-23（a）所示；再拧下挑衅盘的三个螺钉，取下防尘盖和毡圈；下来旋转调芯盘，如图 7-23（b）所示。同时转动方向盘，当感到无明显阻力而且方向盘自由转角符合要求时，即为调整合适。此时应停止转动芯盘。装回原来拆下的零件。如果调整芯盘的固定孔和转向器壳体上的螺孔不

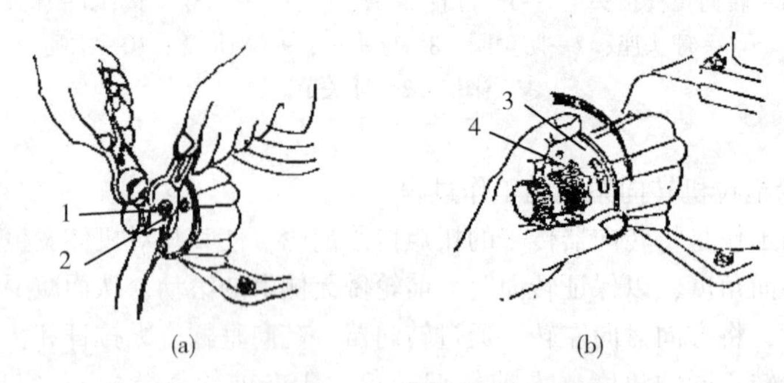

1—螺母；2—螺栓；3—挑衅盘；4—调芯衬套

图 7-23　转向器涡轮蜗杆间隙的调整

相对照，应把挑衅盘退出，调整调芯衬套凸爪与调芯盘花键套的配合位置，使两者对照。

2. 手扶拖拉机的转向系统

（1）手扶拖拉机的转向系统结构和组成

手扶拖拉机转向是通过偏转尾轮和分离牙嵌式转向离合器实现的。转大弯时用脚蹬尾轮来完成，转小弯时同时还要握紧一侧的转向手柄，分离该侧的牙嵌式转向器才能实现。

牙嵌式转向离合器如图 7-24 所示，由转向拨叉、中央传动齿轮、转向齿轮和转向弹簧等组成。

（2）手扶拖拉机转向系统的工作过程

手扶拖拉机是利用左右驱动轮转速的差异进行转向的，其转向原理和履带式拖拉机类同，由左右转向离合器及其操纵机构组成。转向离合器分置在中央传动从动轮的两边，其功用是传递动力和实现拖拉机转向。

手扶拖拉机直行时，左右转向齿轮在转向弹簧的压力下，它的 4 个牙嵌和中央传动的 4 个牙嵌相接合，从而将动力传给两侧的转向齿轮，最后传给二驱动轮。当转向时，握紧一侧的转向手柄，通过拨叉使该侧的转向齿轮外移，牙嵌脱开，则该侧动力被切断，驱动轮转速减慢，但另一侧的驱动轮照常转动，即可实现拖拉机转向。

（3）手扶拖拉机转向系统的调整

操纵转向手柄，使转向离合器彻底分离时，转向手柄凸缘应与扶手之间保持 5 mm 间隙。若不符合要求，应进行调整。调整方法如图 7-25 所示，松开锁紧螺母，抽出连接销，转动连接叉改变转向长度，进行调整。当转向离合器不能分离时，应缩短拉杆；若转向离合器能彻底分离，但转向手柄凸缘距离扶手的间隙太大时，应把拉杆调长。边调边试直到符合要求为止。

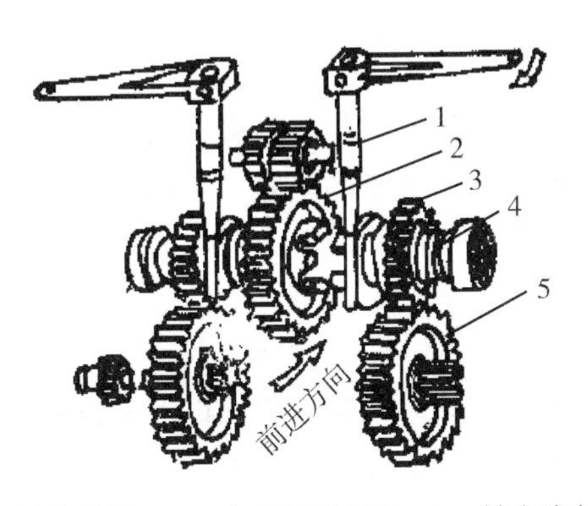

1—转向拨叉；2—中央传动齿轮；3—转向齿轮；4—转向弹簧；5—减速齿轮

图 7-24 牙嵌式转向离合器

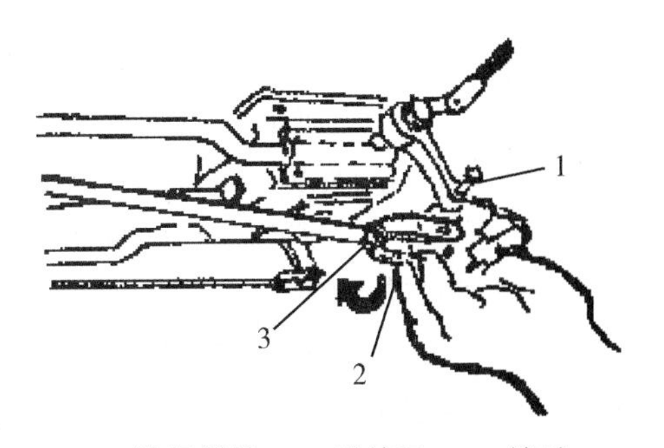

1—锁紧螺母；2—连接叉；3—销子

图 7-25 手扶拖拉机转向拉杆的调整

（4）手扶拖拉机转向时应注意的问题

① 起步时尽量不转向。

起步转弯，动力切断的一侧驱动轮停止转动，未切断动力的另一侧驱动轮绕静止的驱动轮加速转向，而不易控制。转向器的良好啮合靠转向弹簧保证。若弹簧力较弱或转向把手被他人动过，停车时转向齿轮牙嵌齿易被中央减速齿轮轮毂牙嵌顶住，使该侧驱动力被切断，拖拉机会突然起步转向而发生意想不到的事故。

② 下坡时的转向问题。

如果需要向某侧转向，则应握紧另一侧的转向手把，称之为“反转向”。比如说左转弯时，应握紧右侧的转向手把，才能实现正确转向，否则极易造成翻车事故。这是因为下坡时，由于惯性以及重力沿坡道方向的分力作用，实际上是车轮带动传动系统及发动机运转，传动系统及发动机起着一定程度的制动作用，使车轮的转速趋于降低。当握紧左侧转向手把时，左侧转向离合器分离，切断了左侧车轮与传动系统和发动机的动力传递，左侧车轮就失去了发动机的制动作用，这样左侧车轮的转速就会高于右侧车轮的转速，拖拉机向右转向。但在坡度不大时，因“顺转向”还是“反转向”不好掌握，也容易出事故。

③ 当在平路或上坡路行驶，需要向某侧转向时，握紧该侧的转向手把，该侧转向离合器分离，切断该侧的驱动力，该侧车轮的转速低于另一侧车轮的转速，拖拉机就能实现顺利转向。松开转向手把，转向离合器在弹簧作用下自动接合，重新实现驱动力的传递，拖拉机又能保持直线行驶。

④ 减油门时的情况与下坡时基本相似，应尽量避免转向。突然减小油门，发动机动力变为阻力，机车惯性力变为动力，这时操纵转向手把很可能出现反转向。由于对这种情况不易判断，应尽量避免此时转向。

7.4　拖拉机制动系统的使用与维护

7.4.1　制动系统的功用

1. 强制拖拉机减速停车

当拖拉机在行驶过程中，遇到障碍时，驾驶员随即踏下离合器踏板，切断发动机对传动系统的动力传递，但由于拖拉机的运动惯性，拖拉机仍不能迅速停止。制动系统的作用就是给驱动轮加上制动力矩，产生地面制动力来克服拖拉机的惯性力，从而强制拖拉机迅速减速停车，以免与障碍物相撞，保证人身和机车的安全。

2. 实现坡道上停车

当拖拉机在坡地作业需要停车时，制动系统提供制动力，防止拖拉机由于自重沿坡道分力的作用使拖拉机下滑，从而实现在坡道上停车。

3. 协助拖拉机转向

制动系统可同时制动左、右车轮，也可分别制动左、右车轮。如向一边转向，就制动这边的车轮，加大两边车轮滚动速度差，减小转向半径，实现急转向。在地头拐弯时，要求小的转向半径，所以常采用一边制动，来协助转向。

4. 提高拖拉机的平均速度

拖拉机在运输作业中，如制动系统失灵，为了安全，拖拉机行驶速度必然限制得很低。有了制动系统而且性能良好时，驾驶员可放心地使拖拉机按规定的速度行驶。因而可提高拖拉机行驶时的平均速度。

7.4.2　制动系统的结构和组成

制动系统由制动器和操纵机构组成。

1. 制动器

(1) 制动器的分类

拖拉机上的制动器一般设置在最终传动之前，以缩小制动器结构尺寸和增大制动效果。不论是轮式拖拉机还是履带式拖拉机，为了在必要时能单独对转向内侧驱动轮进行制动，协助转向，以获得较小的转向半径，所以对两侧驱动轮各设一套独立的制动系统，既能单独操纵，也能联动操纵。

制动系统按照制动器的结构形式不同，分带式、盘式和蹄式等几种；按照制动传动装置的不同，分机械式、液压式和气压式三种。

(2) 制动器的结构与工作原理

① 带式制动器

带式制动器的制动元件为一铆有摩擦衬片的钢带，旋转元件是以外圆柱面作为摩擦面的制动鼓。根据制动时拉紧制动带的方式不同，带式制动器分为单端拉紧式、双端拉紧式和浮动式三种，见图 7-26。

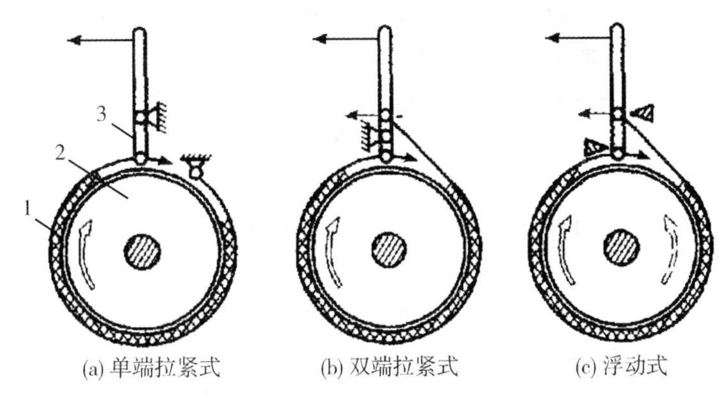

1—制动带；2—制动鼓；3—操纵杆

图 7-26　带式制动器

单端拉紧式制动器的制动效果受制动鼓旋转方向影响很大。前进时，制动鼓与制动带间的制动摩擦力与拉紧力方向一致，起帮助拉紧，即自行增力作用，此作用使同样操纵力作用下的制动效果大为改善。而倒退时，则相反，制动鼓旋转摩擦力的方向与操纵力相反，起自行减力作用，使制动效果变差。

双端拉紧式制动器在制动时，双端同时拉紧，因而不论前进或倒退，其制动效果相同，即制动带的一半自行增力，另一半则自行减力。

浮动式制动器，其制动带的两端均与设有固定支点的浮动传动杆件相连。制动时，当制动带触及制动鼓表面后，制动带便连同其传动杆件一起转动，直到靠在固定支点上，于是浮动式制动带便转化成了单端拉紧式制动带，使整个制动均起自行增力作用。在倒退时，只是改变了支点位置，自行增力作用是一样的。

带式制动器结构简单，但制动不够平顺，散热也差，目前在轮式拖拉机上很少采用。

② 蹄式制动器

蹄式制动器的构造和工作原理如图 7-27 所示。

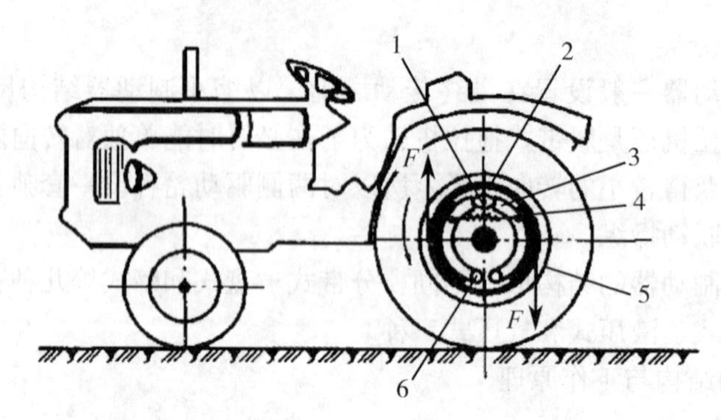

1—制动凸轮；2—制动鼓；3—摩擦片；4—回位弹簧；5—制动蹄；6—支承销；F–摩擦力

图 7-27　蹄式制动器

制动器由随着车轮一起旋转的制动鼓和不旋转的制动蹄、摩擦片、制动凸轮、支承销和回位弹簧等组成。当踩下制动踏板时，通过拉杆、制动臂使制动凸轮转动一个角度，并将制动蹄上端向外顶开，而下端绕支承销摆动。当摩擦片与旋转的制动鼓内表面接触时，在其表面之间就产生摩擦力 F，F 对制动鼓产生足够的转矩，抱死制动鼓，迫使车轮停止转动；当松开制动踏板时，回位弹簧使制动蹄恢复原位，对车轮的制动消除。

③ 盘式制动器

我国轮式拖拉机上使用较多的是盘式制动器，主要结构包括摩擦盘、压盘、钢球、复位弹簧、压盘连杆、制动器盖和制动器壳体等。

制动器不工作时，复位弹簧把两压盘拉拢，钢球处于压盘的斜槽深处，这时摩擦盘与压盘、摩擦盘与制动器盖之间均有间隙（见图 7-28（a））。当踩下制动踏板时，操纵力经一系列杠杆迫使两压盘相对转一角度，处于斜槽深处的钢球便滚向浅处，把压盘向外挤，推动摩擦盘压紧制动器盖和壳体平面，借此将半轴制动，驱动轮也就停止转动(见图 7-28（b）)。

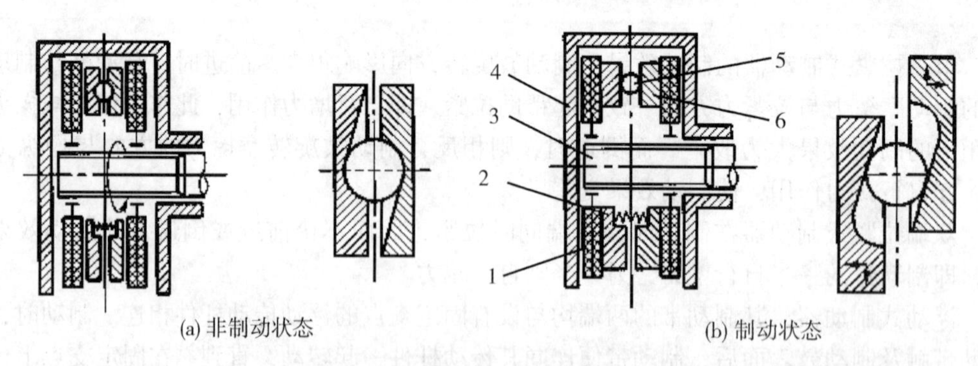

(a) 非制动状态　　(b) 制动状态

1—摩擦盘；2—复位弹簧；3—制动器轴；4—制动器壳；5—钢球；6—压盘

图 7-28　盘式制动器

松开制动踏板时，压盘在复位弹簧作用下恢复原位，钢球又回到深处，消除对半轴的制动。

盘式制动器的优点是结构紧凑，操作省力，制动效果好，摩擦盘磨损均匀，间隙无需调整，封闭性好不易进水，散热容易，使用寿命长。

2. 操纵机构

操纵机构的构造如图 7-29 所示。它由左、右制动踏板，连锁板，踏板轴，左、右制动摇臂，左、右制动拉杆，左、右制动凸轮摇臂等组成。左制动踏板装在套管轴的右端，左制动摇臂装在套管轴的左端，都用平键连接和螺栓夹紧。右制动踏板与右制动摇臂制成一体，套装管轴上。左、右摇臂通过左、右拉杆与左、右凸轮摇臂相连，以控制左、右制动凸轮。

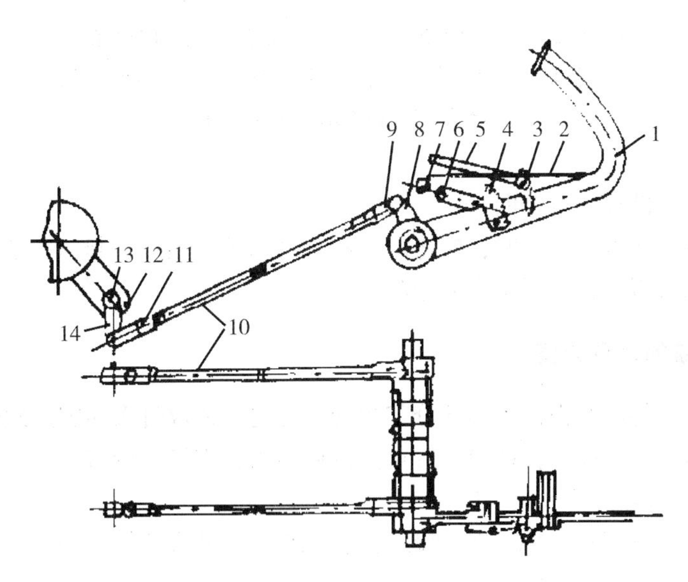

1—制动踏板；2—踏脚板；3—锁定爪；4—锁定齿板；5—锁定手柄；6—回位弹簧；7—平键；8—制动摇臂；9 和 11—拉杆接头；10—制动拉杆；12—螺栓；13—制动凸轮轴；14—制动凸轮轴摇臂

图 7-29 制动器操纵机构

7.4.3 制动系统工作过程

在拖拉机进行运输作业时，事先应用连锁板将左右制动踏板锁在一起。需要制动时，踏动任何一个踏板，两边车轮都能同时制动。其制动过程是先踏下制动踏板，踏板力通过制动摇臂和制动拉杆操纵制动凸轮转动，使两制动蹄张开，与制动鼓压紧产生摩擦力，对左右驱动轮同时进行制动，如图 7-30 所示。

当拖拉机进行田间作业时，在地头转弯的半径应尽可能的小，以减少地头宽度。为了制动系统能协助转向，得到小的转弯半径，左、右制动踏板应该分开，实行单边制动。例如向右转向时，在转动转向盘的同时应踏下右制动踏板，通过右边操纵机构的传动杆件，使右边制动器对右侧驱动轮进行制动。由于右边驱动轮受到制动，速度急剧下降，而左边驱动轮的速度较快，增大了两边驱动轮的速度差，所以拖拉机转弯半径小，转向较快。因

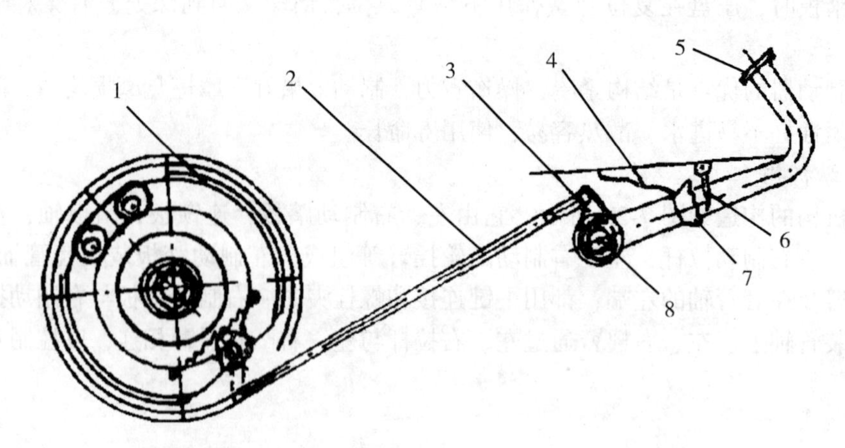

1—制动器；2—制动拉杆；3—制动摇臂；4—回位弹簧；
5—制动踏板；6—制动爪；7—制动齿板；8—制动套管轴

图 7-30 制动系统工作过程

此，单边制动可协助拖拉机转向。

当需要拖拉机在坡地停车时，应将左、右制动踏板连锁在一起，并踏下制动踏板，使制动爪卡在制动齿板上，即可实现坡地驻车。

7.4.4 制动系统的检查调整

使用中由于零件的磨损，主动部分与被动部分之间造成过大间隙。此间隙反映在操纵部分即为自由行程。因此，长期使用后自由行程增大，需进行调整。

1. 制动蹄与制动鼓的间隙调整

拖拉机工作一段时间，需对制动蹄与制动鼓之间间隙进行调整。正常间隙为 0.2~0.3 mm。

调整方法：将拖拉机后桥垫起，拧松偏心轴锁紧螺母，转动偏心轴，使其基本上达到标准间隙。调整完后，拧紧偏心轴锁紧螺母。

2. 制动踏板自由行程的调整

踏板自由行程是指从最高位置利用手按下踏板感到有明显阻力时，测得的位移。正常应在 30~40 mm 范围内。自由行程过大，将引起制动不灵，甚至不能制动；自由行程过小，将产生自刹现象，长时间会引起制动蹄摩擦片烧坏。

调整方法：松开制动拉杆的锁紧螺母，转动制动拉杆改变其长度，顺时针旋转时，自由行程减小，反之加大。调整时，左右同时调整，达到一致。调好后，用锁紧螺母或开口销锁定。

3. 制动器制动效果的检查

若左右制动器调整不一致，当拖拉机高速行驶中急刹车时，会出现左右轮胎拖印长度不一致和“跑偏”现象。为此，调整后，要经制动试验检查，试验应在干燥平坦的路面上进行，并注意安全。试验时，拖拉机直线高速行驶，在分离离合器紧急制动情况下，保证 8 m 内可靠刹车，左右驱动轮胎在地面上应留有相同长度的滑移印痕。当两拖印不等长时，应进一步调整，但切勿轻易地将制动效果不良的制动间隙调小，而应将制动效果较好的一侧制动器间隙适当增大。只有当这样调整后依然无效时，才允许将两侧制动器同时调整。调整好后，在20°坡道上，应能借助制动器锁定板可靠停放。若反复调整无效，应检查制动器内部。

7.5　拖拉机行走系统的构造、组成与维护

7.5.1　行走系统的功用

行走系统主要是用来支撑拖拉机全部重量，并把发动机传给驱动轮的驱动转矩变为车辆运动所需的驱动力，使驱动轮的旋转运动变成车辆在地面的移动，来保证拖拉机行驶。

7.5.2　行走系统的构造和组成

一般拖拉机包括小型四轮拖拉机和大、中型轮式拖拉机，都是由前桥、机架、前轮（导向轮）、后轮（驱动轮）和后桥组成。

1. 轮式拖拉机

轮式拖拉机的行动系统由车架、车桥、车轮和悬架组成。

车架有无梁架式和半梁架式。无梁架式没有梁架，车架由各部件的壳体连成，半梁架式是指一部分是梁架，而另一部分是利用传动系统的壳体组成的车架。

车桥通过悬架和车架相连，两端安装车轮，用以在车架和车轮之间传递各向作用力。轮式拖拉机一般以前桥为转向桥，后桥为驱动桥。图7-31为拖拉机的前桥。

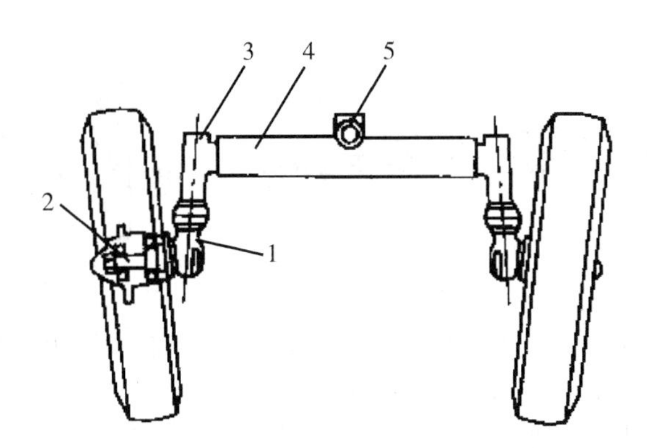

1—转向节主销；2—前轮轴；3—转向节支架；4—前轴；5—摇摆轴

图7-31　拖拉机前桥

车轮由轮胎（内胎和外胎）、轮圈、辐板和轮四个部分组成，如图7-32所示。轮连接辐板和驱动轴。拖拉机的轮胎一般都采用低压充气橡胶轮胎，以增强其附着性能和行驶平稳性。在水田作业时，驱动轮换用高花纹轮胎或铁轮，以防打滑。在旱地作业和运输时用人字形花纹轮胎。

1—辐板；2—轮圈；3—内胎；4—外胎；5—连接凸耳

图 7-32　车轮的组成

2. 小型四轮拖拉机

小型四轮拖拉机的行走系统由前桥、机架、前轮（导向轮）、后轮（驱动轮）和后桥组成。

（1）前桥及前轮定位

① 前桥

前桥的功用是用来安装前轮和支撑拖拉机分配在前轮上的质量。它由前轴、前桥支架、摇摆轴和转向节组成，如图 7-33 所示。前轴的两端加工有安装转向立轴的座孔，座孔中压有衬套，转向立轴在衬套中能自由转动。前轴中部加工有安装摇摆轴的轴承孔，其中也压有衬套，与前桥支架上的摇摆轴作滑转配合；前桥支架通过螺栓固定在机架上，整个前桥可相对机架做横向摆动。其优点是在左右侧地面出现高低不平时，左右侧车轮仍能与地面保持接触，机身不致偏斜。

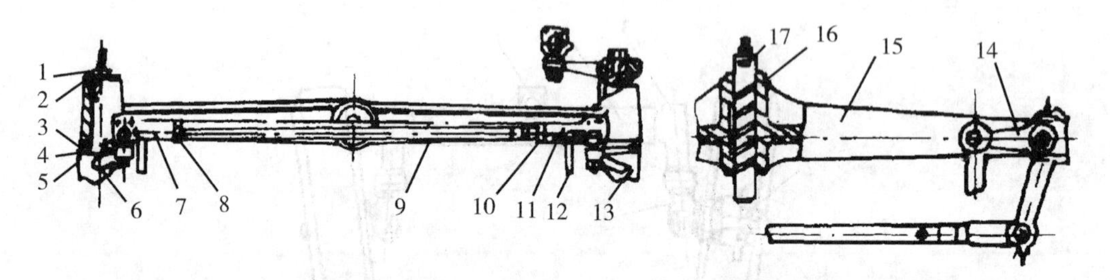

1—螺钉；2—挡圈；3—上防尘盖；4—轴承；5—下防尘盖；6 和 13—左、右转向节；
7 和 11—左、右横拉杆接头；8 和 10—锁紧螺母；9—横拉杆；12—限位块；
14—转向节摇臂；15—前轴；16—衬套；17—摇摆轴

图 7-33　前桥

② 前轮定位

为了减少轮胎磨损、转向操纵轻便和保证拖拉机直线行驶的稳定性，前轮和转向立轴相对拖拉机纵向垂面应有一定的位置关系，这种位置关系称前轮定位。前轮定位包括前轮外倾、前轮前束、转向立轴内倾和转向立轴后倾。

前轮外倾　前轮相对纵向垂面向外倾斜的现象称前轮外倾，如图 7-34 所示。外倾的角度称外倾角。外倾角随机型不同有所差别，如东方红-150 型拖拉机为 2°，泰山-12 型拖拉机为 2°20′。靠制造保证，不能调整。由于前轮外倾后，车轮与地面之间的转向阻力矩转向立轴与地面交点的距离缩短，使转向阻力矩减小，所以起到转向操纵轻便的作用。同时，前轮外倾后地面对车轮的垂直反力产生向内压紧车轮的分力，所以还起到防止车轮脱落和减少前轮轴外端上小轴承磨损的作用。

前轮前束 两前轮前端的距离小于两前轮后端的距离的现象称为前轮前束，如图 7-35 所示。两距离之差（即 $A-B$）称为前束值，一般为 6～12 mm。前轮前束的作用是防止外倾前轮向外滚开的趋势，减少前轮磨损和滚动阻力。前轮外倾向后，前轮就有绕其中心延线与地面的交点向外滚开的趋势，就像一个锥体绕其锥顶滚动一样。由于有前轴的连接，实际上两前轮是无法向外滚开的。但是前轮在滚动中要产生横向滑移，不仅加速轮胎磨损，而且增加拖拉机前进阻力。为了克服前轮外倾所引起的缺点，所以前轮需要前束。当前轮前束后，前轮轴线与地面的交点前移，使前轮滚动轨迹与拖拉机直线前进方向基本保持一致，从而防止了横向滑移，减少磨损和行驶阻力。

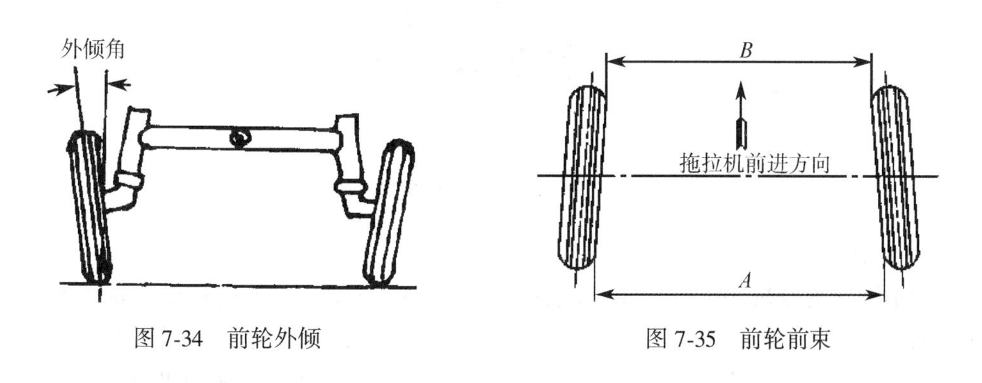

图 7-34 前轮外倾　　　图 7-35 前轮前束

转向立轴内倾 转向立轴相对纵向垂面向内倾斜的现象称为转向立轴内倾，如图 7-36 所示。内倾的角度称内倾角。转向立轴内倾后，转向立轴延长线与地面交点距前轮与地面接触点的距离减小，与前轮外倾的作用一样，能使转向操纵轻便。此外，转向立轴内倾后，当前轮受到侧向力使其偏转时，有嵌入地面或抬高机身的趋势。但实际上受到地面和

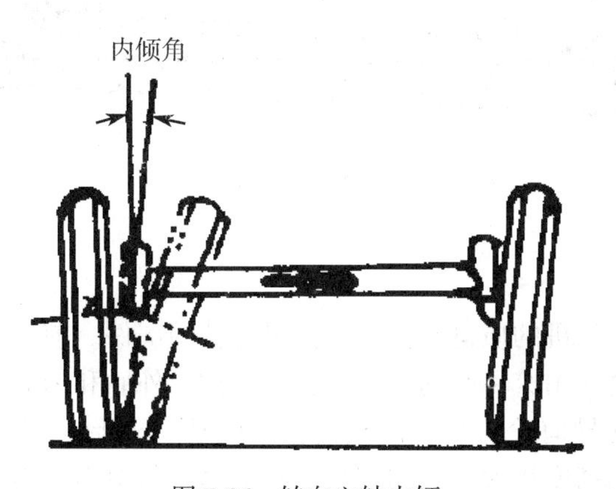

图 7-36 转向立轴内倾

车身重力的约束，所以前轮在侧向力的作用下不易发生偏转，从而使拖拉机有良好的直线行驶稳定性。

转向立轴后倾　转向立轴沿纵向垂面向后倾斜称转向立轴后倾，如图 7-37 所示泰山-12 型、开封-12 型拖拉机转向立轴后倾。当转角为 3°，当转向立轴后倾后，其轴线与地面的交点处在车轮接地点的前方，偏转侧向力对轴线与地面交点产生使车轮回正的力矩。

所以转向立轴后倾后有节省回正车轮的操纵力和保持拖拉机行驶直线性的作用。

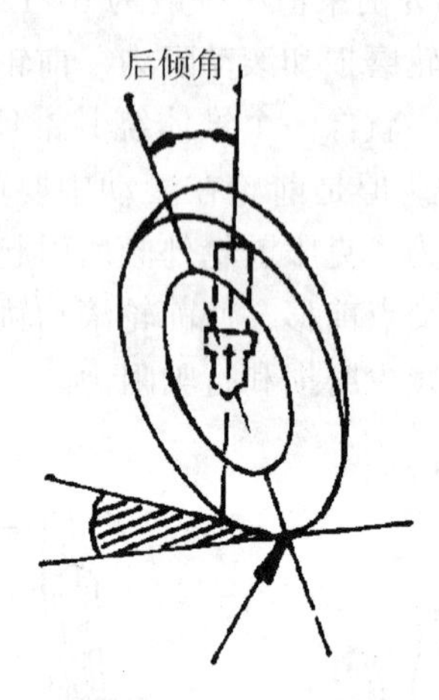

图 7-37　转向立轴后倾

（2）车架

目前小四轮拖拉机多采用半车架结构，如图 7-38 所示。车架的前端与前桥相连，车架的后端与变速箱相连。车架上加工有 6 个长孔，前面的 2 个长孔用来支撑机罩，后面的 4 个长孔是发动机支座固定螺栓的通孔，固定螺栓可沿长孔移动，从而可以前后移动发动机的固定位置，以调整传动皮带的张紧度。

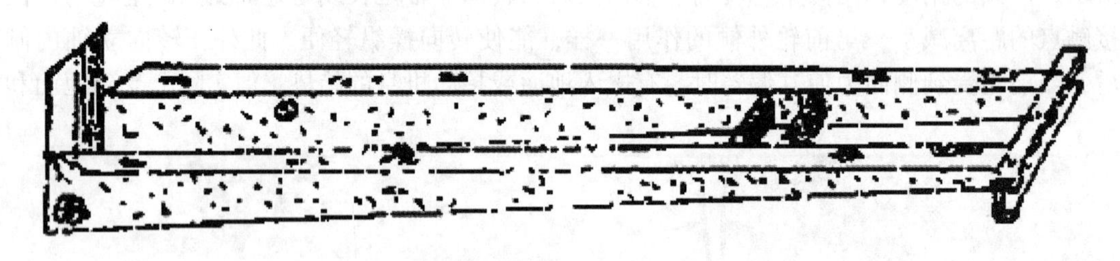

图 7-38　车架

（3）车轮

车轮是用来支撑拖拉机的质量和保证拖拉机行驶的部件。前轮起导向作用，所以又称为导向轮。后轮起驱动作用，称驱动轮。车轮由轮辋、外胎和内胎组成。导向轮外胎上有环形沟纹以防侧滑，使导向轮有良好的导向性。驱动轮外胎上设有“人”字形和“八”字形花纹，而且花纹的高度较大，其作用是改善驱动轮与地面的附着条件，使拖拉机有较大的牵引力。

车胎有高压轮胎和低压轮胎之分，其尺寸标注方法也有所不同。高压轮胎的标注方法是 D×B。“D”是轮胎的外径；“B”是轮胎断面的宽度；“×”表示是高压胎。如某轮胎上标有 32×6 标记，则说明该轮胎是外径为 81.28 cm，断面宽度为 15.24 cm 的高压轮胎。

低压轮胎尺寸标注方法是 B-d。“B”是轮胎断面宽度；“-”表示是低压轮胎；“d”表示轮胎内径（轮辋直径）。

如某轮胎标有“6.5-16”标记，则该轮胎是断面宽度为 16.51 cm、轮辋直径 140.64 cm的低压轮胎。

另外还有一种混合轮胎，其尺寸标记为“B-d”/“D×B”，可与高压或低压轮胎一起使用。轮胎侧面如有“△”、“○”或“口”形的符号，或注有“W”或“D”字母，是用来表示轮胎最轻的部位。为了保持轮胎的动平衡，气门嘴应对准该部位安装。如标有“→”符号，安装轮胎时箭头应指向前进方向。

7.5.3 拖拉机行走系统的维护

1. 检查和调整前轮定位

拖拉机的前轮外倾过大、前束很小时，行走中易造成偏磨。其原因主要是，前轴轴承和轴套受冲击而变形，或前轴伸缩套筒紧固装置松动，这都会使前轮定位角发生变化，从而引起不正常的磨损。因此，在使用过程中一定要经常检查前轮的定位角度是否适中，并调整好前束。

2. 正确操作，谨慎驾驶

拖拉机在行走中，应注意不高速穿越障碍物，不在重负荷的情况下急转弯；在高低不平的道路上要低速行驶，尽量避免紧急刹车；在负重爬坡或在泥泞的道路上行驶时，不能使行走系统严重打滑。

3. 注意作业条件

拖拉机在低洼的水田中作业时，要尽量避免陷车，陷车后要采取牵引和推行的方法排除，切不可用加大油门的方法（冒黑烟）使行走系统调整空转。在根茬尖锐和留茬较高的旱地中作业，要防止轮胎被扎和转轴被作物秸秆缠绕。

4. 及时清洗保洁

拖拉机作业结束后，要及时将轮子及履带上沾染的污泥清除（清洗）掉，使行走系统保持洁净，尤其是支重轮的端面油封装置要及时清洁、检查和保养。此外，还要注意勿让油、酸、碱等腐蚀性物质玷污橡胶轮胎。

5. 保持正常的轮胎气压和履带张紧度

使用拖拉机之前，要认真检查轮胎的气压是否正常（运输作业时可略高些，田间作业时要偏低些；冬季可略高些，夏季要偏低些），以免引起瘪胎或爆胎。履带过松或过紧，都易引起履带板、履带轴及轮子加速磨损，故一定要保持适宜的张紧度。

第8章　土壤耕作机械的使用与维护

8.1　铧式犁的使用与维护

耕耘是马铃薯栽培的基础。耕耘质量好坏对马铃薯产量和品质都有显著影响。耕耘的最终目的是：疏松土壤，改善土壤结构；消灭杂草和害虫；将作物残茬以及肥料、农药等混合在土壤内以增加其效用；将地表整平或作成某种形状（如开沟、作畦、起垄、筑埂等）以利于种植、灌溉、排水或减少土壤侵蚀；将过于疏松的土壤压实到疏密适度，以保持土壤水分并有利于根系发育；改良土壤。

犁是一种耕地工具。它的主要功能是翻土和碎土。以犁铧为其主要工作部件的犁，称为铧式犁。农田在栽培了一茬作物后，由于土壤的自然渍沉，加上雨水淋溶，风沙侵击，人畜践踏和机具碾压，致使表层土壤团粒结构受到破坏，组织板结，肥力降低；同时，在前茬作物收获后，地面上总是留下许多残根杂草有待清除，这都要求在种植下一季作物之前对土地进行耕翻，将肥力低的上层土壤翻到下层，将下层的良好土壤翻到上层并将残茬杂草以及肥料、害虫等翻埋土中。同时，耕地还可使土质疏松，从而使土壤能够保持适当的空气和水分，以利于作物生长。长期以来耕地所用的主要工具就是铧式犁。铧式犁在世界上历史最早，数量最多，使用最广泛；每年耗用的能量也比任何其他作业机械多。

8.1.1　铧式犁的类型和特点

铧式犁按用途可分为旱地犁、水田犁、山地犁和特种用途犁；按与拖拉机挂接的方式分为牵引犁、悬挂犁和半悬挂犁。

1. 牵引犁

牵引犁是机力犁中发展最早的一种型式。图8-1为带液压升降机构的牵引犁，由牵引装置、犁架、犁轮、小前犁、圆犁刀、液压升降机构和调节机构等部件组成。犁和拖拉机通过牵引装置连接在一起。犁架由三个轮子支承。工作时，沟轮在前一行所开出的犁沟中行走，地轮行走在未耕地上，尾轮行走在最后犁体所开出的犁沟中。这种犁具有耕深和耕宽稳定，作业质量好等优点，但由于整机较笨重，结构复杂，灵活性差，因此应用越来越少。

2. 悬挂犁

悬挂犁一般由犁架、悬挂架、犁体、犁刀、调节装置和限深轮等部件组成（见图8-2和图8-3）。犁通过悬挂架的上悬挂点和两个下悬挂点与拖拉机悬挂机构上下拉杆相铰接，构成一个机组。运输时，操纵液压系统将犁悬挂在拖拉机上。工作时，犁的耕深可由限深轮或拖拉机液压系统来控制。悬挂轴的两端为曲拐轴销。操纵手柄以转动悬挂轴，可进行

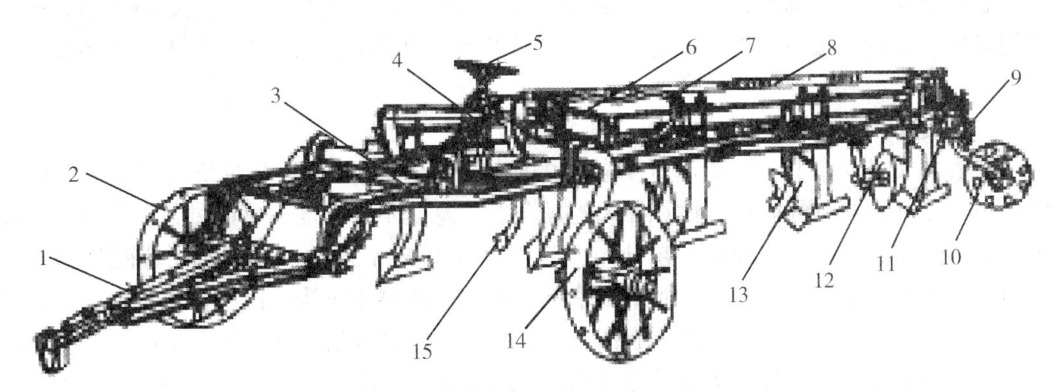

1—牵引装置；2—沟轮；3—犁架；4—水平调节螺杆；5—调节手轮；6—油缸；
7—油管；8—柔性拉杆；9—尾轮水平调节螺栓；10—尾轮；11—尾轮垂直调节螺栓；
12—圆犁刀；13—主体犁；14—地轮；15—小前犁

图 8-1 液压式牵引犁

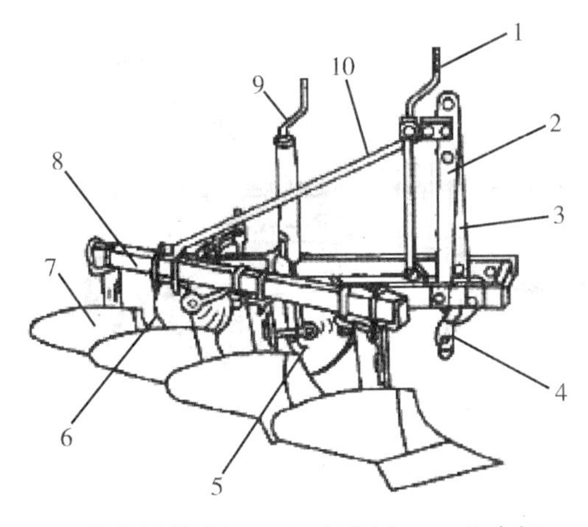

1—耕宽调节手柄；2—右支杆；3—左支杆；
4—悬挂轴；5—限深轮；6—圆犁刀；7—犁体；
8—犁架；9—耕深调节手柄；10—中央拉杆

图 8-2 悬挂犁

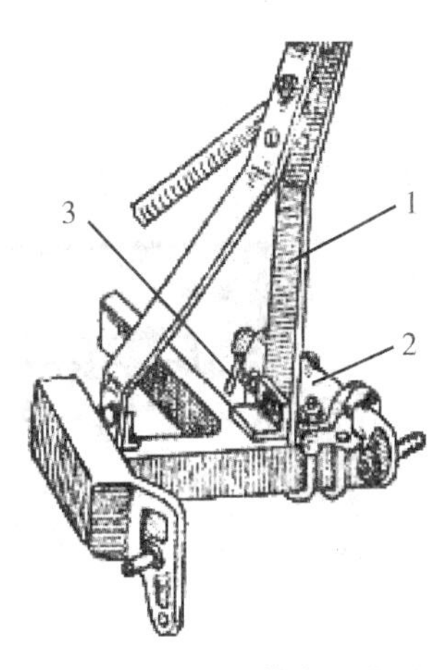

1—悬挂架；2—耕宽调节器；
3—调节器手柄

图 8-3 带耕宽调节器的悬挂架

耕宽等调节。有的悬挂犁是在左下悬挂臂上装有耕宽调节器，转动调节器手柄以伸缩左悬挂销，可改变耕宽。这种形式，结构紧凑，调节时直观简便。悬挂犁是继牵引犁之后而发展起来的，在生产中应用最广的一种机型。与牵引犁相比，其优点如下：

（1）大大减少犁的金属用量，悬挂犁的重量比同样耕幅的牵引犁轻 40%~50%。

（2）机动性强，机组转弯半径等于拖拉机的转弯半径，由于缩短了转弯时间（尤其是在小块田地），使生产率大为提高。

（3）对拖拉机驱动轮的增重较大，有利于拖拉机功率的充分发挥。

（4）由于取消了地轮、沟轮和尾轮及起落机构等容易磨损的部件，所以犁的使用寿命较长，且维护保养方便。

悬挂犁在运输状态下，犁的重量全部由拖拉机承担，因此犁越重或重心越靠后，拖拉机的纵向稳定性和操向性越差。这样一来，就限制了犁的结构长度不能过大，犁体数不能过多。

3. 半悬挂犁

随着拖拉机功率的不断提高，要求犁的幅宽相应增大，即要求在犁上配置更多的犁体。由于受到拖拉机纵向稳定性和操向性的限制，悬挂犁的长度不可能过大，于是就出现了介于牵引犁和悬挂犁之间的半悬挂犁（见图 8-4 和图 8-5）。半悬挂犁的前端通过悬挂架与拖拉机液压悬挂系统相连，犁的后端设有限深轮及尾轮机构。由工作位置转换到运输位置时，犁的前端由液压提升器提起；当前端抬升一定高度后，通过液压油缸，使尾轮相对于犁架向下运动，于是犁架后部即被抬升。这样犁出土迅速，地头耕深一致。当到达运输状态后，犁的后部重量由尾轮支承。尾轮通过操向杆件与拖拉机悬挂机构的固定臂连接，当机组转弯时，尾轮自动操向。犁的耕深由拖拉机液压系统和限深轮控制。半悬挂犁的优点是，比牵引犁结构简单，重量减少 30%，机动性、牵引性能与操纵性较好。比悬挂式可配置较多犁体，运输时，改善了机组的纵向稳定性。

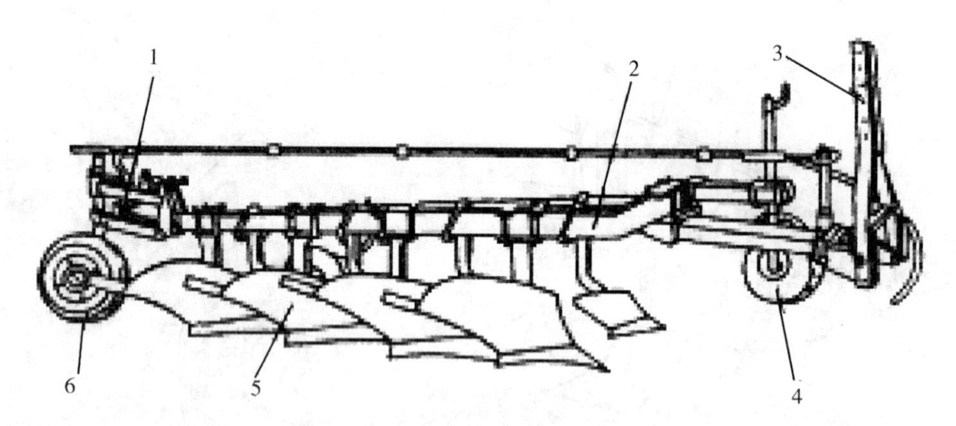

1—液压油缸；2—机架；3—悬挂架；4—地轮；5—犁体；6—限深轮

图 8-4　半悬挂犁

1—拖拉机；2—悬挂机构；3—半悬挂犁

图 8-5　半悬挂犁

8.1.2　铧式犁结构

铧式犁一般由犁体、犁架、调节机构、牵引装置或挂接装置等几个主要部分构成。为了改善作业质量，有的犁还有犁刀、覆茬器等辅助工作部件；为了防止超载损坏，还有超载安全装置等附件。

1. 犁体

犁体是铧式犁的主要工作部件，如图 8-6 所示。它的作用是切开土垡并使之翻转破碎以及覆盖地表的残茬和杂草。犁体由犁铧、犁壁、犁托、犁柱、犁侧板和犁壁支杆等组成。犁铧和犁壁组成犁体的工作曲面（简称犁体曲面），并形成水平切刃（铧刃）和垂直切刃（胫刃），完成切土、翻土和碎土工作。犁铧切取土垡，犁壁使土垡碎裂并翻转。犁铧、犁壁组成犁体曲面，由犁托固定在犁柱上。

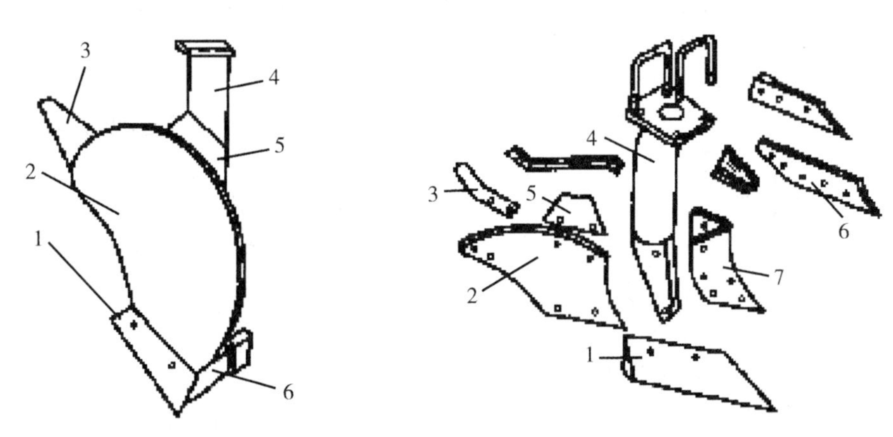

1—犁铧；2—犁壁；3—延长板；4—犁柱；5—滑草板；6—犁侧板；7—犁托

图 8-6 犁体

（1）犁铧

犁桦是易磨损的零件，因此多采用耐磨性较好的 65 锰钢和 65 稀土硅锰钢制造。常用的犁铧，按其结构形式可分为梯形铧、凿形铧和三角形铧。如图 8-7 所示。犁铧的功用是切土和起土。由于犁铧在工作中容易磨损，需要经常修理和更换，所以与犁壁分开制造。梯形铧（又称等宽犁铧）的结构简单，但使用中锋尖易磨损，且在黏重土壤中工作入土性能差，因此现在多采用将梯形桦尖加工成凿形的凿形铧，以提高其耐磨性。凿形铧在机力犁上使用最多。犁铧的凿尖向沟底以下伸出约 10~15 mm，向未耕地伸出约 5 mm，入土性能比梯形铧好，保持耕深稳定性的能力较梯形铧强。三角形铧一般呈等腰三角形，铧尖有尖头和圆头两种。由于有两个刃口且形状对称，使两个刃口切土时的阻力有相互抵消

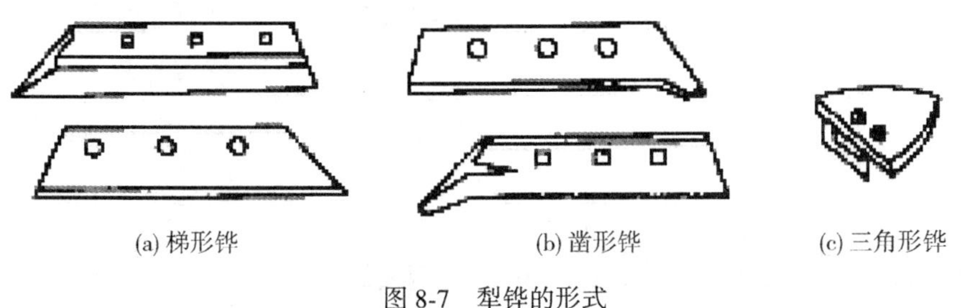

(a) 梯形铧　　(b) 凿形铧　　(c) 三角形铧

图 8-7 犁铧的形式

作用，所受侧向压力较小。工作时，一边刃口切出沟底起铧刃作用，另一边刃口切出沟壁起胫刃作用。铧面有平面和凹面两种。

为了提高犁的使用经济效益，设计者们从犁铧的结构及材料等方面进行了许多改进。在结构方面的改进如下：

① 在铧刃区背面，预先储留一些备料，以便在铧刃磨损后锻延伸长，恢复原来尺寸，继续使用；

② 将铧尖做成凿形，不但能增加铧尖的允许磨损量，还能提高强度；

③ 将犁铧分成铧尖和铧翼两件，组合安装，根据磨损情况分别更换；

④ 将铧尖做成可延伸的，用一矩形断面的直杆，将其呈楔劈状的端部作为铧尖，楔尖磨损后，可卸下在砂轮上磨锐并向前推出一小段。这样一根楔棍可以顶十几个普通的铧尖使用；

⑤ 将犁铧背面靠近刃口部位做成凹形，使之在磨损过程中背棱面的倾斜角始终不会增大；

⑥ 将铧刃做成凿状，可以增加犁铧的破土能力，减轻阻力；

⑦ 使用窄形薄片组合犁铧，铧尖部分重量较轻，形状简单，制造方便，磨损失效后即可抛弃，不必修复。价格低廉，成本较低，且能保持刃口锐利，降低阻力，节省油耗。

犁铧材料的改进如下：

① 采用耐磨性高的金属或在金属表面渗镀硬金属层；

② 采用双层钢板，一层是耐磨性高的金属层，一层是低碳钢软层，工作时，软层磨损快，硬层磨损慢。使刃口始终保持较为锐利，故称自磨锐犁铧。

（2）犁壁

犁壁为按一定规律设计的光滑的复杂曲面，位于犁铧的后上部，前部称为犁胸，后部称为犁翼。胫刃在纵垂方向切开土垡，犁胸、犁翼起到翻土和碎土的作用。按犁壁的结构形式可分为整体式、组合式、栅条式等，如图 8-8 所示。整体式犁壁由低碳钢冲压制成并经渗碳等热处理。它具有结构简单、安装方便等优点。组合式犁壁是将易磨损的胫刃和胸部磨损后，将其拆下单独更换，以降低使用成本。栅条式犁壁制成栅条状，以减少犁壁与土壤的接触，使犁壁容易脱土，并可降低犁的工作阻力。栅条式犁壁多用于黏重土壤。

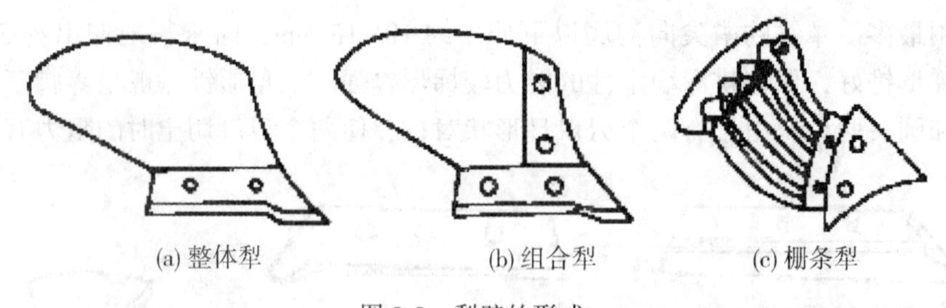

(a) 整体犁　　(b) 组合犁　　(c) 栅条犁

图 8-8　犁壁的形式

犁壁的工作表面应光洁、耐磨，有韧性、能抵抗冲击。因此，犁壁的材料多为三层复合钢板（中间软层为低碳钢，表面和背面用 45 号钢或低合金钢）。有些犁体用 B2 低碳钢板经渗碳淬火而成（目前在北方铧式犁系列各犁体上采用）。有的犁壁上还敷贴特制的塑料薄膜，以增加耐磨性，减小阻力。

（3）犁柱和犁托

犁柱可分整体式、直犁柱和弯犁柱三种形式。整体式多用稀土球墨铸铁或铸钢制成，也有用钢板压制而成。多为空心管状，断面有三角形、圆形或椭圆形。整体式的下端可直接固定犁铧、犁壁和犁侧板（见图 8-9（a）），也可与犁托相连接（见图 8-9（c））。国外悬挂犁有不少采用直犁柱（见图 8-9（b）），犁柱上端即为犁梁的一部分，下端与犁托相连。这种弯犁柱多为扁钢或型钢锻压而成。弯犁柱可以制成独立的零件，也可将犁架的纵梁延长向下弯曲制成，弯曲处有较大的空间让垡片通过，不易堵塞。但由于长度大，耗用材料较多。

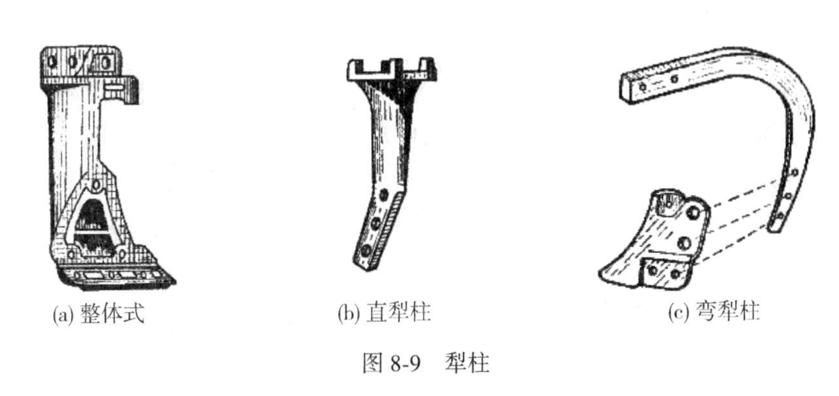

(a) 整体式　(b) 直犁柱　(c) 弯犁柱

图 8-9　犁柱

犁托是犁铧、犁壁和犁侧板的连接和支承件，用来固定犁铧、犁壁和犁侧板。故分为曲面部分和平面部分，其曲面部分应与犁铧、犁壁的背面密切贴合，以增强犁体曲面的刚度和强度。平面部分通过沉头螺栓与犁柱和犁侧板相连。犁托可用球铁或铸钢制成，也可用钢板冲压再焊接而成或直接用钢板压成。犁柱使犁体和机架连接，并将牵引动力通过机架传给犁体，带动犁体工作。

犁托和犁柱制成一体的称为高犁柱，也可分开制造，用直犁柱或弯犁柱与机架相连。

（4）犁侧板和犁踵

犁侧板是犁体的侧向支撑面，用来平衡土壤对犁体工作时产生的侧压力，保证犁体工作中的横向稳定性，支撑犁体稳定地工作。常用的犁侧板为平板式，断面为矩形，也有倒“T”形和“L”形等形式。犁侧板多用扁钢制成。一般前犁体的犁侧板较短以保证土垡在相邻犁体之间顺利通过和翻转。后犁体的犁侧板较长。犁踵多由白口铁或灰口铁表面冷铸而成，以增强其抗摩能力。下端磨损可向下作补偿调节，磨损严重时可单独更换犁踵。如图 8-10 所示。

(a) 犁侧板　(b) 侧板断面形式　(c) 犁踵

图 8-10　犁侧板和犁踵

（5）犁刀

犁刀的作用是沿垂直方向切出整齐的沟墙，减小土壤对犁铧和犁壁胫刃部分的阻力以及切断杂草残茬，改善覆盖质量。犁刀有圆犁刀和直犁刀两种形式。圆犁刀比直犁刀的阻力小，切土效果好，且不易缠草。在通用犁上普遍采用。图 8-11 是三种不同型式的刀盘。普通刀盘使用广泛，容易入土，脱土性好，且便于磨锐修复。缺口刀盘用于黏重而多草的田地，刀盘的缺口可将杂草压倒，便于切断。但磨损后不易修复。波纹刀盘切断草根的效果最好，由于波纹与土壤紧密接触，所以犁刀不易滑移。虽经磨损，但刃口保持锋利。缺点是在干硬土壤上不易入土。直犁刀最初在畜力犁上采用，以后在机力犁上也有应用。特别是在耕深大，工作条件恶劣的地区（如多石地、灌木地等）多用直犁刀。

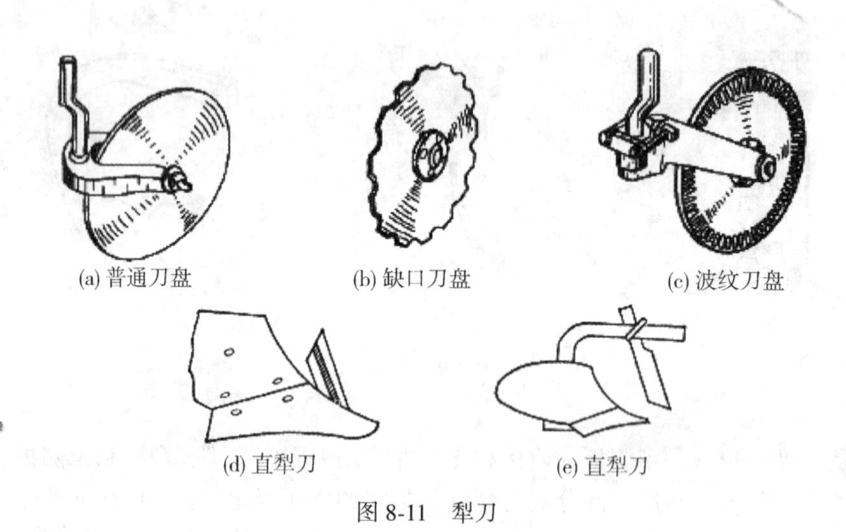
(a) 普通刀盘　(b) 缺口刀盘　(c) 波纹刀盘
(d) 直犁刀　(e) 直犁刀

图 8-11　犁刀

（6）小前犁和覆草器

① 小前犁　为了提高犁体的覆盖质量，在主犁体前方安装小前犁，小前犁配置在犁体胫刃一侧，其作用是先将表层土垡翻到沟底，然后用主犁体耕起的土垡覆盖其上，改善覆盖性能。如图 8-12 所示。小前犁一般为铧式犁，其结构与主犁体相似，由犁铧、犁壁

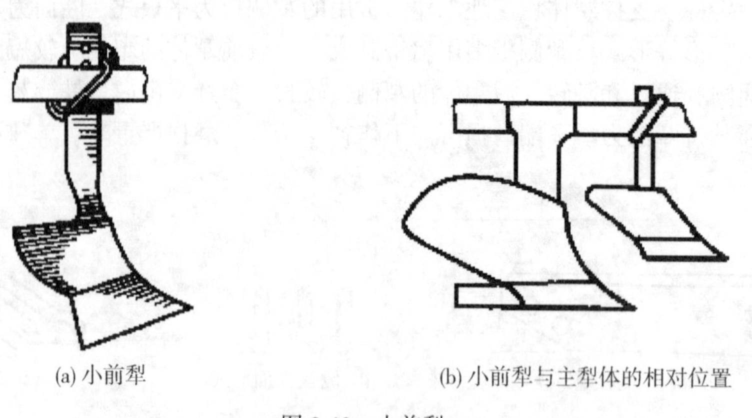
(a) 小前犁　(b) 小前犁与主犁体的相对位置

图 8-12　小前犁

和犁柱组成。犁柱和犁托常制成一体，无犁侧板。耕宽为主犁体耕宽的2/3，耕深一般为8~10 cm，但由于铧式小前犁耕宽和耕深较小，故无犁侧板，切角式小前犁和圆盘式小前犁机构复杂，应用较广。

② 覆草器　为了使犁的结构更为紧凑，增大相邻犁体之间的通过间隙，有些犁体取消了小前犁，而在犁体顶部安装覆草板或覆草圆盘，如图8-13所示。工作时，覆草板或覆草圆盘将犁体胫刃一侧的带草表土先行扣翻，起到了与小前犁相似的作用。这种覆草器构造最简单，但性能较差。

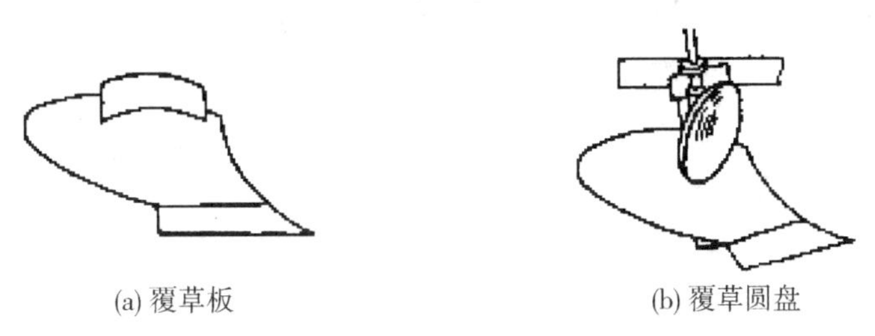

(a) 覆草板　　(b) 覆草圆盘

图8-13　覆草器

覆草器的作用是将土垡上层一部分土壤、杂草耕起，并先于主垡片的翻转而落入沟底，从而改善了主犁体的翻垡覆盖质量。在杂草少、土壤疏松的地区，可以不用覆草器。

2. 辅助部分

（1）犁架

犁架用来固定犁体，传递动力，以保证犁体正常耕作，我国南方和北方系列犁都采用低合金钢高频焊接矩形薄壁管框架式犁架，用材少、质量轻，承受犁的外载、抗弯、抗扭能力强，但变形后修复较难，常用的犁架如图8-14所示。

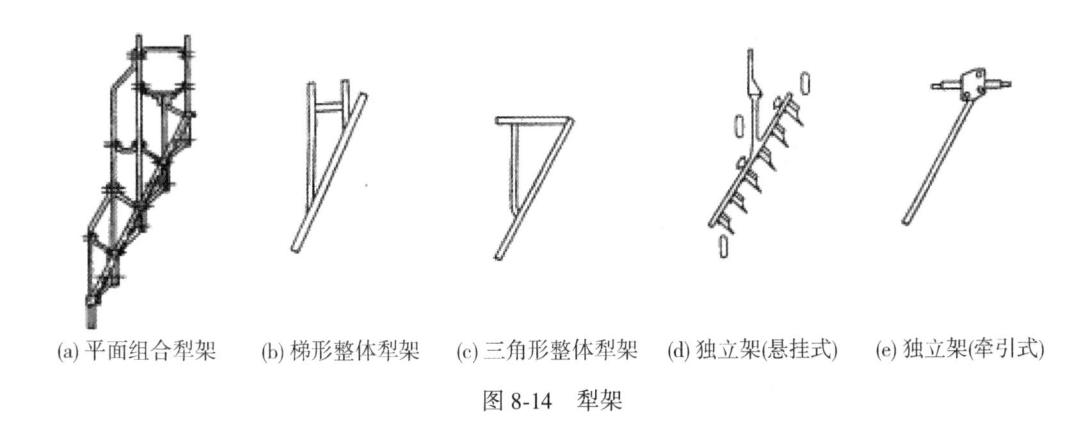

(a) 平面组合犁架　(b) 梯形整体犁架　(c) 三角形整体犁架　(d) 独立架(悬挂式)　(e) 独立架(牵引式)

图8-14　犁架

（2）悬挂架

悬挂架用来将犁悬挂到拖拉机上。国产拖拉机采用三点悬挂机构，因此犁的悬挂架也有三个悬挂点。悬挂架由左右支板、斜撑杆、牵引板及悬挂轴组成，如图8-15所示。前三者用螺栓固定在犁架上，悬挂轴装在牵引板上。左右支板的上端有3个挂接孔，用来与拖拉机悬挂机构的上拉杆相连，悬挂轴两端的销轴与左右下拉杆相连，犁的耕宽调整是通过改变悬挂轴的位置来实现的。

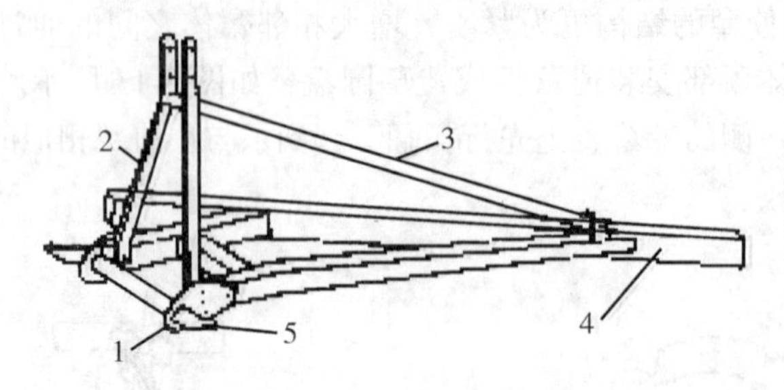

1—牵引板；2—支板；3—斜撑杆；4—犁架；5—悬挂轴

图 8-15　悬挂架

（3）限深轮和撑杆

限深轮安装在犁架左侧纵梁上，主要由犁轮、犁轴、支架、支臂和调节丝杆等组成，如图 8-16 所示。工作时可调节犁轮与机架的相对高度，以适应不同耕深的要求。顺时针拧动丝杆，限深轮上移，犁的深度增大。限深轮套装在轮轴上，其轴向间隙可通过轴头的花形挡圈进行调整。限深轮有开式和闭式两种形式。一般采用幅板式钢轮。

在没有限深轮的悬挂犁上，装有一根撑杆，停放时落下撑杆，将犁停稳。

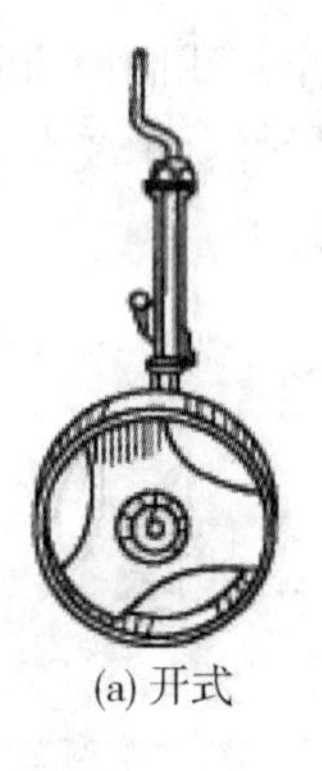

(a) 开式　　(b) 闭式

图 8-16　限深轮

8.1.3　犁的安装

1. 主体犁的安装

正确安装主犁体，可以减小工作阻力，节省燃油消耗，保证耕地质量。主犁体安装应符合以下技术要求：

（1）犁铧与犁壁的连接处应紧密平齐，缝隙不得大于 1 mm。犁壁不得高出犁铧，犁铧高出犁壁不得超过 2 mm。

（2）所有埋头螺钉应与表面平齐，不得凸出，下凹量也不得大于 1 mm。

（3）犁铧和犁壁的胫刃应位于同平面内。若有偏斜，只准犁铧凸出犁壁之外，但不得超过 5 mm。

（4）犁铧、犁壁、犁侧板在犁托上的安装应当紧贴。螺栓连接处不得有间隙，局部处有间隙也不能大于 3 mm。

（5）犁侧板不得凸出胫刃线之外。

（6）犁体装好后的垂直间隙和水平间隙应符合要求，如图 8-17 所示。犁的垂直间隙是指犁侧板前端下边缘至沟底的垂直距离，如图 8-17（a）所示，其作用是保证犁体容易入土和保持耕深稳定性。犁体的水平间隙指犁侧板前端至沟墙的水平距离，如图 8-17（b）所示，其作用是使犁体在工作时保持耕宽的稳定性。通常梯形犁铧的垂直间隙为 10~12 mm，水平间隙为 5~10 mm；凿形犁铧的垂直间隙为 16~19 mm，水平间隙为 8~15 mm。当铧尖和侧板磨损后，间隙会变小，当垂直间隙小于 3 mm，水平间隙小于 1.5 mm 时，应换修犁铧和犁侧板。

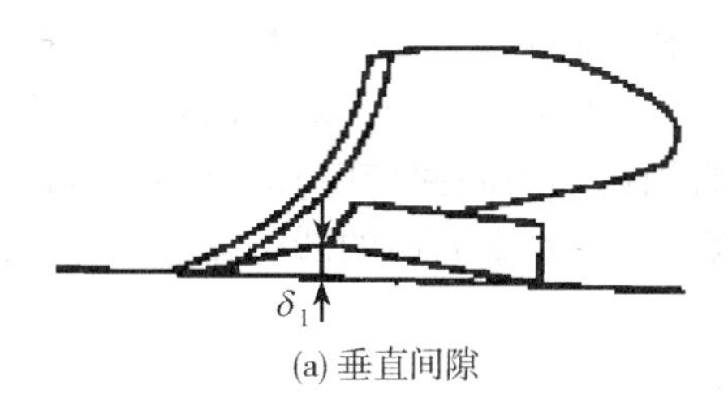

(a) 垂直间隙

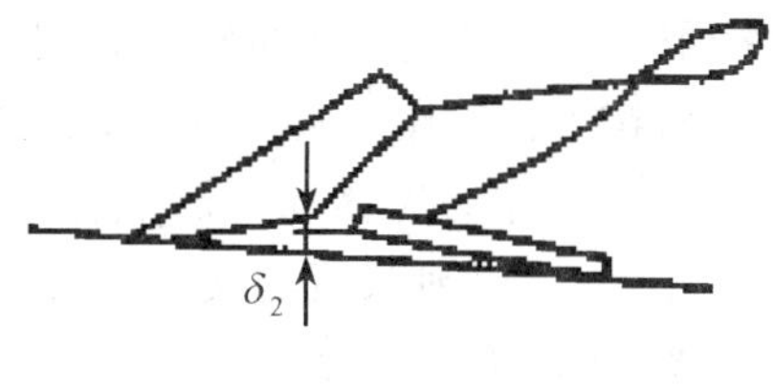

(b) 水平间隙

图 8-17　犁体的垂直间隙和水平间隙

2. 总体安装

犁的总体安装是确定各犁体在犁架上的安装位置，保证不漏耕、不重耕和耕深一致，并使限深轮等部件与犁体有正确的相对位置。以 1LD-435 型悬挂犁为例，其总体安装可按下列步骤进行。

（1）选择一块平坦的地面，在地面上画出横向间距的单犁体耕幅（不含重耕量）的纵向平行直线，以铧尖纵向间距依次在各纵向直线上截取各点，使各犁体分别放在纵向平行线上，使犁铧尖与各截点重合。

（2）使犁架纵主梁放在已经定位的犁体上。按表 8-1 中的尺寸安装限深轮，转动耕深调节丝杆，使犁架垫平。

（3）前后移动犁架，使第一铧犁柱中心线到犁前梁的尺寸符合表 8-1 中的要求。

表 8-1　**1L-435 型悬挂犁的安装尺寸（mm）**

项目	尺寸
第一铧犁柱中心线到犁架前梁里侧的距离	150
犁体耕幅	350
犁间的纵向间距	800
限深轮中心线到犁架外侧的距离	420 左右

3. 总安装后应符合的技术要求

总安装后应符合以下技术要求：

(1) 当犁放在平坦的地面上，犁架与地面平行时，各犁铧的铧刃（梯形铧）和后铧的犁侧板尾端与地面接触，处于同一平面内。其他的犁侧板末端可离开地面 5 mm 左右。各铧刃高低差不大于 10 mm，铧刃的前端不得高于后端，但允许后端高于前端不超过 5 mm。凿形犁铧尖低于地面 10 mm。

(2) 相邻两犁铧尖的纵向和横向间距应符合表 8-1 规定的尺寸要求。

(3) 各犁柱的顶端配合平面应与犁架下平面靠紧。各固定螺栓应紧固可靠。

(4) 犁轮和各调整应灵活有效。

8.1.4 悬挂犁的使用

1. 悬挂犁的挂结

悬挂犁一般以三点悬挂的方式与拖拉机相连，其牵引点为虚牵引点。

悬挂犁在拖拉机上挂结的机构简图如图 8-18 所示，在纵垂直面内，犁可看做悬挂在 *abcd* 四杆机构上，工作中 *bc* 杆的运动就代表犁的运动，在某一瞬间，犁可以 *ab* 与 *cd* 延长线的交点 π_1 为中心做摆动，π_1 点称为犁在纵垂直面内的瞬间回转中心；在某一瞬间，犁可绕 c_1d_1 与 c_2d_2 杆延长线的交点 π_2 摆动，π_2 点就是犁在水平面内的瞬时回转中心，也就是犁在该平面内的牵引点。

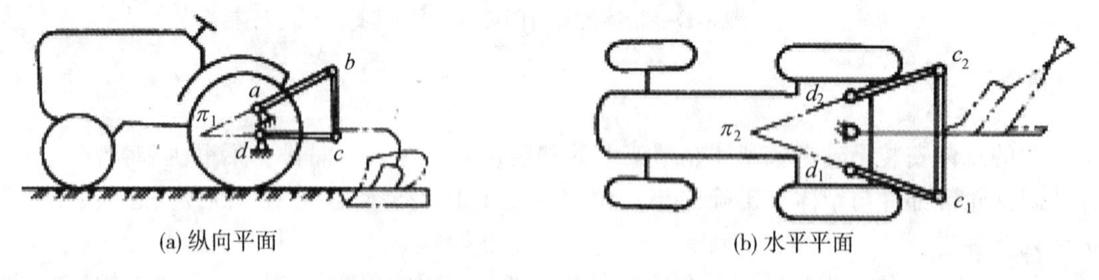

(a) 纵向平面　　(b) 水平平面

图 8-18　悬挂犁的瞬时中心

2. 悬挂犁的调整

(1) 耕深调节

采用高度调节的悬挂犁，提高其限深轮的高度，则增加耕深；反之，则减少耕深。根据经验，先使犁达到预定耕深，然后将限深轮升离地面，继续耕作，测定最后犁体的耕深增量，如该值为 3~4 cm，则认为是合适的。否则重新选取挂结孔位。这种耕深调节方法，工作部件对地表的仿形性好，容易保持耕深一致。位调节的悬挂犁由拖拉机液压系统来控制耕深。耕作时，拖拉机上的位调节手柄向下降方向移动的角度越大，耕深也越大。这种方法，犁和拖拉机的相对位置固定不变，当地表不平时，拖拉机的起伏使耕深变化较大，上坡变深，下坡变浅，因此仅适于在平坦地块上耕作。力调节悬挂犁在耕地过程中，其耕深是由液压系统自动控制的，阻力增大时，上拉杆的压力增加，耕深自动变浅。阻力减小时，上拉杆的压力减少，耕深增加。当土壤比阻不变时，拖拉机上的力调节手柄向深的方向扳动角度越大，耕深也越大。这种方法，当地表不平时，基本上能保持耕深均匀。除了单独使用以上某种耕深调节方法外，有时可把高度调节、力调节和位调节综合起来使用，称为综合调节。例如丰收-35型拖拉机在土质软硬不均的旱地上耕作时，基本上采用力调节，用手柄调节耕深至正常位置，同时在犁上加装限深轮，使限深轮的高度稍大于耕深，在一般情况下，限深轮不起作用，当遇到土质松软地段时，限深轮可防止耕深过大。

(2) 耕宽调整

耕宽调整就是改变第一铧犁的实际耕宽，消除重耕或漏耕，使耕宽符合规定要求。出现漏耕时，可转动曲拐轴，使右轴销向前移，左轴销向后移，使铧尖指向已耕地，犁侧板末端指向未耕地。出现重耕时，应作相反方向的调整。

(3) 偏牵引调整

凡机组存在偏转力矩，使拖拉机产生自动摆头的现象，称为偏牵引现象。调整偏牵引的原则是调节下悬挂点相对犁架的位置，以消除或减少偏转力矩，并保持耕宽不变。当发现拖拉机左偏时，则向左平移悬挂点；反之，向右平移悬挂点。

(4) 纵向水平调整

多铧犁在耕作时，犁架纵向应保持水平，使前、后犁体耕深一致。调节方法是改变液压悬挂系统上拉杆的长度。当前犁体耕浅，后犁体耕深时，应将上拉杆缩短；反之，则伸长。

(5) 横向水平调整

耕地时，犁架横向应保持水平，使多铧犁左右耕深一致。调整方法是改变悬挂机构上右提升杆的长度。缩短右提升杆，使犁架右边抬高；反之，使犁架右边降低。

3. 耕地机组行走方法

耕地机组的行走方法有内翻法、外翻法和套耕法。

(1) 内翻法　又称为闭垄法，如图 8-19 (a) 所示。机组在耕作小区中线左侧耕第一犁，到地头起犁后，向右转弯，从中线右侧返回耕第二犁，由内向外依次循环耕作。耕完后，在小区中间形成一条垄，小区两边形成两条沟。

(2) 外翻法　又称为开垄法，如图 8-19 (b) 所示。机组在耕作小区右边耕第一犁，到地头后左转至小区左边返回耕第二犁，由外向内依次循环。耕后在小区中间形成一条

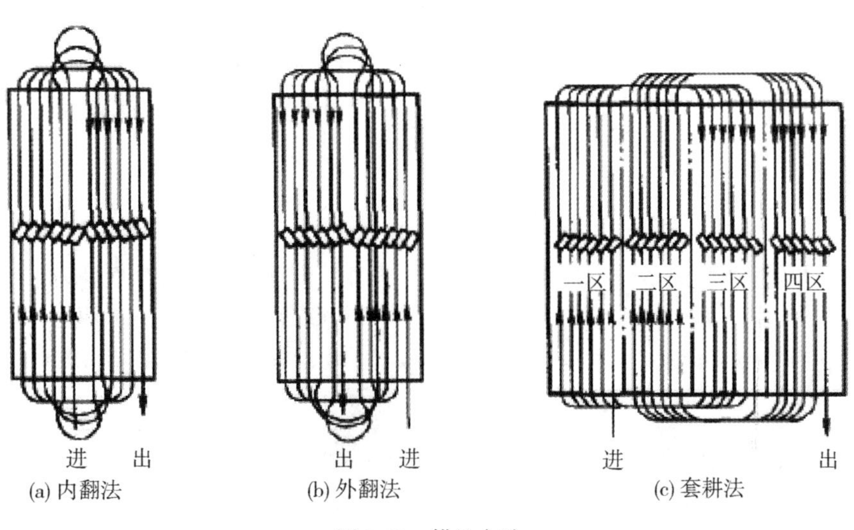

(a) 内翻法　(b) 外翻法　(c) 套耕法

图 8-19　耕地方法

沟，小区两边形成半闭垄。

（3）套耕法　又称为内外交替法，如图 8-19（c）所示。耕地前先将地块划分为几个小区。耕作时，先在一、三小区翻耕，耕完后，再以同样方法在二、四小区翻耕。这样耕出的地沟垄少，机组做无环节转弯，地头宽度小。

8.1.5　常见的故障与排除方法、维护与保养

1. 常见的故障与排除方法

常见的故障与排除方法见表 8-2。

表 8-2　**犁的常见故障及其排除方法**

现象	产 生 原 因	排 除 方 法
犁入土困难	犁铧过度磨损	修理或更换犁铧
	垂直间隙过小	修理或更换犁体、犁侧板，重新安装犁侧板
	限深轮没有升起	将限深轮调到规定耕深
	上拉杆太长	缩短上拉杆、增加犁的入土角
	上悬挂点太低	改用悬挂架上孔挂接
	犁架、犁柱变形	校正或更换变形犁架和犁柱
	运输状态改为工作状态后，下拉杆限位链条未放松	放松限位链条
	土质太硬，机身太轻	在犁架上加配重
耕作阻力大	犁铧过度磨损	修理或更换犁铧
	犁体曲面变形或不光滑，犁铧与犁壁安装不符合要求	修理或更换犁壁，或进行犁曲面重新安装
	犁柱或犁架变形，使犁体不能正向前进	校正或换变形犁柱、犁梁，或进行加垫重新安装
	犁架歪斜，使犁体不能正向前进	对悬挂拐轴进行扭转调节，或重新审查犁和拖拉机配套是否合适
	耕深过大	调小耕深，或纠正没有限深轮的犁用到带分置式液压系统的拖拉机上
沟底不平，耕深不一致	犁架未调水平	上拉杆调节犁架前后水平，用右提升杆调节犁架左右水平
	整犁犁铧严重磨损后，只部分犁铧换新	继续修理或更换严重磨损犁铧
	犁柱、犁架变形使犁体高度差太大	修理或更换变形犁柱、犁架
	铧间漏耕	重新安装犁体，或扭转悬挂拐轴使犁架走正
	个别犁体挂草拖堆	清除挂草
漏耕或重耕	犁架因偏牵引歪斜	调节悬挂轴
	犁体前后距离安装不对	重新安装
	犁柱变形	修理或更换

续表

现象	产生原因	排除方法
第一铧耕宽不对	悬挂拐轴位置调节不当 悬挂拐轴在架上安装位置不对 土质变化	耕宽过大，右端拐轴向前转；否则相反 耕宽大，拐轴向左窜移，否则相反 扭转悬挂拐轴
接垄不平	机组行走不直 犁架前后、左右不平	机组走直 犁架调整水平

2. 维护与保养

(1) 每班作业后，清洁犁体及其表面上的泥土杂草，检查各零部件的紧固情况，并及时修复或更换损坏和变形的零部件，对各润滑点加注润滑油。

(2) 定期检查犁铧、犁壁、犁侧板、犁踵等的磨损情况，若超过规定标准则应更换或修复。

(3) 作业结束后，应拆卸清洗圆犁刀、限深轮、耕宽调节器丝杆与轴承等，全面检查犁的技术状态，更换或修复磨损及变形零件，向各润滑点加注润滑油。犁体、小前犁、犁刀及调整螺杆等涂上防锈油，并放置于库房内保管，犁架若露天停放，上面应盖上防雨布或涂上防锈油。

8.2 旋耕机的使用与维护

旋耕机是目前应用较多的一种耕整地机械。与铧式犁相比较，它具有明显的特点：旋耕刀片由拖拉机动力驱动，是以旋转的刀片，强行对土壤进行铣切。被切下的土块后抛与挡土罩及平土拖板撞击，使土块进一步破碎落至地面，因而它的切土、碎土能力强，能切碎秸秆并使土肥混合均匀。一次作业能达到耕、耙、平等三项作业的效果，耕后地表平整、松软，能满足精耕细作的要求，有利于抢农时、省劳力，对土壤湿度的适应范围大，在生产中得到广泛的应用。旋耕机刀片向后切土、抛土时，其反作用力能对机组产生向前的推力，可减少拖拉机在潮湿地上驱动轮滑转的现象。其缺点是功率消耗大，覆盖质量差，耕深较浅。

8.2.1 旋耕机的构造

目前，国产旋耕机有与中型拖拉机配套的悬挂式系列旋耕机，还有与手扶拖拉机配套的直联式旋耕机。其中以卧式旋耕机应用较广。它的整机结构如图 8-20 所示，主要由机架、传动机构、刀轴、刀片、挡土罩及平土拖板等部件组成。目前我国的旋耕机已发展成为系列化产品。

1. 刀轴和刀片

刀轴和刀片是旋耕机的主要工作部件。刀轴由无缝钢管制成。轴的两端焊有轴头，用来与左、右支销相连。刀轴上焊有刀座或刀盘，如图 8-21 所示。刀座按螺旋线排列焊在刀轴上以供安装刀片。刀盘上沿外周有间距相等的孔位，便于根据技术要求安装刀片。

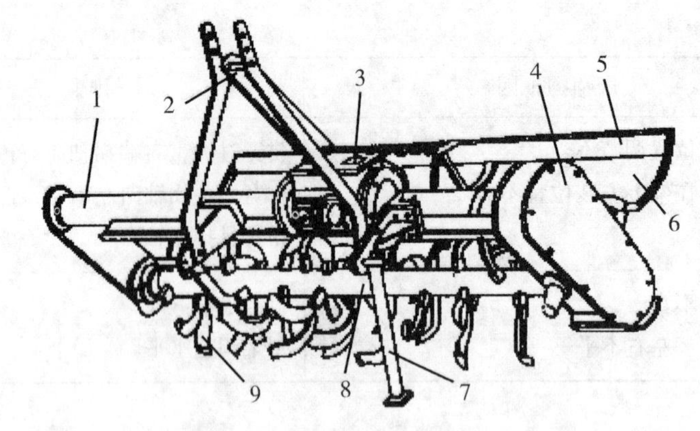

1—主梁；2—悬挂架；3—齿轮箱；4—侧边传动箱；5—平土拖板；
6—挡土罩；7—支撑杆；8—刀轴；9—旋耕刀

图 8-20　旋耕机的构造

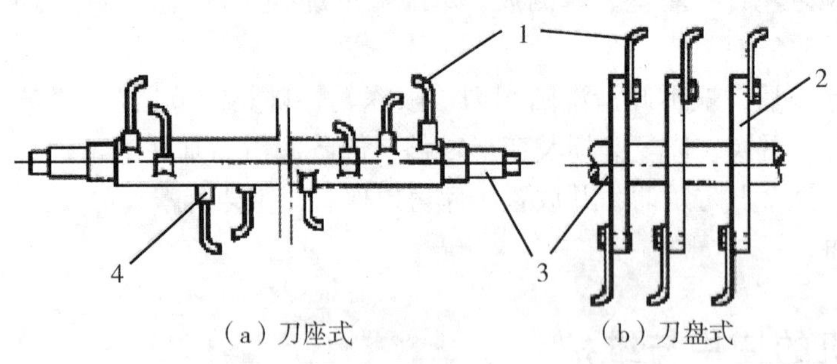

（a）刀座式　　（b）刀盘式

1—刀片；2—刀盘；3—刀轴；4—刀座 L

图 8-21 刀轴

刀片的形状有弯形、凿形和直角形三种。弯形刀片有左弯和右弯两种。弯形刀片工作时有滑切作用，不易缠草，有较好的翻土和碎土性能，使用较广。

凿形刀如图 8-22（a）所示。刀片的正面为较窄的凿形刃口，刀口长度小，工作时主要靠凿形刃口冲击破土，对土壤进行凿切，入土和松土能力强。功率消耗较少，但易缠草，适用于无杂草的熟地耕作，凿形刀有刚性和弹性两种，弹性凿形刀适用于土质较硬的地，在潮湿黏重土壤中耕作时漏耕严重。

弯形刀如图 8-22（b）所示。弯形刀片又名弯刀。正面切削刃口较宽，正面刀刃和侧

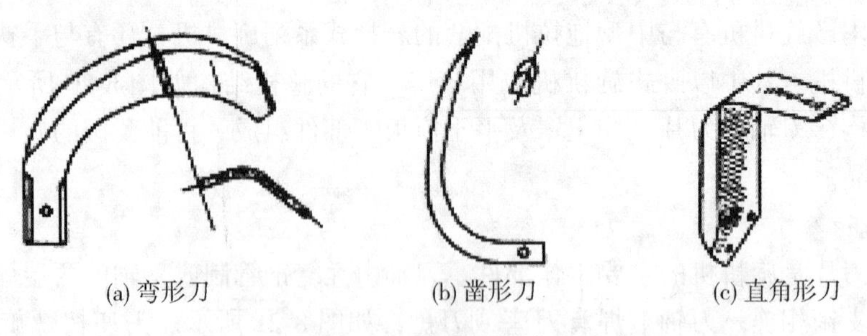

(a) 弯形刀　　(b) 凿形刀　　(c) 直角形刀

图 8-22　旋耕机刀片

面刀刃都有切削作用，侧刃为弧形刀刃，有滑动作用，不易缠草，有较好的松土和抛翻能力，但消耗功率较大，适应性强，应用较广，弯刀有左、右之分，在刀轴上搭配安装。

直角形刀如图 8-22（c）所示。刀刃平直，由侧切刃和正切刃组成，两刃相交约 90°。它的刀身较宽，刚性较好，具有较好的切土能力，适于在旱地和松软的熟地上作业。

由刀轴、刀片及安装刀片用的刀座构成刀辊。刀片数目依旋耕机工作幅宽不同而异。

2. 挡土罩及平土拖板

挡土罩用薄钢板制成，弯成弧形固定在旋耕刀辊（刀轴上安装刀片后的统称）上方，挡住旋耕刀铣削土壤时抛起的土块，将其进一步破碎，同时还可保护驾驶员的安全，改善劳动条件。平土拖板也由薄钢板制成，其前端铰连在挡土罩上，后端用链条连接到悬挂架上。拖板的离地高度可以调整，以适应碎土及平土的需要。

3. 机架

机架是旋耕机的骨架，由左、右主梁，刀轴的后梁，中间齿轮箱，侧边传动箱和侧板等组成。主梁的中部前方装有悬挂架，下方安装刀轴，后部安装机罩和拖板。

4. 传动部分

由万向节传动轴、中间齿轮箱和侧边传动箱组成，由拖拉机动力输出轴的动力经万向节传动轴传给中间齿轮箱，然后经侧边传动箱传往刀轴，驱动刀轴旋转，如图 8-23 所示。由齿轮箱输出的动力，若是中间传动，则由中间齿轮直接与刀轴齿轮啮合，带动刀轴工作；若是侧边传动，则还需经过侧边齿轮箱或链轮箱，再带动刀轴工作。

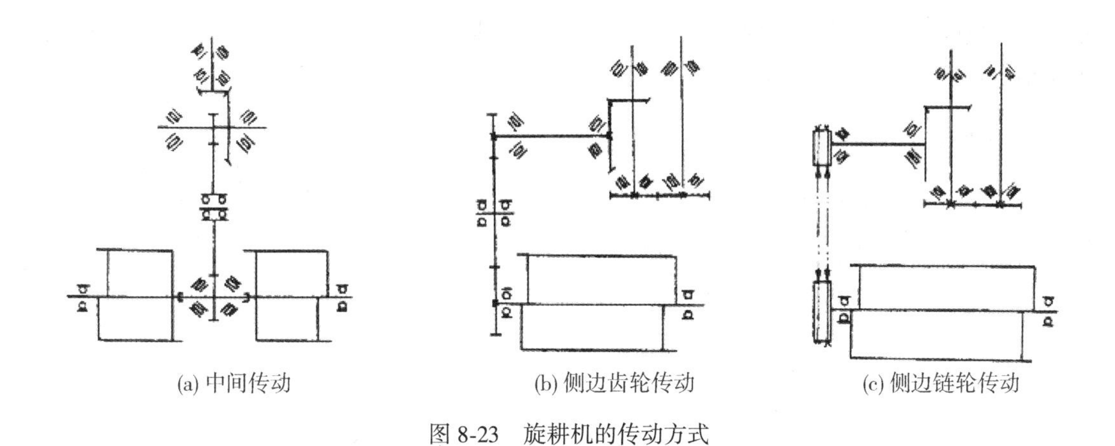

(a) 中间传动　　(b) 侧边齿轮传动　　(c) 侧边链轮传动

图 8-23　旋耕机的传动方式

为适应不同作业的需要，有些旋耕机刀轴转速可以调整。若侧边传动箱是齿轮传动，则采用更换齿轮箱内两个圆柱齿轮的方法来改变刀轴转速。若侧边传动箱中是链轮传动，除采用更换传动箱内两个链轮的方法外，还可采用两链轮互换位置的方法，使刀轴获得不同的转速。

8.2.2 主要类型

旋耕机按旋转刀轴的位置可分为横轴式和立轴式；按与拖拉机挂接方式可分为牵引式、悬挂式和直接连接式。按刀轴传动方式可分为中间传动和侧边传动；按刀片旋转方向有正铣式和逆铣式，如图 8-24 所示。

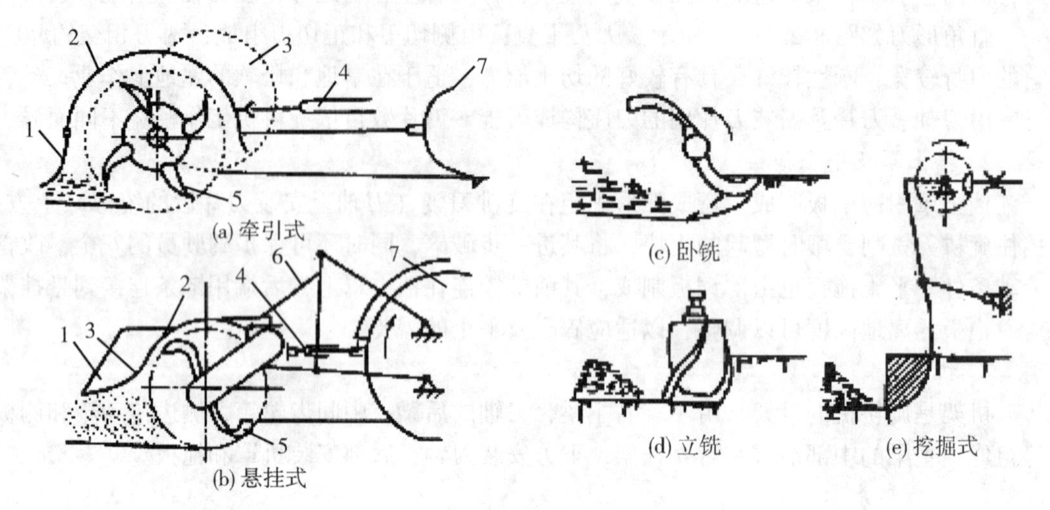

1—平土拖板；2—罩壳；3—地轮；4—万向节；5—刀片；6—悬挂架；7—拖拉机

图 8-24　旋耕机的类型

8. 2. 3　作业特点

施耕机碎土能力强，平整度高；对土壤的适应性好；纵向尺寸短，耕深小；功耗大，幅宽小，效率低。

8. 2. 4　工作过程

旋耕机刀片在动力的驱动下一边旋转，一边随机组直线前进，在旋转中切入土壤，并将切下的土块向后抛掷，与挡土板撞击后进一步破碎并落向地表，然后被拖板拖平。由于机组不断前进，刀片就连续不断地对未耕地进行耕作（如图 8-25 所示）。

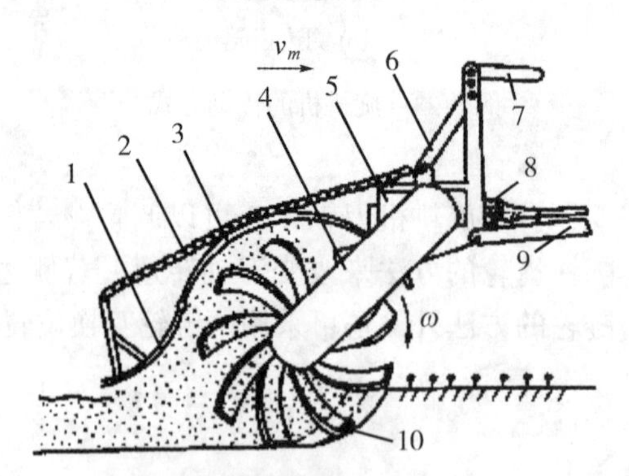

1—平土拖板；2—拉链；3—挡土罩；4—传动箱；5—齿轮箱；6—悬挂架
7—上拉杆；8—万向节；9—下拉杆；10—旋耕刀

图 8-25　旋耕机工作过程

8.2.5 旋耕机的使用

1. 旋耕机刀片的安装

旋耕机刀片的安装方法有交错安装法、向外安装法和向内安装法三种。

交错安装法是将左弯刀片和右弯刀片交错地安装在刀轴上，即在同一平面内的两个刀座一个装左弯刀片，另一个装右弯刀片，如图 8-26（a）所示。这种安装方法耕后地表平整，适用于播前的耕地或耕后整地作业。

向外安装法是自刀轴中间开始，左边全部安装左弯刀片，右边全部安装右弯刀片，如图 8-26（b）所示。这种安装方法在工作时把土向两边抛出，耕后地面中间形成一条浅沟，适用于拆畦作业或旋耕开沟联合作业。

向内安装法是自刀轴中间开始，左边全部安装右弯刀片，右边全部安装左弯刀片，如图 8-26（c）所示。这种安装方法在工作时把土向中间抛掷，耕后地面中间高出成垄，适用作畦前耕作，也可跨沟作业，起平沟作用。

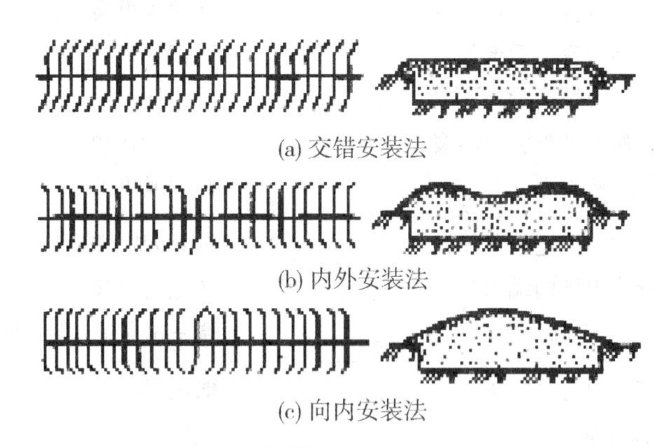

图 8-26 旋耕机刀片的安装方法

2. 旋耕机的调整与使用

轮式拖拉机配用的旋耕机其耕深由液压系统控制。手扶拖拉机配套的施耕机可通过改变尾轮的高低来调整，在小范围内调整时，可转动调节手柄。

旋耕机最大耕深受刀盘直径和机器前进速度的限制。刀盘直径大，耕深也就大；反之则小。当机器在前进速度减慢时，亦可增加耕深。目前国产各类旋耕机耕深调整范围为 12~16 cm。

旋耕机的碎土性能与拖拉机前进速度和刀轴转速有关。当刀轴转速一定时，减小拖拉机前进速度，碎土性好；反之则不好。在大型旋耕机上，改变拖拉机的位置也可改变碎土情况。

用万向节传动的旋耕机，由于受万向节传动倾角限制，不能提升过高，在传动中如旋耕机提升高度过大，使万向节的倾角超过 30°，会引起万向节的损坏。旋耕时，应先接合动力输出轴，再挂上工作挡，在柔和放松离合器踏板的同时，使旋耕机刀片慢慢入土，并加大油门。禁止在拖拉机起步前先将耕机入土或猛放入土，以免损坏零件。机组在转弯、倒车时，应先将旋耕机升起，再转弯或倒车，否则容易损坏刀片甚至损坏旋耕机。在运输时，也要将旋耕机升起悬挂运输。

3. 旋耕机常见故障及其排除

以悬挂式旋耕机为例，常见故障及排除方法见表 8-3。

表 8-3　　**旋耕机常见的故障及排除方法**

故障现象	产生原因	排除方法
负荷过大拉不动	耕深过大 土壤黏重、干硬	减小耕深 降低工作速度和犁刀转速
旋耕机向后间断抛出大土块	犁刀弯曲、变形或切断 犁刀丢失	矫正或更换犁刀 重新安装上犁刀
耕后地面不平	机组前进速度与刀轴转速不协调	调整两者速度的配合关系
旋耕刀轴转不动	齿轮或轴承损坏后咬死 侧挡板变形后卡住 旋耕刀轴变形 旋耕刀轴被泥草堵塞 传动链折断	修理或更换 矫正修理 矫正修理 清除堵塞物 修理或更换
工作时有金属敲击声	旋耕刀固定螺丝松动 旋耕刀轴两端刀片变形后敲击侧板 传动链过松	拧紧固定螺丝 矫正或更换 调整链条紧度，如过长可去掉一对链节
旋耕刀变速有杂音	安装时有异物落入 轴承损坏 齿轮牙齿损坏	取出异物 更换轴承 修理或更换

8.3 圆盘耙的使用与维护

圆盘耙主要用于旱地犁耕后的碎土以及播种前的松土、除草、平整土地。为播种准备良好的条件。此外，由于圆盘耙能切断草根和作物残株，搅动和翻转表土，故可用于收获后的浅耕灭茬作业。

8.3.1 圆盘耙的类型

1. 按机重与耙片直径分

按机重与耙片直径可分为重型、中型和轻型圆盘耙。

（1）重型圆盘耙，耙片直径为 660 mm。单片机重（机重/耙片数）为 50～65 kg。适用于开荒地、沼泽地等黏重土壤的耕后碎土，也可用于黏壤土的灭茬耙地。每米耙幅的牵引阻力为 600～800 kg。

(2) 中型圆盘耙，耙片直径为 560 mm。单片机重为 20~45 kg。适用于黏壤土的耕后碎土。也可用于一般壤土的灭茬耙地。每米耙幅的牵引阻力为 300~500 kg。

(3) 轻型圆盘耙，耙片直径为 460 mm，单片机重为 15~25 kg。适用于一般壤土的耕后碎土。也可用于轻壤土的灭茬耙地。每米耙幅的牵引阻力为 250~300 kg。

2. 按机组挂结方式分

按机组挂结方式可分为有牵引式、悬挂式和半悬挂式圆盘耙。

(1) 重型圆盘耙多为牵引式。牵引式地头转弯半径大，运输不方便，仅适于大地块作业。

(2) 轻型和中型圆盘耙多为悬挂式，机组配置紧凑，机动灵活，运输方便，适于在各种地块作业。

(3) 半悬挂式圆盘耙的特点介于牵引式和悬挂式之间。

3. 按耙组的配置方式分

按耙组的配置方式可分为对置式、交错式、偏置式等，如图 8-27 所示。

(1) 对置式圆盘耙左右耙组对称布置，耙组所受侧向力互相抵消，优点是牵引平衡性能好，偏角调节方便，作业中可左右转弯。缺点是耙后中间有未耙的土埂，两侧有沟(指双列的)。

(2) 交错式圆盘耙是对置式的一种变形，每列左右两耙组交错配置，克服了对置圆盘耙中间漏耙留埂的缺点。

(3) 偏置式圆盘耙有一组右翻耙片和一组左翻耙片，前后布置进行工作。牵引线偏离耙组中线，侧向力不易平衡，调整比较困难，作业中只宜单向转弯。但结构比较简单，耙后地表平整，不留沟埂。

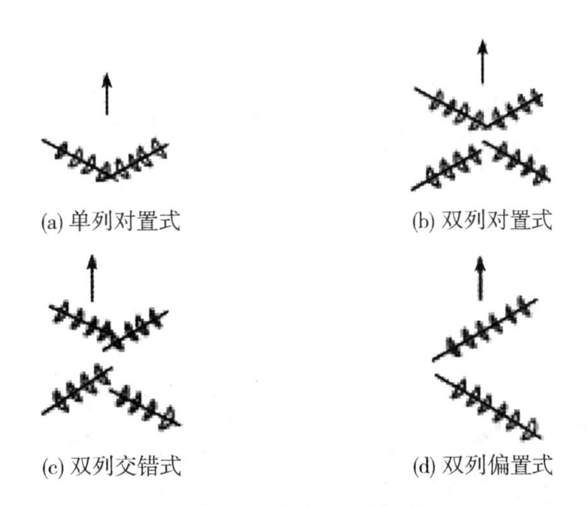

图 8-27 耙组配置方式

8.3.2 圆盘耙的构造

圆盘耙主要由耙组、偏角调节机构、耙架、牵引架（悬挂架）等组成。牵引式耙上还有起落调平机构以及行走轮等。如图 8-28 所示。

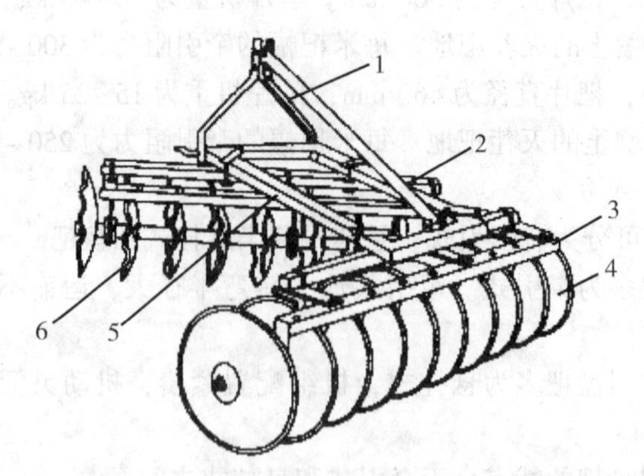

1—悬挂架；2—横梁；3—刮泥装置；4—圆盘耙组；5—耙架；6—缺口耙组

图 8-28　悬挂式圆盘耙

1. 耙组

圆盘耙组由装在轴上的若干个耙片组成，如图 8-29 所示。耙片通过间管而保持一定间隔。耙片组通过轴承和轴承支板而与耙组横梁相连接。为了清除耙片上黏附的泥土，在横梁上装有刮土铲。耙片一般分全缘耙片和缺口耙片两种，如图 8-30 所示。缺口耙片在耙片外缘有 6~12 个三角形、梯形或半圆形缺口。耙片凸面周边磨刃，缺口耙的缺口部位也磨刃。由于缺口耙片减小了周缘的接地面积，因而入土能力增强。缺口耙片也易于切断残茬，这是因为缺口能将其拉入切断而不向前推移。

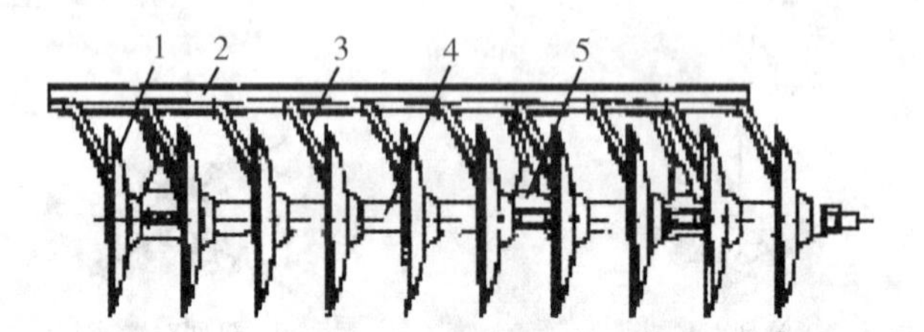

1—耙片；2—横梁；3—刮土器；4—间管；5—轴承

图 8-29　耙组

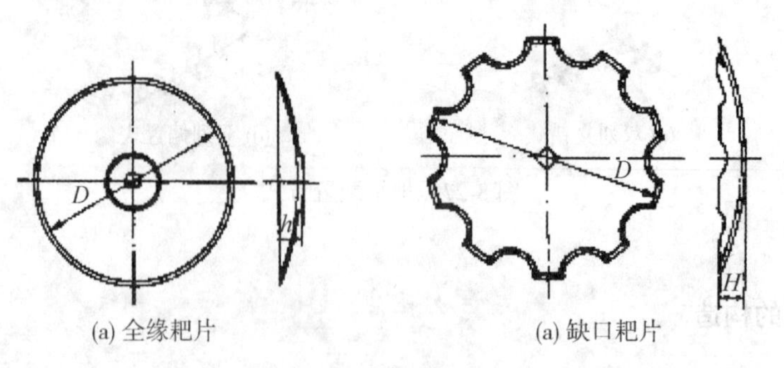

(a) 全缘耙片　　(a) 缺口耙片

图 8-30　耙片

我国圆盘耙系列的耙片厚度，对应于重型、中型和轻型，分别为 5 mm、4 mm 和 3.5 mm。轴承内环和间管除了方孔形式外，还可以做成圆孔。

通过刮土板紧固螺栓使刮土板与耙片保持一定的间隙，调节机构能适应不同的作业条件，在黏重的土壤中作业时，可放松螺栓，使刮土板与耙片紧密贴合，彻底清除耙片上泥土。

2. 耙架

耙架用来安装圆盘耙组，调节机构和牵引架（或悬挂架）等部件。有的耙架上还装有载重箱，以便必要时加配重量，以增加和保持耙的深度。

3. 角度调节器

角度调节器用于调节圆盘耙的偏角，以适应不同耙深的需要。角度调节器的形式有丝杠式、齿板式、液压式、插销式等。丝杠式用于部分重耙上，这种形式结构复杂，但工作可靠。齿板式在轻耙上使用，调节比较方便，但杆体容易变形，影响角度调节。插销式结构简单，工作可靠，调整时，将耙升起，拔出锁定销，推动耙组横梁使其绕转轴旋转，到合适的位置时，把锁定销插入定位孔定位，一般在中耙与轻耙上采用。液压式用于系列重耙上，虽然结构复杂，但工作可靠，操作容易。

4. 牵引或挂接装置

对于悬挂式圆盘耙，其悬挂架上有不同的孔位，以改变挂接高度。对于牵引式圆盘耙，其工作位置和运输位置的转换是通过起落机构实现的。起落过程由液压油缸升降地轮来完成，耙架调平机构与起落机构连动，在起落过程中同时改变挂接点的位置，保持耙架的水平。在工作状态，可以转动手柄，改变挂接点的位置，使前后列耙组的耕深一致。

8.3.3 圆盘耙的工作过程

圆盘耙工作时，耙片刃口平面（回转平面）垂直于地面，并与机器前进方向成一偏角。在牵引力作用下滚动前进，在重力作用下切入土壤一定深度。

耙片工作时向前滚动的特点，可以看做是滚动和移动的复合运动。耙片从 A 点到 C 点回转一周的运动，可分解为由 A 点到 B 点的滚动和由 B 点到 C 点的侧向移动，如图 8-31 所示。在滚动中，耙片刃口切碎土块、杂草和根茬。在侧移时进行铲土、推土，并使土壤沿曲面上升和跌落，从而又起到碎土、翻土和覆盖等作用。实际上这两种过程是同时进行的。

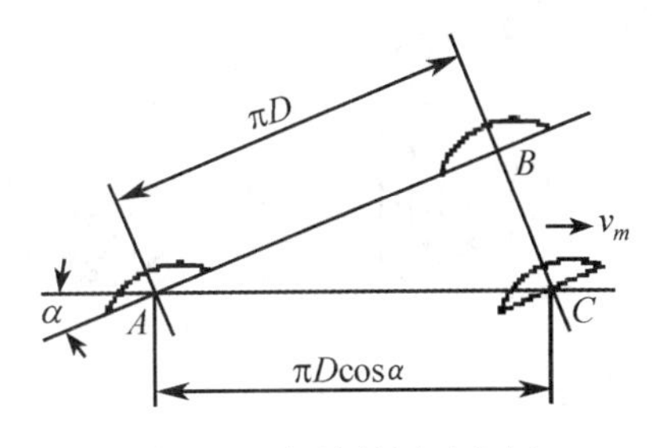

图 8-31 耙片的运动分解

耙片的入土深度取决于耙的质量和偏角的大小。在一定范围内，偏角增大则入土、推土、碎土和翻土作用增强，耙深增加；偏角减小则入土、碎土、翻土等性能减弱，耙深变浅，所以圆盘耙的偏角都能在一定范围内调节，以适应不同土壤和作业的要求。土壤湿度大时偏角不宜大，否则容易造成耙片黏土和堵塞。

8.3.4　圆盘耙的使用

1. 圆盘耙的检查与调整

工作前，应检查各连接部件是否连接可靠，有无松动。耙片刃口厚度应小于 0.5 mm，刃口缺损长度小于 15 mm，一个耙片上的缺损不应超过 3 处。圆盘中心孔对圆盘外径的偏心不应大于 3 mm，圆盘扣在平台上检查时，刀口局部间隙不应大于 5 mm。刮土器的端刃不能超出耙片边缘，刮土器与耙片应有 3~10 mm 的间隙，以免阻碍耙片转动。

向方轴上安装缺口耙片时，相邻耙片的缺口要互相错开，使耙组受力均匀。安装间管时，间管大头与耙面凸面相靠，小头与耙片凹面相靠。

方轴端头螺母要拧紧、锁牢，耙片不应有任何晃动，否则耙片内孔会把方轴啃圆。

（1）耙深的调节

可通过调整耙组偏角的大小，改变悬挂点的高低、增减附加重量或通过拖拉机上的液压系统来进行调整。

（2）耙架的水平调节

牵引耙可通过吊杆上的调节孔调整，以保持耙组耙深一致，悬挂耙可调整拖拉机上右提升杆和上拉杆的长度来保持耙架左右和前后水平。

（3）沟底平整度的调整

为了使耙后地表和沟底平整，应让前后耙片的轨迹相互错开。调整办法是横向移动耙组，改变前后耙组的相对位置。

2. 耙地方法

耙地时，应根据据土质、地块大小、形状及农业技术要求等情况，选择适当的耙地方法。如图 8-32 所示是常用的几种耙地方法。梭形耙法和回形耙法可用于顺耙或横耙，适于以耙代耕或浅耕灭茬。套耙法在地头作无环节转弯，容易操作。交叉耙法也称斜耙，其碎土和平地作用较好，适于大田耕后的耙地，但这种方法行走路线复杂，易发生重耙、漏耙。

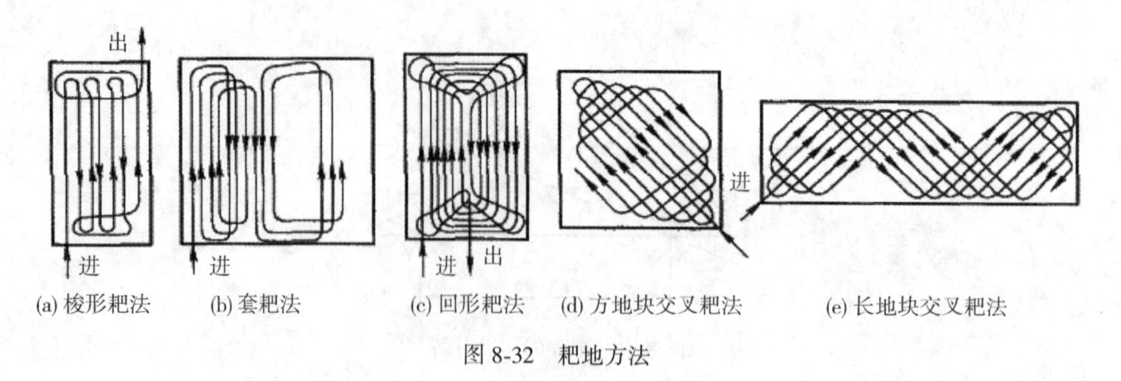

(a) 梭形耙法　(b) 套耙法　(c) 回形耙法　(d) 方地块交叉耙法　(e) 长地块交叉耙法

图 8-32　耙地方法

3. 耙的常见故障及其排除

以悬挂式缺口圆盘耙为例，常见故障见表8-4。

表8-4　**圆盘耙的常见故障与排除方法**

故障现象	故障原因	排除方法
耙片不入土	偏角太小 附加质量不足 耙片磨损 耙片间堵塞 速度太快	增加耙组偏角 增加附加质量 重新磨刃或更换耙片 清除堵塞物 减速作业
耙片堵塞	土壤过于黏重或太湿 杂草残茬太多，刮土板不起作用 偏角过大 速度太慢	选择土壤湿度适宜时作业 正确调整刮土板位置和间隙 调小耙组偏角 加快速度作业
耙后地表不平	前后耙组偏角不一致 附加质量差别较大 耙架纵向不平 牵引式偏置耙作业时耙组偏转，使前后耙组偏角不一致 个别耙组堵塞或不转动	调整偏角 调整附加质量使其一致 调整牵引点高低位置 调整纵拉杆在横拉杆上的位置 清除堵塞物，使其转动
阻力过大	土壤过于黏湿 偏角过大 附加质量过大 刃口磨损严重	选择土壤水分适宜时作业 调小耙组偏角 减轻附加质量 重新磨刃或更换耙片
耙片脱落	方轴螺母松脱	重新拧紧或换修

4. 耙的使用注意事项和保养

（1）使用注意事项

① 机组作业和运输时，耙架上严禁站人或放置物件。

② 发现故障应立即停机检查排除，严禁在机组作业时进行调整或排除故障。

③ 作业中不许转急弯，牵引耙时不许倒车，悬挂耙在转弯或倒车时应将耙升起。机组靠近田埂作业时应注意避免耙架或耙片被碰坏。

④ 耙地时相邻行程间应有适当的重叠（100~200 mm），以增加地表的平整度和防止漏耙。注意：重叠量过大将使生产效率下降。

⑤ 机组过田埂时，为防止拖拉机翘头，可将耙先降下，待后轮越过田埂后，再将耙升起，也可用升耙倒车法越过高田埂。

(2) 耙的保养

① 每班工作后，应清除耙上的泥草杂物，检查各连接部位的紧固情况。检查耙架有无变形，转动部件是否灵活。

② 作业季节完毕后，还应清洗耙组，向各润滑部位注满润滑油，并在耙片等处涂上防锈油，存放在室内或干燥处。

8.4　深松机的使用与维护

深松作业是指疏松土层而不翻转土层的新的土壤耕作方法，所用的农机具称为深松机。深松可以打破坚硬的犁底层，增强雨水入渗速度和数量，对土壤扰动小，残茬大部分留在地表，有利于保墒，防止风蚀。深松还能增温防寒，促进养分转化，提高产量，适合于干旱、半干旱地区和丘陵地区的耕作。深松耕与施肥相结合，已成为改良土壤的主要措施。深松耕法有多种形式，既可在作物收获后进行全面深松，又可在播种之前或播种同时及作物生长期间进行行间深松。

8.4.1　深松机具的种类和一般构造

1. 深松机具的种类

按完成的作业项目的不同，深松机具可分为深松犁和深松作业联合机，还有的在原来机具的基础上加装深松部件。

(1) 七铧犁加深松部件

七铧犁有 7 组如图 8-33 所示的工作部件，通过仿形机构安装在梁上，主要用于垄沟、垄帮和垄体深松，深度为 18~30 cm。它采用分层松土，使前铲为后铲深度的 1/2，这样不易起大土块，碎土效果好。铲头采用鸭掌铲，有较好的碎土效果。

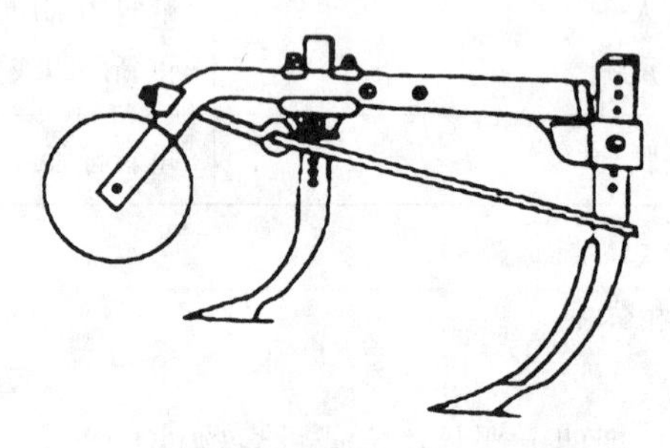

图 8-33　七铧犁的深松部件

(2) 机引五铧犁加深松部件

如图 8-34 所示，这种深松部件用于平翻深松。深松部件是用四杆机构固定在各主犁体后面的，可随犁的起落而升降，运输时深松铲高于犁体支持面，地头转弯时不易挂草。深松铲的铲柄为垂直杆式，铲头有单翼和双翼两种。

(3) 悬挂犁上加深松部件

深松部件直接焊接或用螺栓固定在主犁体的犁床上，如图 8-34 (a) 所示，加深的深度为 8~10 cm，主要用来翻后同时打破犁地层。这种深松部件结构简单，铲头为凿形，制造容易，用料少，多用于悬挂犁上。

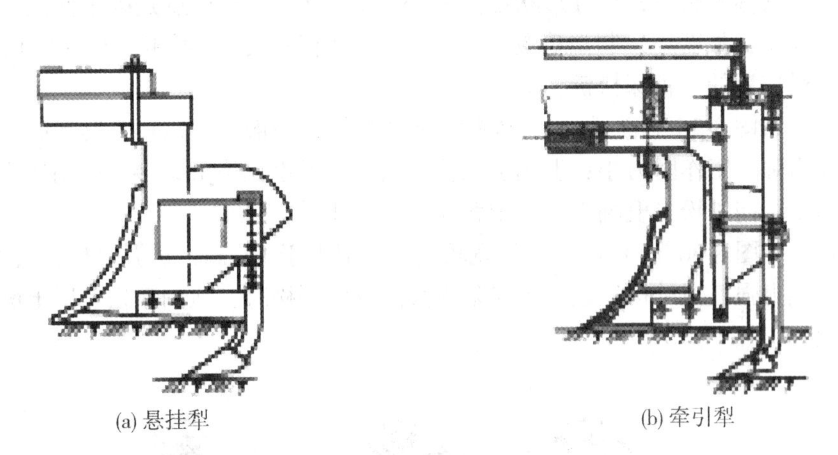

图 8-34　机引犁加装深松铲

2. 深松犁的一般构造

深松犁的一般构造如图 8-35 所示，有机架，机架前有悬挂架，后端有横梁用以安装深松铲。机架前端两侧安装有限深轮，用以调整和控制松土深度。工作部件一般为凿形松土铲，直接装在机架横梁上，其深松铲前、后排两行，通过性好，不易堵塞。深松后地表较平整。深松机上备有安全销，耕作中遇到树根或石块等大障碍物时，能保护深松铲不受损坏。机架除“ T”形结构外，还有木形架结构，这样才能安装成前后两行深松铲。深松犁多与大马力拖拉机配套，最大深度一般可达 50 cm。

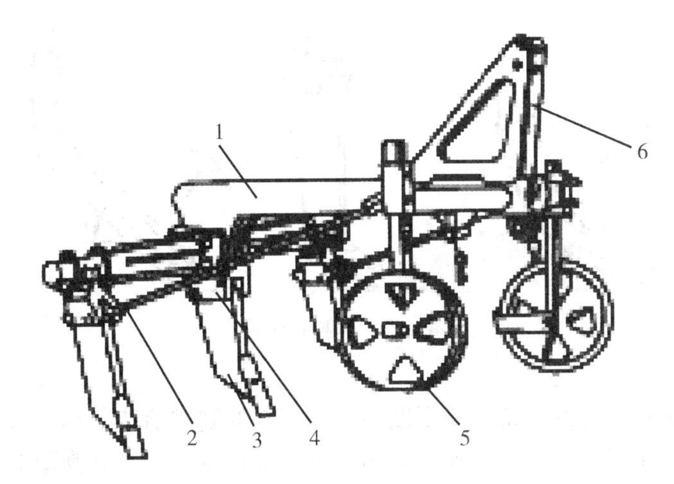

1—机架；2—拉筋；3—深松铲；4—安全销；5—限深轮；6—悬挂架

图 8-35　悬挂式凿形深松犁

3. 深松部件

深松铲是深松机的主要工作部件，由铲头和铲柄两部分组成。

（1）铲头

为了适应不同的作业要求，铲头形式有凿形铲、鸭掌铲、双翼铲等。

凿形铲　又称平板铲，尺寸形状如图 8-36（a）所示。其特点是碎土性能好，工作阻力小，结构简单，强度高，制造容易。它适用于全面深松，也可用于行间深松和种床深松，是应用最广泛的一种深松铲。

鸭掌铲　如图 8-36（b）所示。幅宽大于凿形铲，一般为 10 cm，没有铲翼，故强度好；入土能力强，工作阻力小；但制造工艺复杂，用料也比凿形铲多，通用性广。鸭掌铲适用于幼苗期行间深松、上翻下松和耙茬深松等作业。

双翼铲　如图 8-36（c）所示。幅宽较大，一般大于 10 cm，铲翼略长，松土范围大，入土和碎土能力强，但结构复杂，工作阻力大。分层深松时，适用于松表层土壤，还可用于除茬作业。

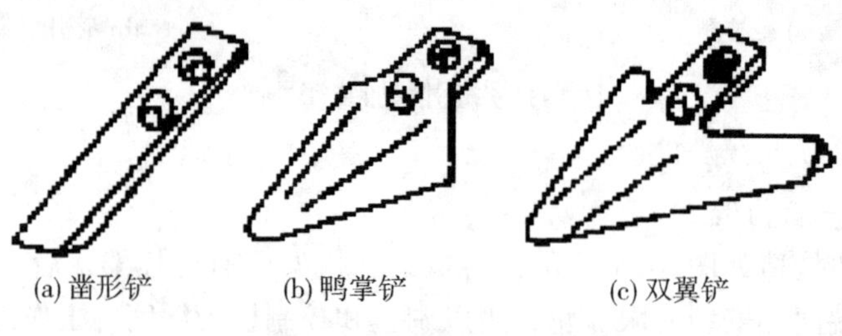

(a) 凿形铲　(b) 鸭掌铲　(c) 双翼铲

图 8-36　常用铲头形式

（2）铲柄

铲柄的形式有垂直直杆式和圆弧弯杆式两种，如图 8-37 所示。

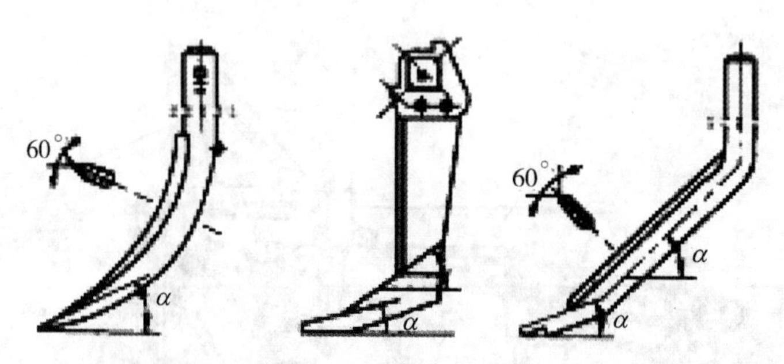

图 8-37　深松铲铲柱

垂直直杆式铲柄。杆的上部为矩形断面，下部有的制成前棱角形，易入土和切土。这种铲柄制作容易，用料少，安装方便，但阻力大，易挂草。机引五铧犁上加装的深松铲铲柄属于直杆式。

圆弧弯杆式铲柄。铲柄为圆弧形，铲柄上部为矩形断面，下部入土部分的前面制成尖菱形，有碎土和减少阻力的作用。

有的凿形铲的铲柄在深松时，为了使表土得到较好的松碎，常在铲柄上装较宽的铲翼，如图 8-38 所示。

随着深松机具的不断改进和发展，深松部件也在不断更新。如图 8-39 为安装在悬挂式垄作七铧犁Ⅲ 型和 LFBJ-6 型垄耕施肥精播机上的深松部件的构造。

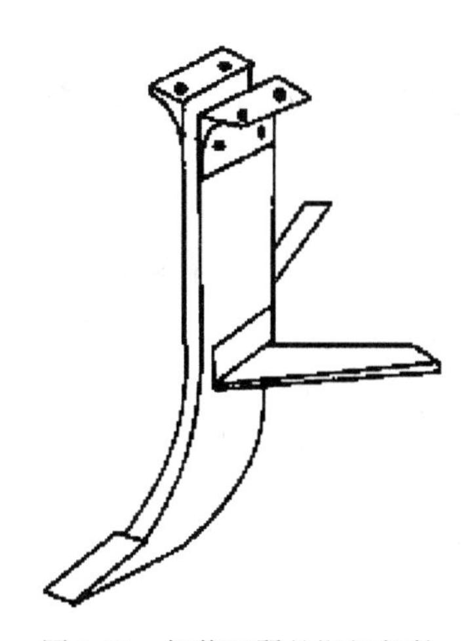

图 8-38 加装双翼的深松部件

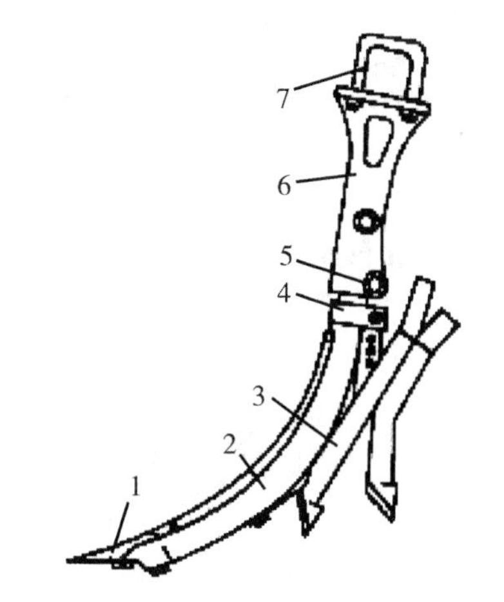

1—松铲；2—松铲柄；3—肥管；4—肥管固定裤；5—栓销；6—松铲柄裤；7—顶丝

图 8-39 深松施肥部件

8.4.2 深松机的调整与使用

1. 调整

（1）耕深调整

深松深度通过上下串动地轮柄的位置来实现。地轮柄上有 3 个孔，每孔之间距离 5 cm，因此改变一孔，耕深变化 5 cm。松土铲深度调整，同样由改变铲柄在柄裤内的位置来实现。全面深松时，因全部工作部件为松土铲，耕深调整可利用地轮和铲柄位置结合调整。

（2）行距调整

调整行距时，松开固定螺栓，在横梁上左右移动铲柄裤即可，但调整时要注意左右工作部件的安装位置与机架中心线应对称。

（3）机架水平调整

工作时，机架应保持水平，否则可通过拖拉机悬挂装置的中央拉杆长度调整。

2. 使用中注意事项

（1）机组作业或运输时，机具上严禁坐人。

（2）深松铲柄向铲柄裤安装时，有一螺栓为安全销，当遇障碍剪断时，应更换，但不能用其他材质物件代替。

（3）作业前应检查螺栓紧固情况，发现有松动应及时拧紧。

（4）每年检查一次地轮轴承润滑情况。

（5）长期停放时，机具用支柱支撑，清除各部泥土，各螺栓处应常涂机油。

第 9 章　马铃薯播种机械的使用与维护

在北方，随着农业种植结构的变化，马铃薯种植面积逐年扩大，传统的种植方法远不能适应农业的发展，迫切要求马铃薯种植的机械化，以提高效率和降低种植成本。

马铃薯机械化播种技术就是把先进的农艺高产技术，通过机械化这一载体，应用到生产实践中。利用马铃薯播种机一次完成开沟、施肥、播种、覆土等项作业。其特点是播种均匀、覆土一致、出苗整齐、省种、省时、省力。与人工作业相比，可提高工效，降低生产费用，利于大面积作业，从而提升马铃薯种植的生产水平。

1. 马铃薯播种的农业技术要求

（1）马铃薯机械播种作业的技术要求

① 深耕保墒。由于春季播种马铃薯的土壤墒情大多是靠上年秋耕后储蓄的水分和冬季积雪融化的水分形成的，针对这一特点，在每年秋耕时要注意深耕，加强土壤蓄水保墒能力，秋季整地作业要一次完成，第二年春季只需开沟播种，不必耕地耙平，这样可减少土壤水分损失，有利于播后幼芽早发和苗期生长。

② 采用复试作业。由于春季用机械一次性完成开沟、播种和施肥等作业，避免或降低了因天旱风大而造成的土壤水分蒸发及人工施肥造成的肥效损失，保证幼苗出土时有足够的水分和养分。

③ 适时播种。适时播种是马铃薯获得高产的重要环节，适时是指土壤 10 cm 深处地温达到 7~8 ℃时进行播种。播种过早或过晚，种薯不能正常发芽，造成严重的缺苗断垄现象，影响产量。因此，必须依靠高效率的机械化播种技术才能适时播种，保证全苗和实现高产。

④ 播种深度。我国马铃薯种植大多采用垄作和平作两种方式。垄作能提高地温、促进早熟、抗涝、便于中耕和灌溉，更有利于机械化作业。马铃薯垄作时，播深（包括垄高）一般为 12~18 cm，气温潮湿地区不超过 12 厘米，气候干燥，温度较高的地区在 18 cm 左右。另外，对采用机械化收获的地区宜浅播。马铃薯平作时，播深为 10~15 cm。具体播深可根据土壤质地和气候条件而定，如北方和西北地区春季风沙大，播种的块茎覆土深在 10 cm 以下为宜。沙性大的土壤覆土深度可在 12cm 左右，播后耙平结合镇压对保墒和幼苗早发更为有利。一般垄高保持 15~20 cm，单行垄宽 40~45 cm，垄距 60 cm，双行垄宽 65~70 cm，垄距 100~110 cm；双行垄作采用宽窄行，宽行 70~80 cm，窄行 30~40 cm；株距 20~25 cm；种植密度 17500~75000 株/hm^2。在生产中可视品种和间套作情况等酌情增减，种薯种植密度可增加到 150000 株/hm^2。

⑤ 质量要求。播种深浅一致；播行直，地头齐，不重播，不漏播；土壤细碎、覆盖均匀严实；起垄宽度适中，株、行距符合要求，均匀一致，平作地表平整；种肥最好与种子隔开，施于种子侧下方。

（2）马铃薯机械播种的技术规范

① 播前根据马铃薯的品种调节链轮，达到所要求的株距。

② 调节排肥器外槽轮的长度，控制好排肥量。

③ 作业时经常观察种杯持种情况，若有漏挂种，应及时调节。

④ 利用马铃薯播种机，在播种前要装配好犁体，具体要求是：

- 两个犁体的犁铧刃口高度差，相差不得大于 10 mm，各犁体铧尖不得上翘；
- 两犁体铧尖的横向距离为 200±10 mm，前后距离为 560±15 mm；
- 按马铃薯所需的播深和施肥深度调节好犁的耕深；
- 要保证机架的纵横向平衡，以保证播种质量。

2. 马铃薯播种机的构造和工作原理

一般马铃薯播种机主要由通用机架、排种机构、排肥机构、覆土器、行走轮及动力传动机构等组成，如图 9-1 所示。作业中能在未耕地一次完成耕翻、施肥、播种和覆土等工序，可实现化肥深施，种肥分层、深翻浅种等农艺要求。

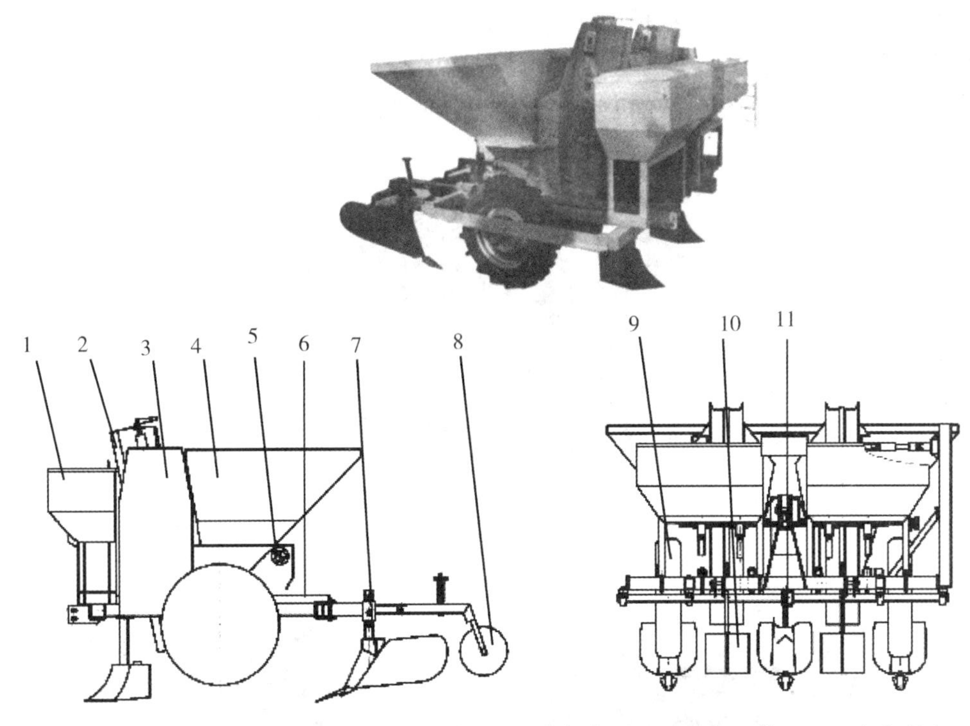

1—肥箱组合；2—播种架组合；3—株距调节箱；4—种箱装配；5—防架空装置；6—机架焊合；7—覆土铧组合；8—镇压轮组合；9—地轮组合；10—开沟器组合；11—传动系统

图 9-1　2CMF-2 型马铃薯施肥种植机结构简图

（1）整机结构

① 主机架和悬挂架　主要用于安装各工作部件。

② 排种机构　主要零件有排种链、排种杯、排种主动链轮、种子箱等。排种机构由播种机地轮通过链轮及链条驱动，在播种工作单体主机架上，安装有主动和被动两个链轮

(主动链轮在下部、被动链轮在上部)。两个链轮上有一条排种链条做椭圆形回转运动，在排种链上用螺钉固定有 13 个种杯（排种勺），此链条从种子箱中间穿过，高排种链做椭圆形转动时，种杯即将种块升运到顶部，再从播种机前部的排种筒向下运动，将种块播到开沟器开出的沟内。根据农艺要求，不同品种的株距可通过改变链轮的齿数进行调整。

③ 排肥机构　主要零件有化肥箱、排肥轮、排肥轴、输肥管等。排肥轮由地轮通过链轮及链条驱动，肥料在箱内靠自重充入排肥轮外槽内，排肥轮转动，肥料经过化肥箱下部的前插板，靠自重落入输肥管内，流经开沟器内侧接肥板，进入开沟器沟底，开沟器通过后，开沟器两侧的第一级自流回土把肥料盖在沟底，播种点在排肥后的 20cm，因此，种子落在回土层上面，化肥不和种块接触，避免了化肥烧坏种块的弊病。

④ 动力传动机构　主要零部件有行走轮轴，带抓地板的行走轮，动力驱动链轮、链条、调整传动链条紧度的张紧装置等。通过地轮驱动施肥、播种部件，保证播种和施肥的一致性，可通过改变传动链轮大小调整施肥量和播种株距。

⑤ 靴式开沟器、铧式覆土器　覆土器可完成覆土起垅作业，覆土和起垅高度可调整。根据马铃薯种植时采取单行内交叉排列，同时不需要很高的播种速度，故选用靴式开沟器，其结构简单，采用钝角入土，入土性能好，对播前整地要求不高，并且沟底平整，有利于保证播种的精度。

1220 两行马铃薯种植机背面、侧面及作业分别如图 9-2~图 9-4 所示。

图 9-2　1220 两行马铃薯种植机背面

图 9-3　1220 两行马铃薯种植机侧面

图 9-4　1220 两行马铃薯种植机开沟、施肥、播种、培土作业

（2）工作原理

马铃薯播种机采用三点悬挂方式与拖拉机连接，拖拉机牵引机具前进的同时，开沟器在已整地上开出沟壑，之后地轮作为动力驱动排种机构上的排种链自下向上转动，固定在排种链上的排种杯（投种碗）在随排种链行进中从种箱内获取种块。当排种杯（投种碗）行至最高点时，排种杯（投种碗）中的种块反落在上一个投种碗的背部并继续下行，当达到最下端时，种块自由下落到沟中，其后的覆土器进行覆土，完成播种全过程。

3. 马铃薯播种机的类型

马铃薯播种机按作业方式分为垄作、平作及垄作和平作可调三种方式，按开沟器的型式分为靴式开沟器和铧式开沟器两种。按自动化程度分为全自动播种机和半自动播种机两种。目前，我国现有的各种型号的马铃薯播种机，其排种系统主要有勺链式和幅板穴碗式两种。现将典型马铃薯播种机介绍如下：

（1）2CMX-2 型马铃薯种植机

该机是一种开沟、施肥、播种、起垄、喷除草剂、铺膜的新式种植机，它可与任何品种的 25~35 马力的四轮拖拉机配套作业，其结构紧凑，性能可靠，操作方便，维修保养简单。

① 主要结构及工作原理

该机主要由地轮、机架、开沟器、排种机构、种箱、肥箱、起垄器、喷药装置、铺膜、盖膜装置等部件组成（旋耕起垄型由动力输出、万向节传动、变速箱等组成）。整机由拖拉机装置挂接在拖拉机的后端。作业时拖拉机牵引机器前进，由机器上的地轮通过变速完成排种，同时排肥装置也将适量的肥料排放在沟里，由起垄器起垄，将垄刮平后喷除草剂，然后铺膜，压膜轮将地膜两边压住，最后盖膜铲将土压在地膜上。

② 主要技术参数

配套动力：25~35 马力

配套形式：三点后悬挂

外形尺寸：（长×宽×高）1700 mm×1300 mm×1250 mm

垄距（cm）：90~130（可调）

行距（cm）：22~28（可调）

株距（cm）：29、31、33（特殊数据另配齿轮）

生产率（亩/h）：2.5~3

种箱容积：约 212 L

结构质量（kg）：230~280（旋耕型）

工作行数：1 垄

传动机构型式：链传动

离地间隙：300 mm

动力输出形式：万向节传动

2CMX-2 型马铃薯种植机如图 9-5 所示。

图 9-5　2CMX-2 型马铃薯种植机

（2）2BXSM-1B 型马铃薯施肥播种机

该机是旱地平作区较理想的马铃薯种植机。

① 主要结构及工作原理

2BXSM-1B 型马铃薯施肥播种机，采用单向双铧犁作为施肥和排种机构的载体，用驱动地轮作为施肥、排种的动力源，与小四轮拖拉机配套使用，可一次完成开沟，施肥下种、覆土等作业。主要由地轮、施肥管下种管、驱动地轮、中间链轮、排种升运链轮、施肥传动链轮、排种链轮、种箱、肥箱、排肥链轮、搅肥器链轮等组成。

- 单向双铧犁。马铃薯种植深度一般要求在 10~13 mm，所选用的双铧犁不仅要完成前犁开沟，后犁覆土作业，还要承载排种，排肥机构和播深、播宽的调节系统，该机选用的双铧犁通用性互换性好、播宽调节方便。对限深轮进行改进变为地轮，增设链轮和防滑板可实现播深的调节和动力传递。

- 勺式排种器。采用节距为 30 mm 的勺式排种机构，是为了解决排种链条的作业条件较差，润滑困难等问题，该机具有传动可靠，无需润滑，造价低及株距调节方便，维护简单等特点。株距的调节可通过改变钩形链上取籽勺的间距来实现。

- 齿杆排肥机构。轮齿排肥轮与 L 形齿杆搅肥器组合成排肥机构，可解决化肥（特别是粉末化肥）易潮结块架空和堵塞问题，最大施肥量可达到 900 kg/hm^2，能够满足农业作业要求。施肥量的调节可通过改变排肥活门的开度来实现。

工作时，地轮随主机前进转动，其轴上的驱动链轮将动力传到中间轴上的链轮，带动同轴上的排种升运链轮和施肥传动链轮，分别带动勺式排种链轮和挂肥链轮，摄取种块、化肥经下种管和施肥管落入第一犁沟底，第二犁随后覆土。与此同时，利用搅肥器链轮带动其轴上的 L 形搅肥器转动，起到打碎肥料结块、搅拌、输送的作用，可避免肥箱中化肥出现架空或堵塞现象。

② 主要技术参数

配套动力：11~13 kW

行距：36~50 cm（可调）

株距：25~45 cm（可调）

播深：10~18 cm

生产率：0. 07 hm^2/h

最大施肥量：900 kg/hm^2

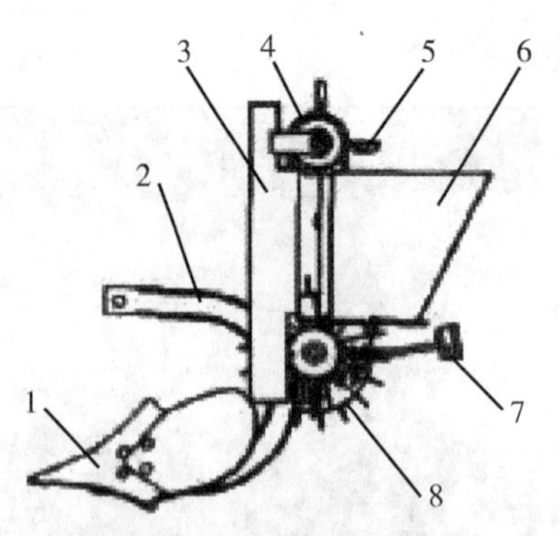

1—翻转犁；2—连接臂；3—机架；4—链轮链条；5—排种杯；6—种子箱；7—离合器；8—限深驱动地轮

图 9-6　2CM-1 型马铃薯种植机结构

(3) 2CM-1/2 型马铃薯种植机

该机是一种开沟、施肥、播种、起垄、喷除草剂、铺膜的新式种植机，它可与任何品种的 25~35 马力的四轮拖拉机配套作业，其结构紧凑，性能可靠，操作方便，维修保养简单。适用于平坦地块起垄薯类作物的种植。

① 结构及工作原理

该机主要由地轮、机架、开沟器、排种机构、种箱、肥箱、起垄器、喷药装置、铺膜、盖膜装置等部件组成（见图 9-6）。整机挂接在拖拉机的后端。作业时拖拉机牵引器前进，由机器上的地轮通过变速完成排种，同时排肥装置也将适量的肥料排放在沟里，由起垄器起垄，将垄刮平后喷除草剂，然后铺膜，压膜轮将地膜两边压住，最后盖膜铲将土压在地膜上。

② 主要技术参数

外形尺寸（mm）：1040、425、625

配套动力（kW）：5.8~8.8（手扶拖拉机）

整机质量（kg）：33（不计动力）

种植行数行单（可形成行距 35~50cm）

作业尺寸（cm）：株距 30~35，深度 11~16，漏种率 ≤3%

作业效率（hm^2/h）：0.06~0.09（可靠性≥97%）

（4）2CM-2T 型系列马铃薯种植机

① 结构及工作原理

• 开沟器　种植沟深度要求 10~12 cm，在拖拉机牵引力的限制下，开沟器不仅有开沟功能，还有使种植沟成型功能。选择靴式开沟铲，铲面呈流线型，装有铲翼，靴高 15 cm。确保土垡运动有序，土壤不能自由回填沟底，而且阻力最小。

• 升运链薯杯　该机选用节距为 15.875 cm 的套筒滚子链。运动平稳，链轮尺寸也可缩小，提高了种植质量，减轻了机具质量。薯杯由厚度为 1.2 mm 铁皮冲压成型，杯缘卷起。质量轻，少破损种薯。

• 覆土器　圆盘耙式覆土器。耙轴弯曲成 25°角，改变弯轴在夹块中的长度与角度方向，即可改变覆土性状；改变扭簧压力，即可改变覆土高度。

2CM-2T 型马铃薯种植机结构如图 9-7 所示。

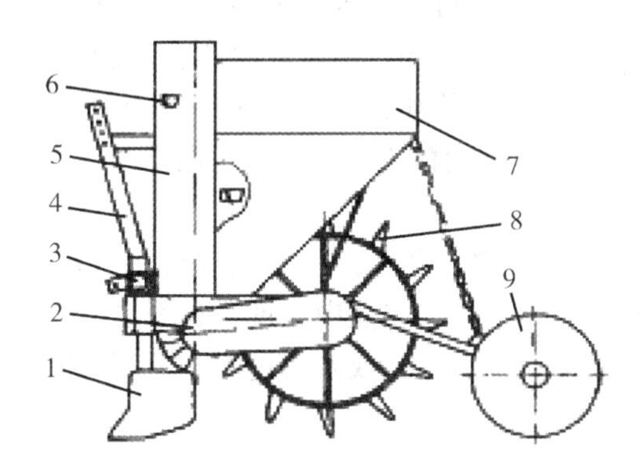

1—开沟器；2—变速箱；3—机架；4—挂接架；5—排种箱；
6—升运链薯杯；7—薯种箱；8—驱动地轮；9—覆土器

图 9-7　2CM-2T 型马铃薯种植机结构示意图

② 主要技术参数

生产率：0.27~0.37 hm^2/h

行距：55 cm、65 cm、75cm 和 85 cm 可调

株距：25~35 cm，35~45 cm，可调

种植深度：10~12 cm

整机质量：120 kg

设计理论作业速度（Ⅱ挡）：1.35 m/s

4. 马铃薯播种机的使用调整和维护

（1）调整与使用

① 作业前先按机器上所需润滑部位进行润滑，变速箱加足齿轮油，检查转动件是否灵活，紧固件是否紧固。

② 检查种子箱和肥料中有无杂物，加装种子和肥料，装肥料时不要过满，避免拖拉机在升降或低头转弯时将肥料撒在地里。

③ 通过拖拉机上的悬挂调整丝杠，将播种机前、后、左、右调整平衡。

④ 通过拖拉机上的悬挂拉链，将播种机的中心和拖拉机的中心成为一条直线。

⑤ 行距调整　双行播种机两个工作单体，固定在主机架的方轴上，移动固定的位置即可调整播种的行距。作业中交接垄距的控制，以拖拉机的前轮瞄准前行播种机地轮压出的痕迹为准；播第二行程时，应用米尺测量交接垄的距离，如垄距小，拖拉机应向外走一点；反之，则向里走一点。

⑥ 株距调整　依靠更换排种被动链轮或调节排种杯间距来实现。

⑦ 施肥量的调整　依靠改变化肥箱内排肥轮的位置和排肥口前插板的位置来实现。旋转肥量调整手轮，顺转肥量大，反转肥量小。

⑧ 播种深度的调整　依靠改变开沟器主柱的上下位置来实现，下移开沟器，可加大播种深度，上移则变浅。或松开机架上开沟器固定螺栓，左右转动，可达到所需的播种深度，调好后紧固螺栓。

⑨ 覆膜、覆土、起垄的调整　将地膜安装在支架上，不要安偏；地膜应距垄面3~5 cm；地膜在压膜桶下，距垄面2~3 cm；两压膜轮压在地膜上，垄的两边压膜轮的压力不要太大和太小；压膜铲的深浅看压膜的效果。在播种单体的后面，安装有圆盘式覆土器（或铧式），改变圆盘角度，即可改变覆土多少和起垄高低。

（2）操作规程

① 机具的挂接　将主机架上的三个悬挂点和拖拉机左右悬挂臂及中央拉杆用插销挂接。挂接后要将机具左右、前后调平。作业中发现左右深浅不一致，可调整拖拉机左右悬挂臂拉杆的长短；如发现开沟器不易入土或开沟过深，可调整中央拉杆的长短。中央拉杆调短，开沟深，反之则开沟变浅。

② 注意事项

播种作业开始，第一行程一定要走正走直，第二行程以后机组行走均以前垄播种机地轮的行走痕迹为标志。机组行驶到地头应及时升起播种机，不能在工作状态时回转机组，以防损坏牵引架。作业中尽量避免停车，工作状态下播种机严禁倒退。播种作业需3人1组，1人开拖拉机，另外两人跟机作业，负责以下事项：清理开沟器和覆土器前的杂物，注视排种、排肥机构的工作状态，如有不正常情况，立即通知机手停机检查，排除故障后再进行作业。种子箱内的种块和化肥箱内的化肥应经常保持在箱容积的1/3以上，发现短缺应及时添加。

（3）维修保养

① 每工作一个班次，加注两次润滑油，并检查各部位是否正常，发现异常及时修理。

② 每班作业前，应检查各转动部件是否灵活、紧固部件是否牢固。

③ 应不定时检查挂种链的松紧情况（链条松时要上调上链轮轴），以防链条过送，使排种勺和种子卡在护种盒内。

④ 播种季节过后，应将机器上的泥土擦干净，加注润滑油，并加盖存放。

⑤ 长期不使用时，应把机器存放在通风、干燥的室内，妥善保管，排肥箱肥料应清理干净涂油保管。

(4) 常见故障及排除方法

常见故障及排除方法见表 9-1。

表 9-1　**常见故障及排除方法**

故障现象	原　因	排除方法
排肥器堵塞	拖拉机位行走或机具降落快，致使开沟器墩土造成阻塞 农机具未提升倒车造成开沟器拥堵 料结块	缓慢降落机具 避免机具未提升倒车 粉碎后加入肥箱
开沟深浅不一致	开沟器调整高度不一致	把播种机放在平地上，松开调整深浅螺栓，调平后把螺栓紧固

附：马铃薯种植机作业质量标准，见表 9-2。

表 9-2　**作业质量指标**

项　目	作业质量指标
空穴率/%	≤8（株距≤25 cm） ≤5（株距>25 cm）
邻接行距合格率/%	≥90
幼芽损伤率/%	≤2
种肥间距 F/cm	$3<F\leq 8$
种植深度合格率/%	≥75
平均株距 Z/cm	$0.9S<Z\leq 1.1S$
株距合格率/%	≥80
施肥量相对误差/%	≤10

注：S 为当地农艺要求的株距。

第10章　保护地机械的使用与维护

10.1　地膜覆盖机

随着农业生产的飞速发展，如何提高土地的利用率及如何提高土地单位面积的产量越来越受到人们的重视，加强土壤保护及作物田间管理已成为丰收增产的重要措施，新的耕作栽培制度不断地取代传统的耕作栽培制度。

地膜覆盖是把厚度只有0.01~0.015 mm的塑料薄膜，用人工或机械的方法紧密地覆盖在作物的苗床（畦或垄）表面。它是在20世纪50年代随着农用塑料薄膜的产生而兴起的一项先进农艺。地膜覆盖不仅可以提高地温、阻止土壤水分蒸发，还能防止雨水冲刷和土壤板结，使土壤保持疏松状态。这既有利于作物根系的发育和深扎，又为好气性微生物创造了适宜的环境，从而促进土壤中的有机物和腐殖质分解，为农作物丰产提供良好的基础，这也是地膜覆盖能增产的主要原因。

10.1.1　地膜覆盖的农业技术要求

（1）良好的整地筑畦质量，畦表层土壤尽量细碎，畦形规整（以横断面呈龟背形为佳）。

（2）薄膜必须紧贴畦面且不得被风吹跑。

（3）薄膜质量要好，厚度适中（以0.012~0.015 mm为佳）。

（4）薄膜尽量绷紧，覆盖泥土要连续、均匀。

（5）耕整地后，越早覆盖其效果越好。

10.1.2　机械铺膜的优点

由于地膜覆盖栽培技术的推广和应用，地膜覆盖机械化的发展非常迅速，机械铺膜与人工铺膜相比具有以下优点：

（1）作业质量好。依靠机器的性能和正确的使用操作来实现农艺对铺放作业“展得平，封得严，固得牢”的质量要求。

（2）作业效率高。一般情况下，用人力牵引的地膜覆盖机能提高工效3~5倍，用畜力牵引的能提高5~8倍，用小型拖拉机带动的能提高5~15倍，用大中型拖拉机带动的能提高20~50倍，甚至更多。若采用联合作业工艺，则用小型拖拉机带动的工效能提高20~30倍，用大中型拖拉机带动的能提高80~100倍。

（3）能够在刮风天进行作业。地膜覆盖机一般能在五级风条件下作业，并保持稳定的作业质量，特别适合早春干旱多风的地区作业。

（4）节省地膜。机械铺膜能使地膜均匀受力，充分伸展，所以能节省地膜。据测定，若选用0.008 mm厚的微膜，每公顷可节省6 kg；铺0.015 mm的地膜，覆盖程度为70%～80%时，每公顷可节省12～22 kg。

（5）作业成本低。用机器覆膜由于提高工效，节省劳动力和地膜，亩作业成本一般均比同条件下人工覆膜的成本低。

根据农艺要求和生产规模，选择适宜的地膜覆盖机和作业方式，都会体现出机械覆膜的技术优势并获得较高的经济效益。从单一铺膜作业的、人力牵引的铺膜机到大中型拖拉机带动的铺膜播种机，作业成本会逐渐降低。

10.1.3　地膜覆盖机的类型及一般构造

1. 类型

目前我国各地研制的各种类型地膜覆盖机具已达40多种，名称繁多，型号各异，尚无统一标准，但其工作原理和使用方法基本相同。

（1）按动力方式不同分为人力式、畜力式和机动式三种类型。

（2）按完成作业项目可分为单一地膜覆盖机、作畦地膜覆盖机、播种地膜覆盖机、旋耕地膜覆盖机和地膜覆盖播种机等五大类。

① 单一地膜覆盖机　该机主要由机架、悬挂装置、开沟器、挂膜架、压膜轮和覆土器等部件组成，如图10-1所示。工作时能在已耕整成畦的田地上一次完成开沟、覆膜、覆土等作业。

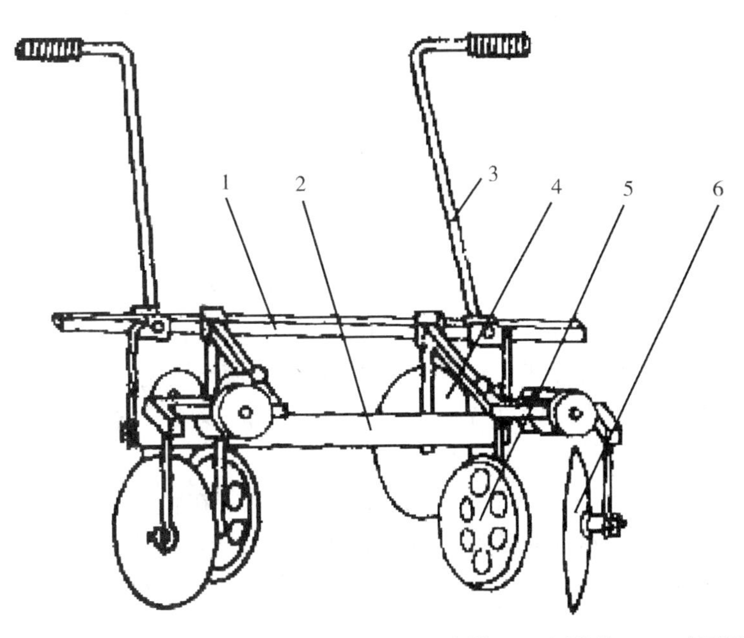

1—机架；2—地膜卷芯轴；3—手柄；4—球面圆盘开沟器；5—压膜轮；6—球面圆盘覆土器

图10-1　人畜力地膜覆盖机

② 作畦地膜覆盖机　该机是在单一地膜覆盖机上增添了起垄作畦和整形装置，如图

10-2 所示。起垄作畦部件是大尺寸的曲面圆盘，成对配置向中间起土堆垄。整形装置是整体包容挤压成形器，由左、中、右三块板拼装成畦形状的板壳构件，配置在起垄部件之后，随机器前进把垄堆挤压成要求的畦形。作业时在已耕整过的田地上可一次完成起垄作畦、整形、覆膜及覆土等多项作业。

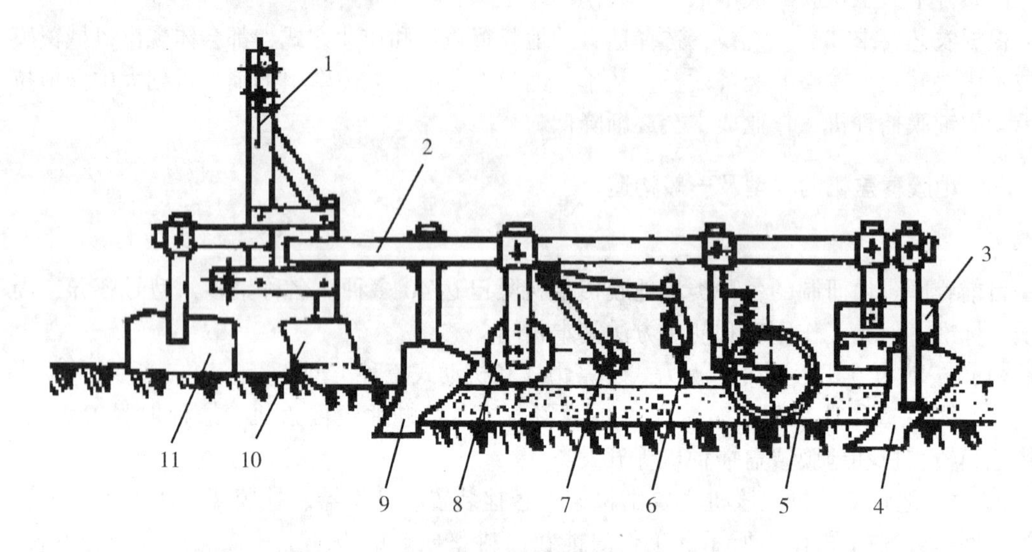

1—悬挂装置；2—机架；3—挡土板；4—覆土器；5—压膜轮；6—展膜机构；
7—挂膜架；8—镇压器；9—开沟器；10—整形板；11—收土器

图 10-2　作畦地膜覆盖机

③ 播种地膜覆盖机　该机是先播种、施肥，接着覆膜的地膜覆盖机，是将定型的播种机和地膜覆盖机有机组合为一体，在已耕整田地上能一次完成播种、镇压和覆膜作业。它可以由畜力牵引，也可以用拖拉机带动。由于播种和铺膜一次进行，因此作业效率较高，利于争取农时和土壤保墒。

④ 旋耕地膜覆盖机　该机是集旋耕、作畦、整形、覆膜及覆土于一体的复式作业机具，由旋耕机和作畦覆膜机有机结合而成。由具有动力输出轴的拖拉机带动。在作业前可把有机肥撒在田间，作业时先在已耕翻的土地上旋耕，使土壤疏松细碎均匀，并通过旋耕使肥料与土壤掺和均匀。由于旋耕与作畦覆膜一次完成，这类机器适应范围广，作业质量好。适用于覆膜后打孔播种和孔上盖土作业。

⑤ 地膜覆盖播种机　这种机型是先施肥、覆膜，接着在膜上打孔播种的地膜覆盖机，由施肥、覆膜和膜上打孔这 3 套工作装置及其他辅助装置组合而成。出苗后不需人工放苗，省工安全，能保证苗齐、苗壮、苗全，适用于大面积地膜覆盖播种作业，如图 10-3 所示。

2. 地膜覆盖机的一般构造

(1) 开沟部件

功能是在畦两侧向外翻土，开出埋膜沟，并为压膜封固膜边准备一定的疏松土壤。一般采用曲面圆盘。

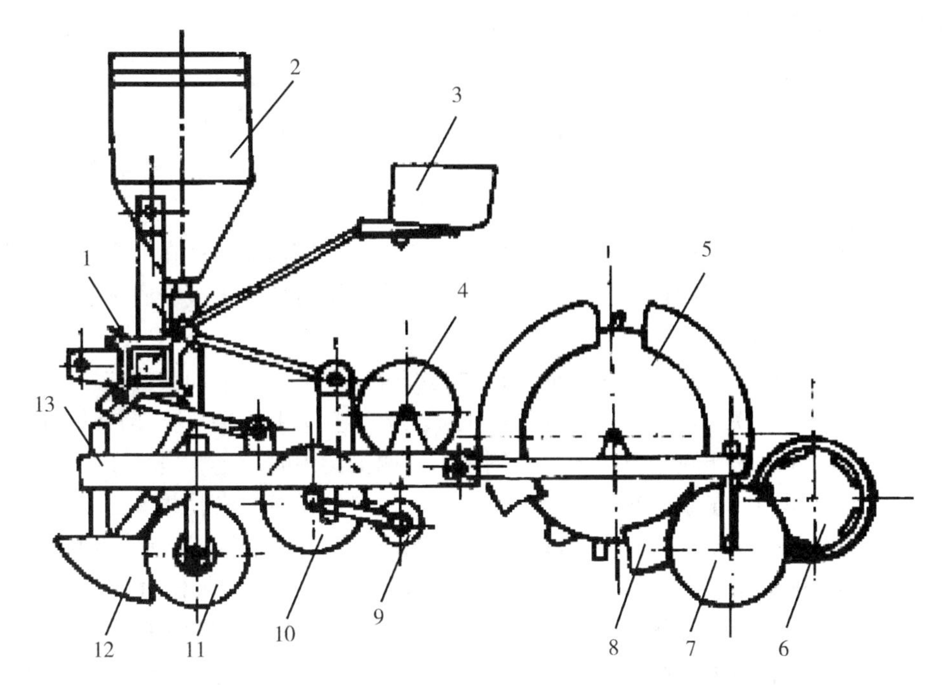

1—主梁；2—肥料箱；3—座位；4—薄膜；5—点播滚筒；6—盖土轮；7—覆土圆盘；8—展膜轮；9—铺膜辊；10—镇压滚；11—开沟圆盘；12—滑刀式施肥器；13—框架

图 10-3　地膜覆盖播种机

（2）膜卷装卡装置

支撑卷膜并使其在有外力时能转动施放地膜。简单的装置是，在支臂上作出各种形状的卡槽，膜卷芯棒两头的外露端直接放入卡槽内，或是用具有一定刚度的金属管穿过芯棒内孔，其两端放入支臂卡槽内。

（3）压膜轮

功能是将地膜的两侧边压在畦两侧的沟内，下压过程中对地膜形成横向拉力。将膜展平，拉紧并与畦面贴严。压膜轮既要在滚动中下压膜边，又要不损伤膜边与主体的连接。因此压膜轮要有一定的直径、轮缘宽度和足够的接地压力，轮缘材料一般用泡沫塑料、橡胶制成，也可以用金属材料，但金属应无尖棱。

（4）覆土部件

一般为圆盘覆土器或铧式覆土器。其作用是将膜边用土压紧，即将土壤翻起并推送，让土壤封盖被压膜轮压住的膜边，完成地膜的封固。

覆膜时，先把膜卷装卡好，抽出地膜端头压埋在农田地头，两侧边压放在左右压膜轮下。机器前进作业，开沟部件向外侧翻土，挖出畦两侧的埋膜沟。膜卷在压埋于地头的地膜反向牵拉下转动施放地膜于畦上，同时也被纵向拉伸展平。紧接着左右压膜轮下压膜两侧边于埋膜沟底角处，下压过程中形成横向张紧力，使地膜横向展平并紧贴于畦面上。覆土部件及时向埋膜沟内翻推土壤，压埋正被压膜轮压住的膜侧边，使得地膜覆盖封严并使地膜固定。

10.1.4　机器覆膜主要作业环节及工作原理

1. 地膜的连续施放

机器覆膜用成卷的单幅地膜，在前进作业过程中要使膜卷逆原缠绕方向稳定地转动施放地膜，并同时给地膜一定的纵向张紧力，才能保证覆膜质量。目前常用牵拉放膜的方法。

膜卷通过芯棒定位安放在膜卷卡上，覆膜时应先将地膜始端压埋在地头。机器带着膜卷前进时，使膜卷转动并随机器前进而连续施放地膜，同时地膜也被纵向张紧。

2. 地膜的展平与贴实

机器覆膜过程中，地膜是在纵、横向拉力的综合作用下被展平和紧贴在畦面上。纵向拉力是在机器前进和膜卷转动放膜过程中产生，其大小基本上取决于膜卷转动的阻力。横向拉力在机械的左、右压膜轮下压地膜两侧于土床两侧沟内时产生。地膜在纵向拉力的作用下，沿机械方向伸展张紧；在横向拉力作用下，使得地膜横向张紧并紧贴于畦面上。

地膜覆盖机的工作质量好坏主要取决于覆膜的质量和薄膜的固定程度。地膜覆盖机利用压膜轮将塑料薄膜紧贴在畦面上，其工作原理如图 10-4 所示。工作时压膜轮行走在畦两侧斜面下部，压力 P 被分解为 N 及 R，薄膜在 R 力的作用下于横向被紧贴在畦上；同时由于放膜架的回转阻力，使薄膜在纵向被拉紧，于是随着机器的前进使薄膜紧贴在畦面上。压膜轮也可以是圆柱形，表面采用泡沫塑料或其他软性材料，利用其在压力下的变形来与畦侧贴合，同时又可防止损伤薄膜。

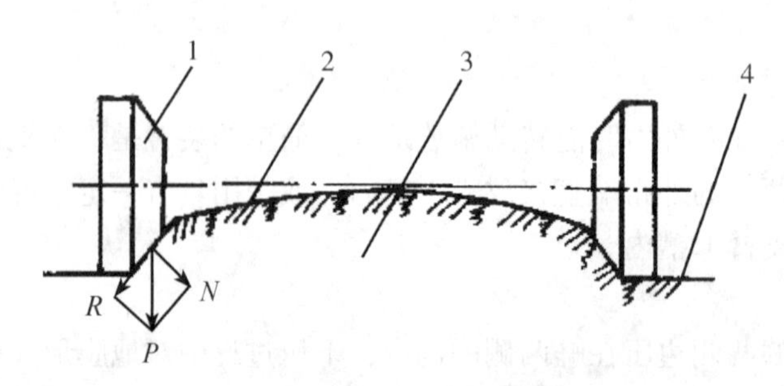

1—压膜轮；2—地膜；3—畦面；4—畦沟

图 10-4　压膜轮工作原理

3. 地膜的封固

这是完成地膜对畦面的包盖封严，并使地膜可靠地固定在地面上的措施。当压膜轮把膜侧边压在沟内，地膜展平并绷紧在畦面上时，配置在压膜轮后边的起土部件翻起沟外壁的土壤，将其压埋在膜侧边，实现地膜的封固，并保持地膜在畦面上的平展状态。

就地膜覆盖机本身来说，除因性能和功能有所不同外，在结构上差别最大的是薄膜固定装置。它的功用是将压膜轮形成的薄膜张紧状态固定下来且使之不易被风吹走。薄膜固定方式有三种，如图 10-5 所示，即覆土、嵌膜和绳索压边。覆土固定方式使用圆盘或犁铧首先开沟起土，将土向外翻，压膜轮将薄膜两侧边压在沟内，并将薄膜绷紧于畦面，然后由圆盘、犁铧或覆土板将起土部件起出的土覆入沟内压住薄膜。前面所介绍的几种类型的地膜覆盖机均属覆土固膜方式。由于这种固膜方式使用的是传统的工作部件，且对筑畦质量要求不高，所以被广泛采用。嵌膜式固膜法系利用嵌膜轮将薄膜两侧边直接压入畦侧土中。这种方法工作部件少，工作阻力小，而且在嵌膜的同时薄膜被绷紧，因此对压膜轮的要求不高，只需能压住膜即可，但嵌膜固定对筑畦质量要求高，同时农艺上对其是否影响作物生长尚有一定争论。绳索压边有点类似缝纫，但只有面线而无底线，绳索被插入土中一定深度从而将薄膜缝在地上。此法的优点是除膜方便，只要将绳子从土中抽出即可将薄膜揭除，但其机构复杂，故国产地膜覆盖机均未采用。

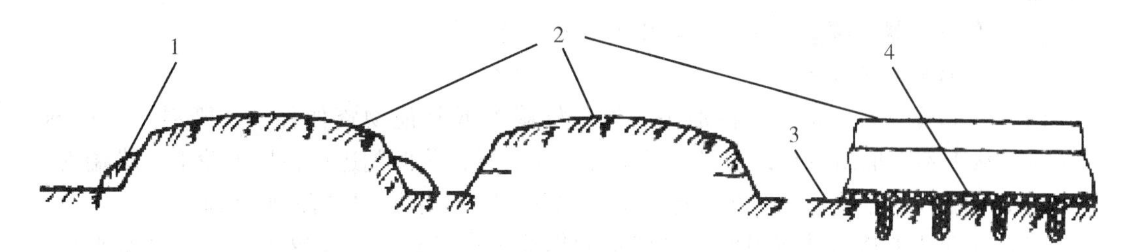

1—覆盖泥土；2—地膜；3—沟底；4—绳索

图 10-5　地膜固定方法

10.1.5　机械铺膜作业技术规范

采用一定型号的地膜覆盖机，必须依照相应的作业技术规范进行作业，只有如此，才能达到和获得较好的作业效果和效益。

1. 机械铺膜对土地的要求

（1）机械铺膜要尽量在作物种植集中、地块较长的农田内进行。

（2）要选择土壤墒情较好的农田，铺膜前应施足底肥。

（3）铺膜前要对农田土壤进行准备性加工，松土层要大于 10 mm，土壤要疏松细碎均匀，地面要平整，无残茬及其他杂物。

（4）对畦、垄作铺膜，在使用单一铺膜作业机器时，要先起好畦或垄。

（5）进行机械铺膜的农田要有（或安排好）机器进地和作业完毕后出来的通道。

2. 机械铺膜对地膜的要求

（1）地膜应是单幅成卷的，并有芯棒（管）支撑。

（2）地膜幅宽应与农艺要求一致，一般应是覆盖土床面宽度再加上 20~30 mm。

（3）膜卷应成圆柱形，缠绕紧实均匀，卷内地膜不应有断裂、破损和皱折，不应夹带料头或废物。膜卷外径一般应为 15~20 cm，膜卷在芯棒上左右侧边应整齐，外串量不得大于 2 mm。

（4）膜卷棒芯应是坚实并有一定刚性的直通管，在膜卷内不应断裂，两端应整齐完好，相对膜卷侧端面的外伸量一般不应大于 3 mm。

3. 机械铺膜前的准备

（1）地膜、化肥、除草剂要按需要量准备充足，并有一定的备用量。要检查这些农用物资的质量是否合乎农艺和具体机器的要求。

（2）种子要按作业量及播量准备充足，并有一定的备用量，按农艺要求做好种子处理，并做发芽率试验。

（3）准备好地膜覆盖机，检查各工作部件及装置是否配备齐全，有无结构上的缺陷，运动件是否灵活可靠，整机是否处于正常状态。

（4）与拖拉机配套的机组，要准备好合适的处于正常状态的拖拉机和油料。

（5）操作机手及辅助人员应进行机械铺膜基本知识和机器操作、调整的培训。

（6）按农艺要求和使用说明书调整好地膜覆盖机的工作状态，然后在田间试验，确保使用。

（7）准备机器的调整、检修工具和更换零部件。

4. 机械铺膜操作技术

（1）开始作业时，机器停在地头，先装好膜卷或其他物资如种子、肥料、除草剂、药剂等。从膜卷上抽出端头，绕过铺膜辊等工作装置，膜两侧边压在压膜轮下，膜端头及侧边用土封埋好，然后开始作业。每一个行程开始时，均应封埋好地膜于地头。

（2）作业中要按机器使用说明书规定的作业速度进行，不要忽快忽慢，机器要直线前进。人畜力牵引时，行走要同步，牲畜要由专人牵管。

（3）作业中要掌握好机器的换行，使作业的幅宽和沟间距（畦、垄间距）一致。一次铺两幅以上地膜或单幅地膜机隔行迂回作业时，可以加用划行器。

（4）作业过程中机手和辅助人员要随时注意作业质量和机器工作状况，发现问题及时停机。作业一定时间后，在换行地头应停机检查地膜、种子、肥料、药液的耗用情况，及时补充。

（5）大风天作业时，辅助人员可及时用铁锹往床面（畦、垄面）上铺盖压膜土，每隔一定距离盖一横条土。

（6）安全作业，防止人身事故。

① 绝对不允许在机器工作时调整或排除故障，也不允许人员上下机器。

② 进行检查时，拖拉机应切断动力传递或停车，牲畜由专人牵好。在地头或空地检查时，悬挂的机器或提升状态的部件应落在地面。

③ 每行程开始前，在地头封埋膜端头及把膜侧边压于压膜轮下时，整机或压膜轮或覆土部件（圆盘或铧铲）提升后，要防止其失控突然下落砸伤操作人员。

④ 风天作业时，机手、辅助人员均应带上风镜，并注意观察和协调作业，防止误伤。

10.2　残膜回收机械的使用与维护

残膜回收技术是针对覆膜栽培技术而发展起来的一项配套技术，它是通过机械的方法将覆膜种植作物的破损地膜在苗期或收获后进行收集的一项机械化技术，推广实施这项综合技术，可以有效解决我国近年来农业生产中造成的土壤残膜污染问题，实现覆膜种植生产清洁化，改良土壤，达到增产增收。

10.2.1　残膜回收机械类型

根据几年来研究的成果和出现的样机，可将收膜机械归纳为如下几种类型：

1. 按工作部件结构形式分类

（1）伸缩杆齿式捡拾滚筒　如图 10-6 所示。该种收膜机构工作可靠，残膜收净率高，但该机构的结构复杂，造价偏高。如甘肃省农机推广站研制的 1FMJ2850 型残膜回收机，残膜收净率 90%，生产率在 0.3 hm^2/h，配套动力为 13.2 kW 小四轮拖拉机。

（2）弹齿式拾膜部件　如图 10-7 所示。由地轮带动收膜弹齿工作，结构简单，残膜收净率高。机构中需要一个控制收膜弹齿工作位置的曲线轨迹滑道便于脱膜，因而给制造带来一定的困难，同时，该种收膜部件也无法实现残膜与杂草的分离。如东北农业大学研制的 QS22 型秋后残膜回收机，残膜收净率 90%，生产率在 0.3 hm^2/h，配套动力为 13.2 kW小四轮拖拉机。

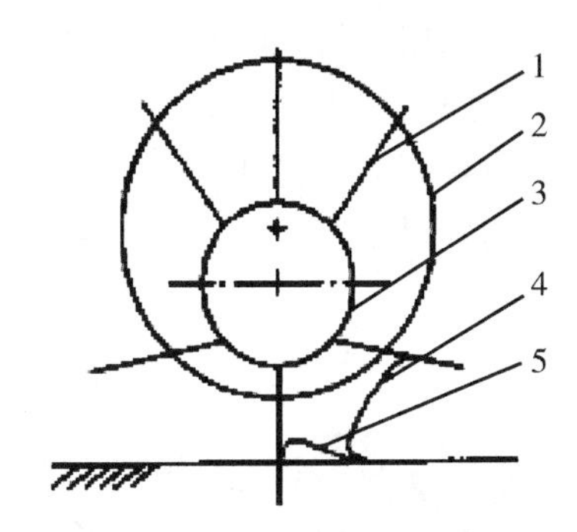

1—伸缩齿；2—滚筒；3—偏心滚筒；
4—拾起的残膜；5—土壤
图 10-6　伸缩杆齿式捡拾滚筒示意图

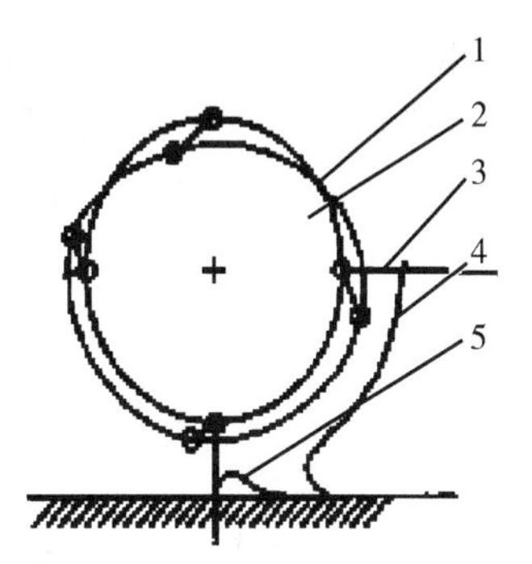

1—弹齿轮；2—滑道；3—弹齿；
4—残膜；5—土壤
图 10-7　弹齿式拾膜部件示意图

（3）铲式起茬收膜部件　如图 10-8 所示。其在起茬的同时将残膜一起铲起经输送带送入鼠笼式旋转滚筒进行土茬分离，结构简单，工作可靠，收净率高，但其对土壤的性能有一定的要求，且收起的残膜与作物的根茬混合在一起，会给残膜的再生利用带来困难。如内蒙古商都牧机厂研制的 1MC270 型地膜回收起茬机，残膜与根茬收净率 90%，生产率在 0.2~0.3 hm^2/h，配套动力为 11.03 kW 小四轮拖拉机，起茬起膜深度 8~10 cm，机组作业速度 3~4 km/h。

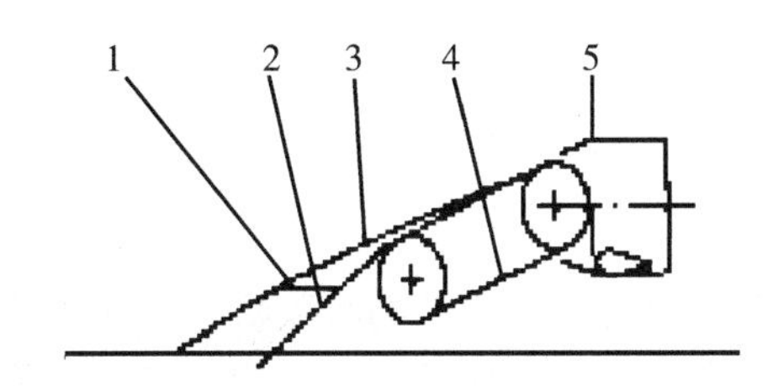

1—土壤；2—起膜铲；3—残膜；4—输送带；5—滚筒
图 10-8　铲式起茬收膜部件示意图

（4）轮齿式收膜部件　如图 10-9 所示。该种收膜机构采用苗期收膜机的收膜部件，靠收膜轮与地面的摩擦力转动收膜，结构简单，收起的残膜比较干净，便于残膜的再生利用，特别适宜捡拾玉米、高粱等有硬根茬地的秋后残膜回收，对于破损不严重的残膜收净率比较高，具有很大的应用前景，对于厚度在 0.008 mm 以上的标准地膜，该机构是一种比较理想的残膜回收机构。如东北农业大学研制的小型残膜回收机，采用该收膜部件，在地膜破损不严重的情况下，残膜收净率 90%左右，生产率在 0.2~0.3 hm^2/h，配套动力为 11.03 kW 小四轮拖拉机。

(5) 齿链式收膜部件　如图 10-10 所示。其结构简单、紧凑，加工制造方便，既可用于苗期收膜，也可用于秋后收膜，该结构的最大特点是由于其整个结构可以向纵向设置，可以前置，有利于整地复式作业。目前国内收膜机的脱（卸）膜部件主要有刮板轮、推膜板、输送带和脱膜杆等。从现有机型的脱（卸）膜效果看，对于采用伸缩杆齿式捡拾滚筒收膜部件的收膜机，应用输送带脱膜比较理想；对于采用轮齿式收膜部件和齿链式收膜部件的收膜机应用刮板轮和脱膜杆脱膜或采用输送带脱膜比较理想；对于采用弹齿式拾膜机构的收膜机，应用推膜板脱膜比较理想。集膜部件主要有集膜箱和卷膜轮。从集膜效果看，对于破损较轻，连续性好的残膜应用卷膜轮集膜的效果较好；反之，集膜箱较好。

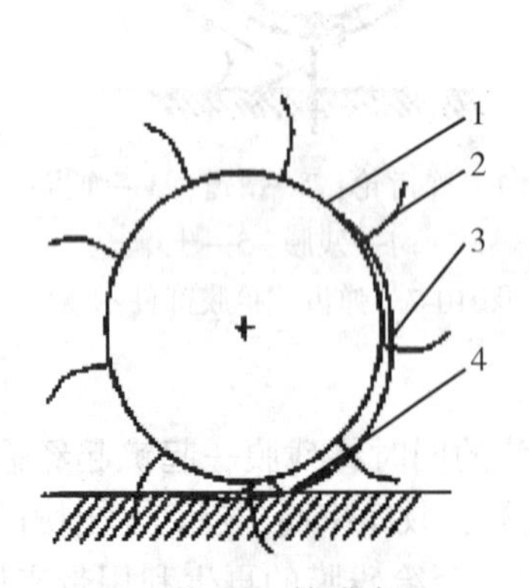

1—轮；2—拾膜齿；
3—残膜；4—土壤
图 10-9　轮齿式收膜部件示意图

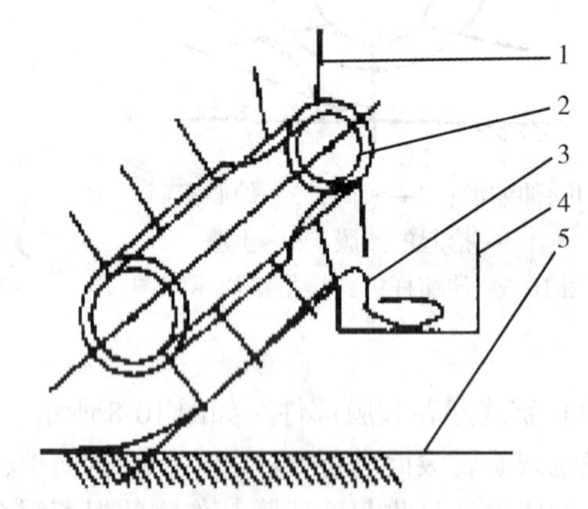

1—齿链弹齿；2—控制滑道；
3—残膜；4—膜箱及托膜齿；5—土壤
图 10-10　齿链弹齿式收膜部件示意图

2. 按收膜工艺分类

(1) 纵向收集型收膜机。

(2) 横向收集型收膜机。

3. 按收集方式分类

(1) 散集式收膜机。我国已经研制成功的收膜机多数属于这种类型。

(2) 卷绕式收膜机。在国内外已有应用，主要用于苗期收膜。

4. 按收膜时期分类

(1) 后期收膜机。用于作物收获完，清除植株之后，收集田间残膜。

(2) 苗期收膜机。在作物生长期间，为了后期管理，在适当时期把地膜揭掉并收集起来，清理出地外。

以上各类型机型有的已研制成功，并在生产上得到应用，有的还只是试验样机，但收膜机的研制在我国已经取得可喜的成果，今后必将在农业生产上发挥重要作用。

10.2.2　收膜机的构造与工作过程

1. 1LS-2 型收膜机

该机适用于蔬菜垄作地区秋季和春季收膜，主要由工作部件、机架、护板、行走轮、传动机构和集膜箱等组成，工作部件包括拾膜轮、推板和松土器三大组件。拾膜轮为拾膜部件，其上装有弹齿，每根齿用护板隔开，弹齿的运动轨迹由一个滑道控制。每根齿的上部有一块推板，推板机构的功用是协助弹齿脱膜，防止反带，并将拣起的残膜推进集膜箱内。松土部件为曲面圆盘式，在机器上成复合倾角配置，全机共有 4 个，配置在拾膜轮的前部。

作业时，先由松土器将垄两侧的压膜土疏松。弹齿拾膜轮由行走轮驱动，在转动过程中弹齿由后下方入土，将垄面上的残膜向上挑起，并送入集膜箱内，然后弹齿以水平状态从护板间隙中抽出。与此同时，位于弹齿上方的推板，由护板间隙处从外部向箱内运动，将已拣起的残膜推入箱内，并协助弹齿脱膜及清除护板间隙中可能存留的残膜，避免弹齿返程时回带。当集膜箱装满后，可打开箱底活门把残膜卸掉，作业 300 m 左右卸一次。

2. 1FMJ-850 型废膜捡拾机

由机架、传动机构、起膜机构、捡膜机构、集膜机构等部分组成，如图 10-11 所示。

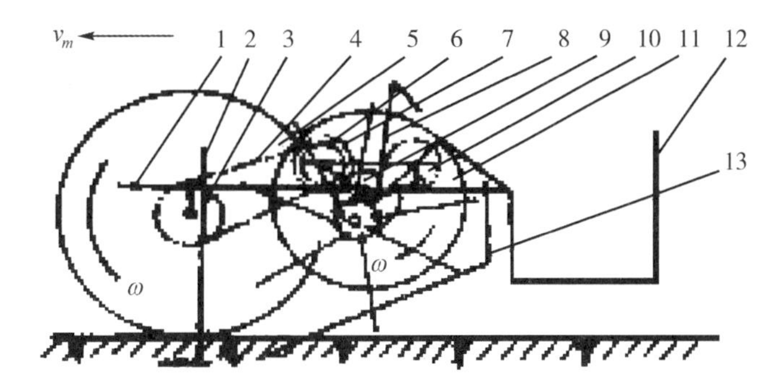

1—机架；2—翼形铲；3—主动链轮；4—链条；5—地轮；6—从动链轮；7—主动齿轮；8—集膜机构；9—滚筒驱动齿轮；10—集膜机构驱动齿轮；11—捡膜滚筒；12—集膜箱；13—起膜铲

图 10-11　1FMJ-850 型废膜捡拾机机构及工作原理示意图

（1）机架　用于工作部件的安装固定，其材料为农业机械专用矩形管。

（2）传动机构　由地轮、地轮轴、链传动、齿轮传动、轴承等部件组成。

（3）起膜机构　采用带齿翼形铲或三角弓形齿状铲结构，有良好的入土性能及较小的工作阻力，完成玉米根茬的切断和地膜与土壤的分离。

（4）捡膜机构　采用伸缩扒指式捡膜器，将地表及地膜以下 80 mm 内长度大于 50 mm 的残膜捡拾起。

（5）集膜机构　采用曲柄摆杆机构，有合理的行程及上抬高度，消除残膜滚筒与拨杆的缠绕及返回带膜现象，并将残膜集中到膜箱中。

1FMJ-850 型废膜捡拾机采用伸缩扒指式捡膜装置，在捡膜装置前安装有带齿翼形除茬铲（用于玉米地）或在后下方安装有齿形起膜铲，工作时，拖拉机牵引机组前进，起膜铲疏松土壤并使废膜与土壤分离，地轮经传动机构驱动捡膜滚筒逆向转动，扒指逐渐缩回滚筒，将挑起的废膜滞留滚筒上方，由集膜装置推入集膜箱。到地头后操纵膜箱翻转，将拾起的废膜倒到地头。

10.2.3　收膜机的使用与维护

（1）对操作地块的要求：地块要平整，不得有太大的沟和田埂，不得有太多的杂草和庄稼秸秆，否则会影响作业质量和机具的使用寿命。

（2）农机操作人员按技术要求进行安装、调试和操作，调整至规定的最佳状态。

（3）每个班次要对转动部位进行加注润滑油，减少磨损，特别是指盘的顶端，那里转速高，接近地面，灰尘、杂草多，更需注意润滑和保养。

（4）要经常检查指盘上的弹齿是否损缺或折断。因为弹齿在碰到硬物时容易折断和脱掉。

（5）悬挂架上的焊接处要常检查。因为那里挂接较重的机具，在行走或作业时容易断开或开焊。

（6）在作业过程中，起步要稳，否则对指盘上的弹齿将造成伤害，在行进过程中以 3 挡或 4 挡的速度进行作业，这样才能起到最佳的作业效果。

（7）在工作完成后不用时，一定要在弹齿和各传动部位加上废机油，否则易锈。

第11章 马铃薯中耕培土机械的使用与维护

11.1 概述

马铃薯在苗期生长过程中，需要进行行间除草、松土及对根部进行培土等田间管理作业，这些作业通常称为中耕。中耕的目的是及时改善土壤状态，蓄水保墒，消灭杂草，为马铃薯生长发育创造良好的条件。

利用马铃薯中耕培土机一次完成中耕除草、松土、培土三项作业，从而达到消除杂草、疏松土壤、蓄水保墒，破除土壤硬结和增加土壤透气性的目的，为作物的生长发育创造良好的条件。同时省工、省时、缩短了作业时间、降低了劳动强度，大大提高了劳动效率。

11.1.1 马铃薯中耕培土的主要作用

马铃薯是块茎类植物，因此，为块茎的形成和膨大创造条件是马铃薯增产的关键，而中耕培土又是提高马铃薯产量的关键技术环节。中耕的主要作用有：

（1）使土壤形成疏松的团粒结构层，增强通气性，提高表层地温，促进马铃薯根系发育。

（2）调节土壤水分，切断土壤中毛细管作用，减少土壤下层水分的蒸发，起保墒防旱作用，土壤湿度过大时，可加速土壤表层水分的蒸发，达到凉墒的目的。

（3）改变土壤物理性状，增加微生物活性，加速土壤养分的分解，提高土壤肥力，有利于马铃薯根系吸收。

（4）消灭杂草害虫。

11.1.2 马铃薯中耕培土的农业技术要求

（1）适时中耕。一般地，幼苗高7~10 cm时应及时进行第一次中耕；苗高13~17 cm时进行第二次中耕；封垄前进行第三次中耕。

（2）中耕松土深度、培土高度及厚度符合农艺要求。

（3）土壤疏松，土块细碎。

（4）中耕行距与播种行距一致，达到不伤苗、不铲苗，不伤垄、不错行，不漏耕。

（5）中耕后不得有大土块。沟垄整齐，垄形饱满。

（6）行间及垄两侧的杂草应除干净。草根必须切断，行间伤苗率0.5%左右，地头3%以下。

（7）深浅要一致，其偏差不大于1 cm，地表起伏不超过4 cm。

（8）中耕培土，垄高度要达到 20～25 cm，使垄帮、垄沟、垄顶有一定厚度的松土层。封垄前起垄高度达到 30 cm，垄围长 105～110 cm。

（9）中耕后不得损伤马铃薯主根。翻起的土不得埋压其幼苗。

11.2　马铃薯中耕机构造与工作原理

马铃薯中耕机结构主要由机架、地轮、除草铲、培土器、深松铲、施肥装置等部件构成。如图 11-1 所示。主要工作部件按作用可分为：除草铲、松土铲和培土器三种类型。

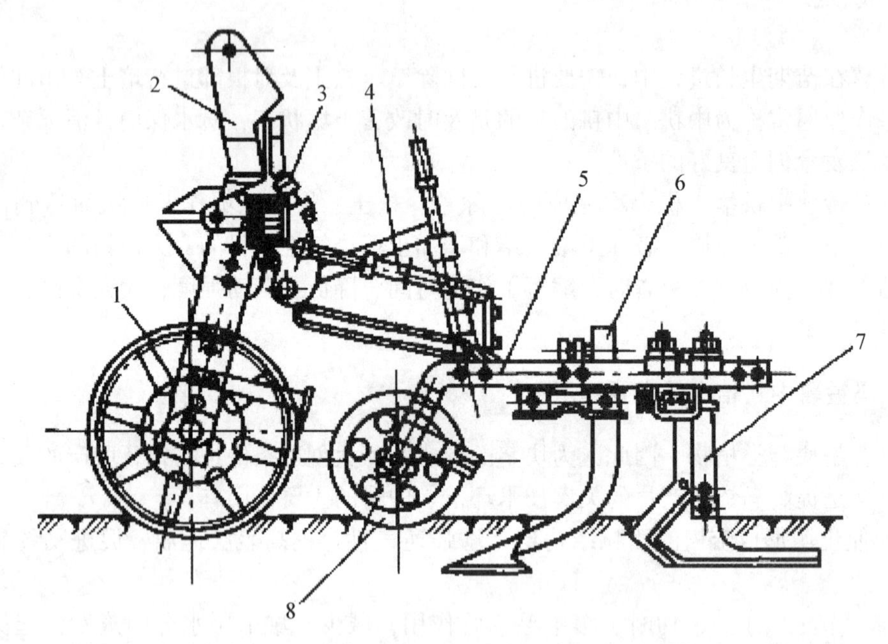

1—地轮；2—悬挂架；3—机架；4—四杆仿形机构；5—纵梁；6—双翼铲；7—单翼铲；8—仿形轮

图 11-1　播种中耕通用机

11.2.1　除草铲

除草铲主要用于行间第一、二次中耕除草作业，起除草和松土作用。

1. 类型

（1）单翼除草铲　单翼铲主要用于作物早期除草作业，工作深度一般不超过 6 cm。单翼除草铲由水平锄铲和竖直护板两部分组成（见图 11-2（a））。锄铲用于锄草和松土，护板用于防止土块压苗，因而可使锄铲安装位置靠近幼苗，增加机械中耕面积。护板下部有刃口，可防止挂草堵塞。单翼除草铲有左翼铲和右翼铲两种类型，中耕时要对称安装分别置于幼苗的两侧。

（2）双翼除草铲　如图 11-2（b）所示。作用与单翼除草铲相同，工作深度 8 cm。除草作用强而松土作用较弱。其特点是入土角 α 和碎土角 β 都很小，它一般由双翼铲刀和铲柄组成。工作时常与单翼除草铲组合用于中耕作物的行间耕作。

（3）双翼通用铲　如图 11-2（c）所示。有较大的入土角 α 和碎土角 β，因而可以兼顾除草和松土两项作业，工作深度可达 8～12 cm，结构与双翼除草铲基本相同。

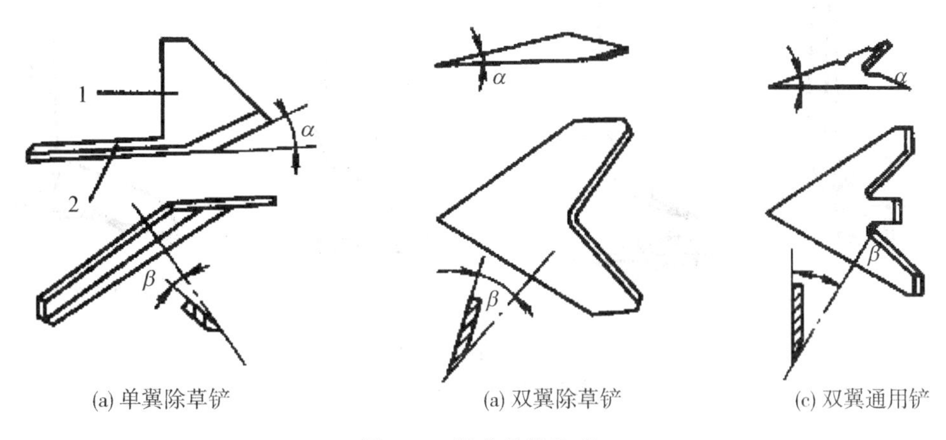

(a) 单翼除草铲　(a) 双翼除草铲　(c) 双翼通用铲

图 11-2　除草铲的类型

2. 锄铲的磨刃

锄铲的刃口应保持锋利，刃口厚度不超过 0.5 mm，工作中刃口在磨钝后应及时磨锐。锄铲磨刃的方式有 3 种，如图 11-3 所示。一般为避免铲面形成折面不易脱土，应采用下磨刃，但要注意应保证刃角和隙角的大小，当 $\beta<15°$ 时采用上磨刃，当 β 为 15°～25°时可采用上下磨刃；当 $\beta>25°$ 时采用下磨刃。

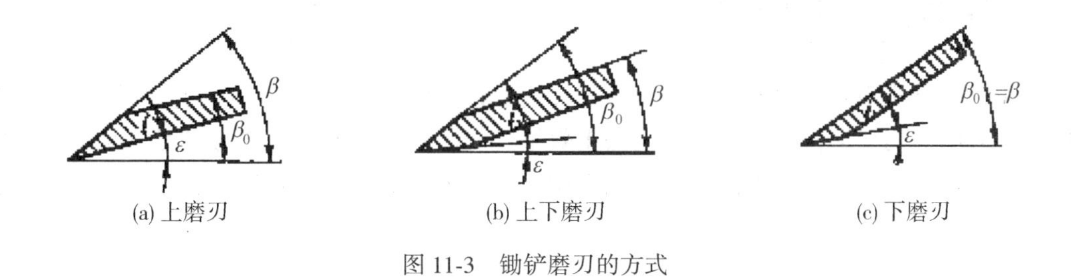

(a) 上磨刃　(b) 上下磨刃　(c) 下磨刃

图 11-3　锄铲磨刃的方式

11.2.2　松土铲

松土铲主要用于中耕作物的行间松土，它可使土壤疏松但不翻转，松土深度可达 16～20 cm。松土铲由铲头和铲柄两部分组成。铲头为工作部分，它的种类很多，常用的有凿形松土铲、箭形松土铲、铧形松土铲和尖头松土铲等类型。如图 11-4 所示。

1. 类型

（1）箭形松土铲　铲尖呈三角形，工作面为凸曲面，入土角和碎土角较小，耕后土壤松碎，沟底比较平整，阻力比较小，应用比较广泛。适用于作物中后期的中耕松土作业，在目前中耕上广泛采用。

（2）尖头松土铲　铲尖单独制成，两头开刃，磨损后易于更换，可调头使用。

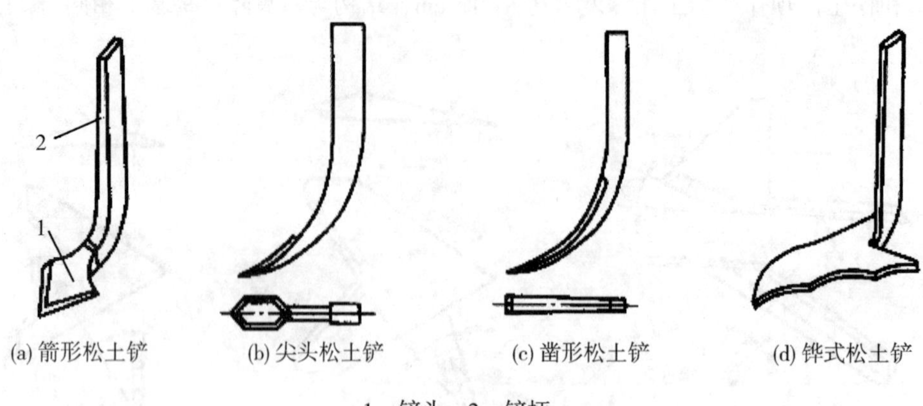

1—铲头；2—铲柄

图 11-4　松土铲的类型

（3）凿型松土铲　松土铲的铲尖呈凿形，铲尖与铲柄为一整体，也可将铲柄与铲尖分开制造，再用螺栓连接，便于磨后更换。凿形松土铲的宽度较窄，入土性能好，松土深度较大，对土壤搅动较小，但松土区上宽下窄，松土层底面不平整，松土深度不一致。它是利用铲尖对土壤作用过程中产生的扇形松土区来保证松土宽度，工作深度可达 18～20 cm。

（4）铧式松土铲　铲尖呈三角形，工作曲面为凸曲面，与箭形松土铲相似，只是翼部向后延伸得比较长。工作幅度较大。这种铲工作松动较大，松土后行间地表留下一道浅沟，为后期培土起垄打下基础。

2. 深松铲的松土机理

工作时铲头刃口和铲柄刃口对土壤的切割，铲头体、铲柄体对土壤的侧挤压，使土壤层与层之间剪切变形松动土层，达到松土效果。与此同时，由于土壤与铲刀刃面及铲柄之间的摩擦作用，以及土壤内部的内摩擦作用，形成土壤带动层并因其速度梯度而使带动层内的土壤受到搓擦作用而破碎。

11.2.3　培土器

培土器主要用于中耕作物的根部培土和开沟起垄。按工作面的类型可分为曲面型培土器和平面型培土器两类。

1. 类型

（1）双壁曲面型培土器　它一般由铲尖、铲胸、左右培土壁和铲柄等组成。如图 11-5 所示。铲尖、铲胸和左右培土壁形成一个表面光滑的双壁凹曲面，犁壁部分采用半螺旋型面，工作时可将行间土壤松碎提升并翻向两侧，完成培土或开沟要求。培土器与铲胸为铰接，可通过左右调节臂的固定螺栓调节左右培土器的长度，调节范围为 275～430 mm，这种培土器工作阻力小，常用于北方平原旱作地区。

（2）三角铧式培土器　这类培土器是在三角铧的基础上，加装培土板而构成，根据培土板的不同，可分为平板式培土器和凹面式培土器两种，如图 11-6 所示。

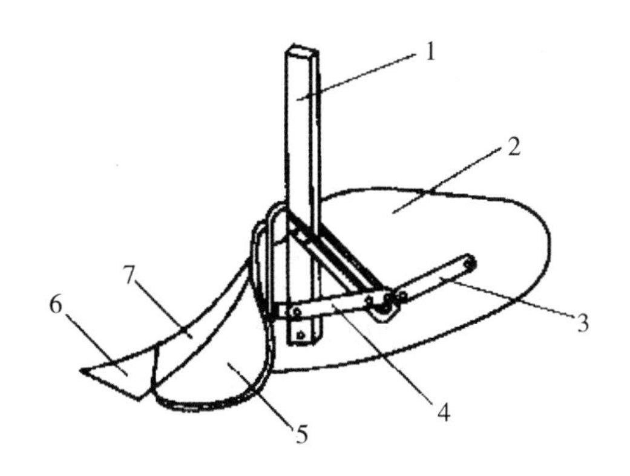

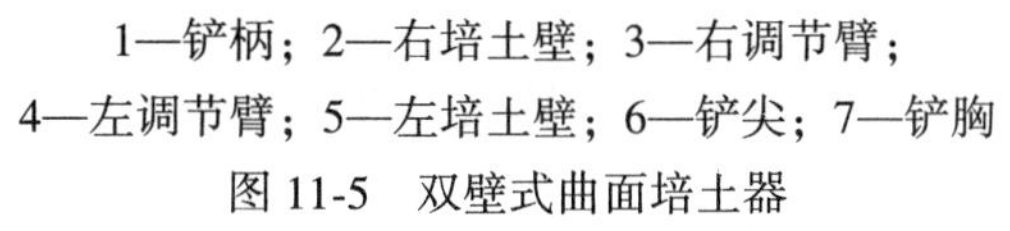
1—铲柄；2—右培土壁；3—右调节臂；
4—左调节臂；5—左培土壁；6—铲尖；7—铲胸

图 11-5　双壁式曲面培土器

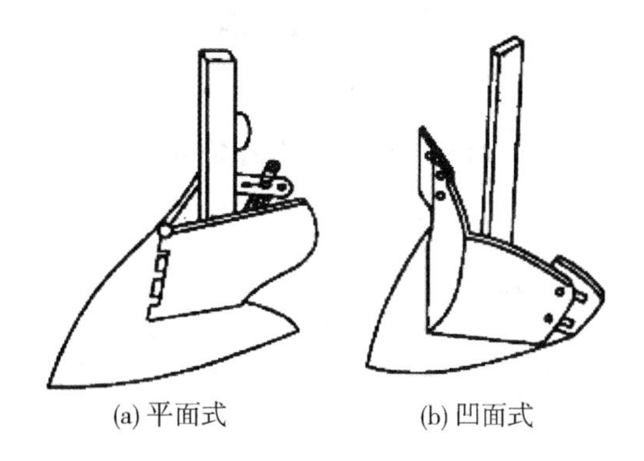

图 11-6　三角铧式培土器

平板式培土器由三角形铧、分土板和两个培土板组成，如图 11-7 所示。两个培土板左右对称配置，开度可调，由于铲胸（分土板）和培土板均为平面，故称平板式培土器。适用于垅作地区的翻耙地起垄和中耕培土。由于培土板为平面，土壤的翻转少，可减少水分蒸发，以利保墒，但易黏土，阻力也较大。

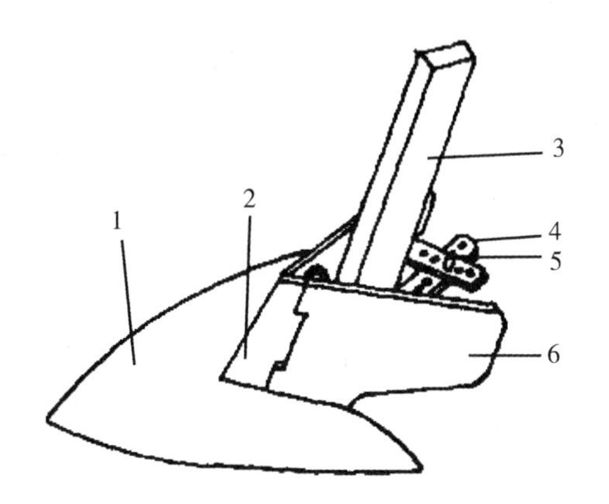

1—三角犁铲；2—分土板；3—铲柄；4—调节板；5—固定销；6—培土板

图 11-7　平面铧式培土器

凹面式培土器的培土板为凹面，尾翼部接装延长板。它较平板式碎土性能好，工作阻力小，土壤翻动大，能满足翻耙地和硬板地上的培土、起垄要求。

2. 培土器的工作机理

铲头切开土壤，使之破碎并沿铲面上升，土壤升至分土板后继续被破碎，并被推向两侧，由覆土板将土壤培至两侧的垄台。同时，将沟底和垄台两侧的杂草挂除或覆土覆盖。

11.3 马铃薯中耕培土机使用调节及安全预防措施

11.3.1 调整方法（以 3ZF-4 型为例）

1. 行距调整

3ZF-4 型马铃薯中耕施肥机的行距调节：以中耕机前横梁中心线为基准，拧松两边中耕施肥机单体连接主梁上固定螺钉，移动中耕施肥机单体，测量相邻两铲尖中间间距至所需尺寸，然后拧紧螺母。要求各相邻两铲尖之间的距离等于要求的行距，误差不大于 5 mm。

2. 锄铲开翼调节

锄铲开翼调节是通过调节铲翼的螺栓位置来实现的，卸掉紧固螺栓，移动双翼开度至所需张角，然后在相对应有孔内装螺栓紧固即可。

注意：必须使双翼开角相对单体两侧对称，否则会影响中耕质量。

3. 入土深度的调整

入土深度主要通过调整锄铲在机架上的上下位置来实现。在较坚硬土壤的中耕施肥作业中，应卸去前置的限深轮，拧松紧固螺钉，调整锄铲的上下位置达到农艺所需要求即可；如果在较松土壤中作业应装置限深轮，分别调整限深轮和锄铲的上下位置，达到农艺所需要求即可。

4. 排肥量的调整

3ZF-4 型马铃薯中耕施肥机的亩排肥量在 7~45 kg 之间，可根据农艺要求正确地调整排肥量。具体调整方法为：先拧紧排肥器轴上的紧固螺母，通过调整排肥槽伸入排肥箱中的有效工作长度使排肥量达到规定的农艺要求，排肥槽伸入排肥箱工作长度大，排肥量大，否则小。

11.3.2 操作规程

一是驾驶操作技术一定要熟练，要走直走正，否则会铲掉秧苗造成减产。

二是该机与拖拉机挂接后将拖拉机升降机构的左右悬挂臂调整水平，将悬挂臂的拉链拉紧，尽量减少机具摆动，保持其平稳，以防伤苗。

三是在作业中要经常对缠绕沾结在工作部件上的杂草泥土进行清理，以保持作业正常。每班作业结束后要彻底清除机具上杂草泥污，紧固各部螺丝，对轴承加注润滑油润滑。

四是机具在作业中发现故障和杂草堆积，应及时停车进行清理排除。

五是机具在悬起状态下，不得在机具下面进行保养工作，以防伤人。

11.3.3 马铃薯中耕培土机作业中常见故障原因与排除方法

1. 伤苗

其原因一是拖拉机运行路线不直；二是行距不对；三是幅宽不符。相应地排除方法是保证拖拉机直线行驶，重新调整行距及工作幅宽。

2. 犁铧入土过深或过浅

其原因是犁柱在纵梁上的位置不合适、入土角过大或过小。排除方法是用尺测量以便达到理想耕深，调整连杆螺杆直至入土角达到合适为止。

3. 压苗

其原因是培土板的开度过大、耕深过大或速度过快。相应地排除方法是重新调整好培土板的开度，减小耕深，降低行驶速度。

4. 铲草效果不好

其原因是犁铧因磨损严重而变钝或工作部件重叠量过小。排除方法是重新修磨或更换铲刃，增加工作部件重叠量。

5. 培土效果不佳

其原因是培土板开度过小或入土深度不够。排除方法是适当增加培土板开度和入土深度。

6. 排肥受阻

其原因是肥料箱中有杂物或肥料结块。排除方法是清除杂物和硬块。

7. 地轮或仿形轮不转

其原因是缠草或轮轴缺乏润滑。排除方法是清除缠草，加注润滑油。

11.4 典型的马铃薯中耕机

11.4.1 2LZF-2 型垄作马铃薯中耕施肥机

1. 结构

2LZF-2 型垄作马铃薯中耕施肥机结构如图 11-8、图 11-9 所示，由机架、地轮、培土犁、深松铲、施肥装置等部件构成。

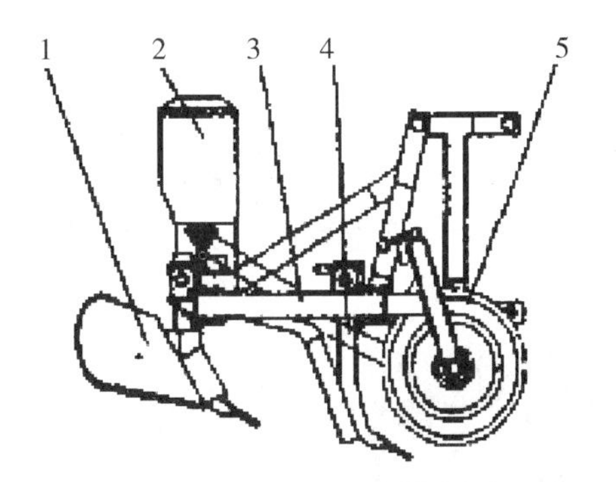

1—培土犁；2—肥箱；3—机架；4—深松铲；5—地轮

图 11-8 2LZF-2 型垄作马铃薯中耕施肥机结构简图

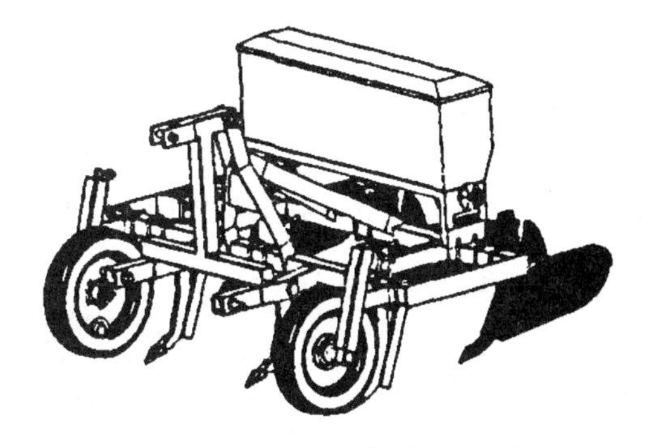

图 11-9 2LZF-2 型垄作马铃薯中耕施肥机三维视图

2. 主要部件

(1) 机架与仿形地轮行走系统

机架是支撑马铃薯中耕施肥机的部件（见图 11-10）。它承担着马铃薯中耕施肥机的主要重量、动力、负载和力矩，因此它的设计是绝对保证强度的部分。机架部分要各自稳定，而且相对固定，以便做到机械在运转过程中不会产生晃动、歪斜。机架由若干方钢和钢板焊接成框架结构。其结构简单、制造容易、行距调节方便。马铃薯中耕施肥机的仿形地轮行走系统由地轮、轮轴伸缩调节臂和安装架组成。改变安装架在横梁上的安装位置可以调整地轮轮距，适应马铃薯种植行距的变化。轮轴伸缩调节臂调整地轮高度，适应不同垄台高度和耕深变化。

（2）深松铲

在马铃薯中耕施肥机中，深松铲是影响其工作性能的关键部件，它的结构参数和受力状况对整机工作性能起着重要作用。结构如图 11-11 所示。其铲柄为一锄状立柱，铲头为一箭形铲刃，铲刃为下磨刃，铲头与铲柄分为两部分，用两个沉头螺钉连接以便更换，铲柄通过安装板与机架连接。在铲柄上焊接施肥管。该深松铲的特点是制造工艺简单、安装纵向距离缩短、易于平衡受力、减少偏牵引、强度增加、工作稳定；铲头磨损后更换方便。

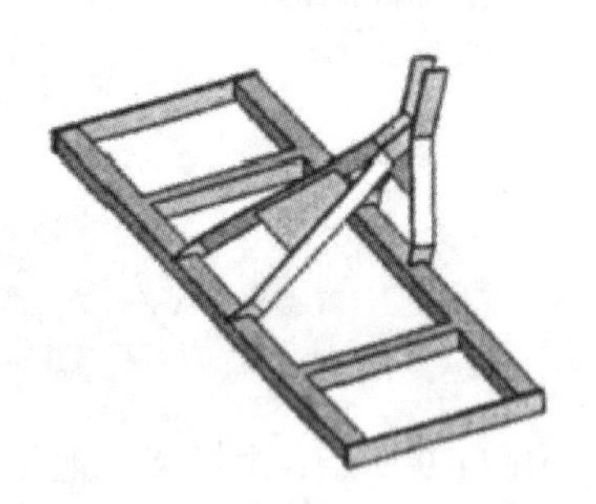

图 11-10　2LZF-2 型垄作马铃薯中耕施肥机机架

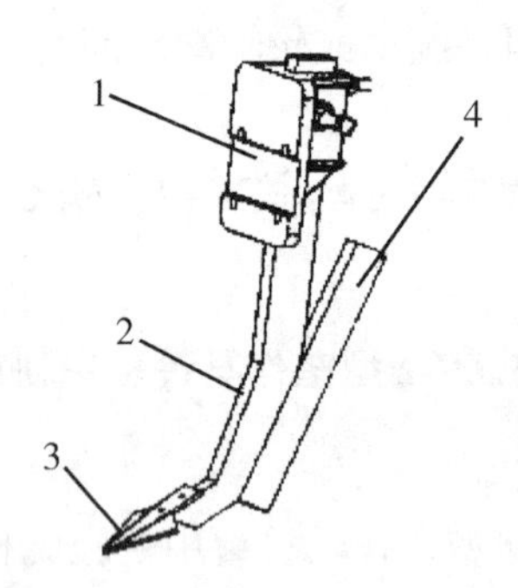

1—安装板；2—铲柄；3—铲头；4—施肥管

图 11-11　2LZF-2 型垄作马铃薯中耕施肥机深松铲

（3）培土犁

在马铃薯中耕施肥机中，培土犁用于垄作马铃薯垄台培土整形和铲覆杂草。它的犁壁形状对垄台整形质量起着重要作用。结构如图 11-12 所示。培土犁由铲头、分土板、覆土

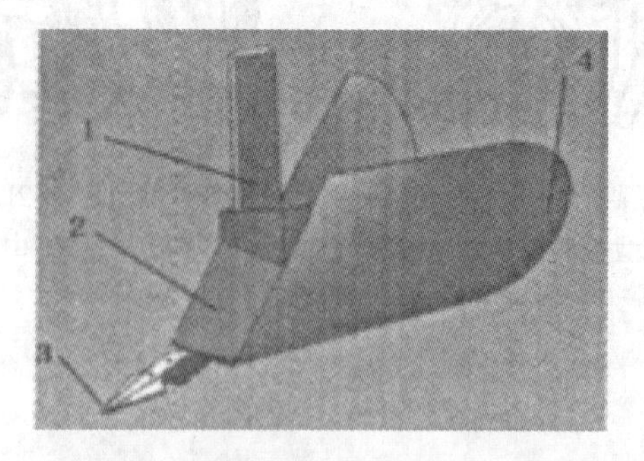

1—犁柄；2—分土板；3—铲头；4—覆土板

图 11-12　2LZF-2 型垄作马铃薯中耕施肥机培土犁

板、犁柄、覆土板开度调解机构等部分组成。覆土板下倾角及两覆土板的开度可利用覆土板开度调解机构进行调节，以适应植株高矮、行距大小以及原有垄形的变化。

（4）施肥装置

如图 11-8、图 11-9 所示，施肥装置由肥箱、外槽轮式排肥器、输肥管、施肥管及动力传动装置组成。肥箱容量按甘肃定西马铃薯种植区每亩最大中耕追肥量设计，外槽轮式排肥器、输肥管选用标准件，施肥管焊接在深松铲铲柄上，作业时，调整施肥管口比培土犁铲尖低 5~8 cm，排肥器动力由安装在地轮轴上的链轮通过链传动提供。

3. 工作原理

机组作业时，在拖拉机带动下，地轮行走在垄沟中，深松铲插入垄沟，深松垄沟底层土壤；地轮通过链传动带动排肥器排肥，肥料从深松铲臂上焊接安装的施肥管将肥料深施在深松铲开出的沟中，靠自然回土覆盖；与此同时，培土犁将垄沟中的杂草挂除并将滑落到垄沟中的土壤培回薯垄。因施肥管口比培土犁铲尖低 5~8 cm，所以培土犁不会扰动深施的肥料。该机的行距、深松深度、垄形参数、施肥量等均可在一定范围内调节，以满足马铃薯高产栽培技术的农艺要求。

4. 主要参数

整机外形尺寸（长、宽、高）：2230 mm×2250 mm×1200 mm

整机重量：550 kg

作业行数：3 行

适应垄距：750~900 mm（可调）

深松铲开沟深度调节范围：250~300 mm（可调）

培土犁入土深度调节范围：50~100 mm

垄面覆土厚度：20~50 mm

行间杂草除净率：98%

伤苗率：1.5%

排肥器形式：外槽轮式

排肥器传动形式：链条链轮式

亩施肥量：5~30 kg（可调）

与主机连接方式：三点悬挂

配套动力：704 型以上轮式拖拉机

班次生产率：50~100 亩

适应作业速度：5 km /h（拖拉机按 1~2 挡行驶）

作业效率：0.65 ha /h

11.4.2 1304 型马铃薯中耕机

1. 主要结构

中机美诺科技股份有限公司研制的 1304 型马铃薯中耕机主要由机架、S 形弹齿、培土犁铧、整形部件、调节机构等部件组成（见图 11-13）。可一次完成松土、锄草、薯垄整形等作业，作业效率高。松土深度和薯垄高度可调，S 形弹齿和培土犁铧易更换，结构简单、维修保养方便。该机在马铃薯出苗前和出苗后均可使用。主要作用是耢掉表土，提高地温，还能除草。

图 11-13　1304 型马铃薯中耕机

2. 工作原理

作业时，中耕机在拖拉机牵引下行进，S 形弹齿在垄沟内开出 3 条浅沟，便于除草以及培土犁铧进行作业，该部件的仿形功能可保证松土、培土的一致性。培土犁铧将垄沟内的土壤翻起，对马铃薯幼苗进行培土，同时进行了除草作业，尾部整形部件将培土后的马铃薯垄进行修整，整形机构高度可调，适应不同马铃薯生长期的作业要求，满足马铃薯高产栽培技术的农艺要求。

3. 外观及参数

1304 型马铃薯中耕机技术参数见表 11-1。

表 11-1　**1304 型马铃薯中耕机技术参数**

项　　目	参　　数
配套型式	悬挂式
配套动力/kW	74~88
工作行数	4
工作幅宽/mm	3600
行距/mm	900
生产效率/（hm^2/h）	0.72~1.44
作业速度/（km/h）	4~6
外形尺寸长×宽×高/mm^3	1900×3800×1100
整机重量/kg	930

11.4.3　3ZF-3 型马铃薯中耕施肥机

1. 主要结构

3ZF-3 型马铃薯中耕施肥机主要由前横梁及悬挂架、单体机架、肥料箱、排肥轴、地轮及传动链条、链轮、培土铲和仿形弹簧等零部件组成（见图 11-14）。该机具采用 3 组犁体，中组以中耕机前横梁中心线为基准，两边组到中组的距离等于要求的行距，误差不大于5 mm；入土角度主要由拖拉机的悬挂装置来调整；入土深度主要通过调整铲柱在机架上的上下位置来实现；中耕施肥的排肥量在75~450 kg/hm^2，通过调整排肥器使排肥量达到规定的农艺要求。

图11-14 3ZF-3型马铃薯中耕施肥机

2. 工作原理

作业时，中耕施肥机在拖拉机的牵引下向前行进，地轮转动，地轮轴通过链轮、链条带动排肥轴、排肥轮转动实现排肥，排肥量大小靠调节排肥轮的有效工作长度来实现。与此同时，培土铲铲松行间的土壤，依靠培土铲向两侧薯垄培土，并铲除行间及垄两侧的杂草，完成松土、追肥、培土和除草等作业。该机的行距、松土深度、培土高度和施肥量等均可在一定范围内调节，可以满足马铃薯高产栽培技术的农艺要求，该机还设有单体仿形装置，保持松土、培土的一致性。

3. 主要技术参数

外形尺寸：1900 mm×2000 mm×1130 mm

结构质量：300 kg

松土深度：10~15 cm（可调）

行数：3行

行距：75~90 cm（可调）

垄面覆土厚度：5~10 cm

行间杂草除净率：≥98%

伤苗率：≤1.5%

培土铲：双翼锄铲式

排肥器形式：外槽轮

传动形式：链条链轮

施肥量：75~450 kg/hm^2（可调）

与主机连接方式：3点悬挂

动力配套：40 kW以上拖拉机

作业速度：10.6 km/h（铁牛-654 型拖拉机快Ⅲ挡）

生产率：16.7~9.3 hm^2/班次

我国目前已有的马铃薯中耕机械种类多，基本能满足不同地域条件的种植要求，常用的几种马铃薯中耕培土机械的主要技术参数见表 11-2。

表 11-2　**马铃薯中耕、培土机械主要技术参数**

型号及名称	耕入/mm	培土高度/mm	作业行数	行距/mm	配套动力/kW
3Z-120 型马铃薯中耕播种机	可调	可调	1		14.7
3ZSP-2A 型中耕机	100~150	200~220	2	500~900	11.0~14.7
3Z-2A 型中耕机	可调	可调	2	650~800	8.8~14.7
4SPI 分组旋转中耕机	100~120		4	300~620	36.8~40.4
121 型马铃薯中耕培土机	可调	可调	2		2.2

第 12 章　植物保护机械的使用与维护

12.1　喷雾机械（喷雾法）

喷雾法是利用喷头将具有一定压力的药液，雾化成直径为 100～300 μm 的雾滴，喷洒到作物上。此法的特点是具有较大的射程，药液散布均匀，黏附性好，药效持久，受气候影响较小，因此在各种喷雾法中使用最广泛。但所用的药液要用大量的水去稀释，在山区及干旱缺水地区应用受到限制，同时功耗也较大。

12.1.1　手动喷雾器

1. 手动喷雾器的构造

在农业生产中使用比较广泛的手动喷雾器是手动背负活塞式喷雾器，如图 12-1 所示。它由药液箱、活塞泵、空气室、喷杆和喷头等组成，其中活塞泵由活塞和缸筒组成。

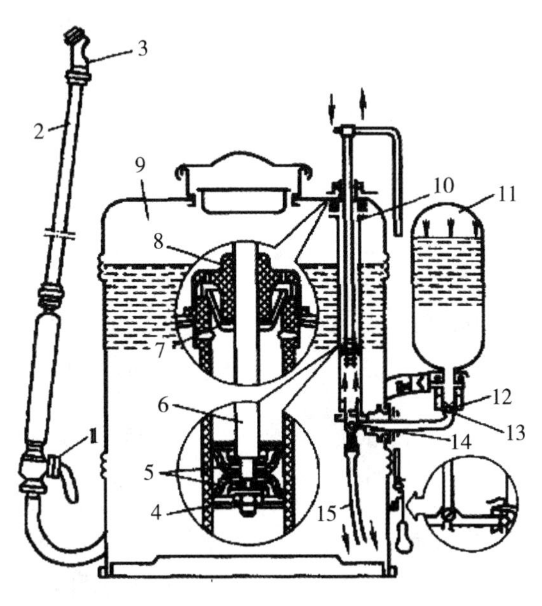

1—开关；2—喷杆；3—喷头；4—固定螺母；5—胶碗；6—活塞；
7—毡圈；8—泵盖；9—药液箱；10—缸筒；11—空气室；12—出水球阀；
13—出水阀座；14—进水球阀；15—吸水管

图 12-1　东方红-16 型手动背负活塞式喷雾器

2. 工作原理

工作时，工作人员用手上下摇动摇杆、带动活塞在缸筒内往复运动。当活塞向上运动时，缸筒内压力减小，进水球阀打开，出水球阀关闭，药液箱内的药液通过进水球阀进入缸筒；当活塞向下运动时，缸筒内压力增大，进水球阀关闭，出水球阀打开，活塞将缸筒内的药液压入空气室。当空气室压力达到 0.3 MPa 以上时，即可打开开关，进行喷药。空气室的功用是储存药液，并保持喷雾压力稳定和连续喷雾。

3. 使用维护

（1）使用前应先用清水试喷，检查各连接处是否漏水，喷雾是否正常，若均正常，倒出清水即可使用。

（2）工作时，摇动摇杆的速度为每分钟 10~12 次，即可保证正常喷雾。

（3）工作时，操作人员不能过度弯腰，以免药液留出浸湿背部。

（4）更换胶碗时，先将胶碗在机油中浸透再用（尼龙活塞可直接更换）。安装时，胶碗背靠背安装。

4. 常见的故障及排除

常见的故障及排除方法见表 12-1、表 12-2。

表 12-1　**工农-16 型喷雾器的常见故障及其排除方法**

故障现象	产生原因	排除方法
加压时，手感无力，喷雾压力不足	进水球阀被污物搁起	拆下进水球阀，用布清除搁集的污物
	皮碗破损	更换新皮碗，新皮碗必须用油浸透再装配
	连接部位未装密封圈，或密封圈损坏漏气	加装或更换密封圈
加压时，泵盖处漏水	药液加得过满，超过了泵筒上的回水孔	将药液倒出一些，使药液在药箱水位线范围内
	皮碗损坏，药液进入泵筒上部	更换皮碗
喷头雾化不良	喷头体的斜孔被污物堵塞	疏通斜孔
	喷孔堵塞	拆开喷孔进行清洗，但不能使用铁丝、钢针等硬物，以免孔眼扩大
	套管内的滤网堵塞	拆开清洗滤网
	进水球阀小球搁起	清除污物
开关漏水	开关帽未旋紧	旋紧开关帽
	开关芯上垫圈磨损	更换垫圈
	开关芯表面油脂涂料少	涂一层浓厚油脂
开关拧不动	放置日久或使用过久，开关芯因药剂侵蚀而黏住	拆下零件在煤油或柴油中清洗，拆卸有困难时，可在油中浸泡后再拆

表 12-2　**工农-36 型喷雾器的常见故障及其排除方法**

故障现象	产生原因	排除方法
吸不上液体或吸入量少	吸水滤网未完全浸入液体中或滤网孔堵塞	将吸水滤网完全浸入液体中并消除堵塞物
	水泵吸水接头漏气	拧紧吸水接头螺母或更换垫圈
	吸水管破裂	修补破裂处或换新管
	活塞平阀处有污物搁住或损坏	清除污物或更换平阀
	出水阀弹簧失灵，使阀门不能关闭	检修或更换弹簧
能吸上液体，但压力调不高	吸水滤网孔堵塞	消除堵塞物
	3 个活塞的胶碗有 1、2 个或全部损坏	更换活塞上胶碗
	三缸中个别阀门被污物搁住或损坏	消除污物或更换阀门
	卸压手柄没有向逆时针方向扳紧	将卸压手柄向逆时针方向扳紧
	调压阀内弹簧断裂	更换弹簧
	调压阀门损坏或被污物搁住	清除污物或更换阀门
混药器不能吸药或吸药不稳定	吸药组件有漏药处	检查各连接部分、密封垫圈，并扭紧
	吸水或吸药滤网堵塞	清除堵塞物
	喷嘴的喷口前移	在喷嘴安装面加垫圈来调节射嘴与衬套之间的间隙
	喷嘴口或衬套磨损严重	换新件

12.1.2　担架式喷雾机

1. 担架式喷雾机的构造

担架式喷雾机由汽油机、三缸活塞泵、空气室、调压阀、混药器和喷头等组成，如图 12-2 所示。

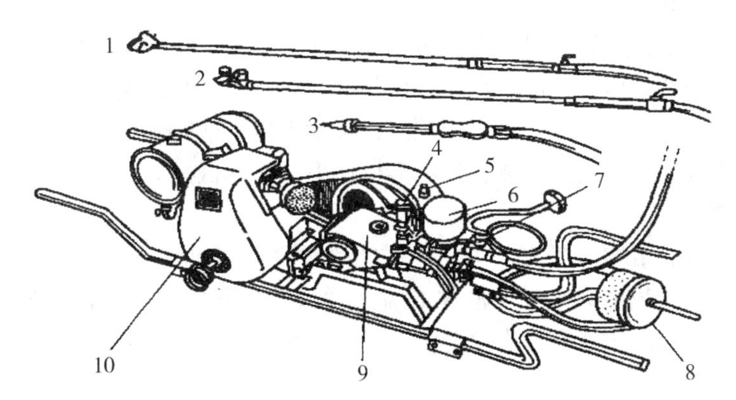

1—双喷头；2—四喷头；3—喷枪；4—调压阀；5—压力表；6—空气室；7—流量控制阀；8—吸水滤网；9—三缸活塞泵；10—汽油机

图 12-2　工农-36 型担架式喷雾机

（1）三缸活塞泵

三缸活塞泵由三个缸并联，并由曲柄连杆机构使三缸依次工作。它的构造如图 12-3 所示，由泵体、曲柄连杆机构、活塞组和排液阀等组成。

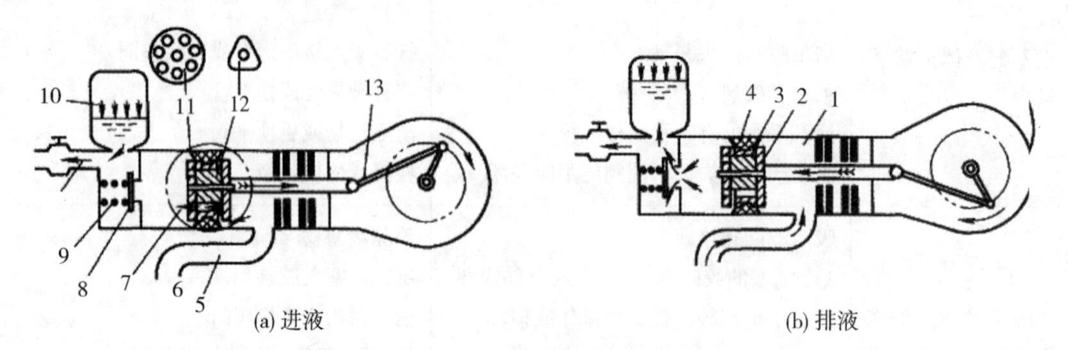

1—泵室；2—平阀；3—胶碗托；4—胶碗；5—吸水管；6—活塞；7—排液阀；
8—弹摘；9—排液管；10—空气室；11—带孔平阀：12—三角支撑套筒；13—连杆

图 12-3　三缸活塞泵

活塞组由胶碗、胶碗托和三角支撑套筒构成。平阀和带孔平阀与活塞组用活塞杆连接在一起，并与活塞组有一定间隙，可以沿活塞杆方向移动。

当活塞向上止点移动时，由于胶碗与泵体的摩擦力作用，使活塞组与平阀紧靠在一起，将泵体左腔与右腔隔断。这时左腔液体的压力增大，并顶起排液阀，将液体压入空气室；同时，泵体右腔的容积增大，压力减小，将液体吸入右腔。当活塞向下止点移动时，由于胶碗与泵体的摩擦力作用，使活塞组与带孔平阀紧靠在一起，平阀与活塞组出现间隙，左腔与右腔接通。由于左腔容积增大，压力减小，排液阀自动关闭。同时，右腔容积减小，压力增大，右腔的液体通过活塞组和带孔平阀进入左腔。

（2）调压阀

调压阀用于调节喷雾机的喷雾压力，其构造如图 12-4 所示。锥阀由弹簧压紧，当空气室内液体对锥阀的压力大于弹簧的压力时，便将锥阀顶起，液体沿回水管流回吸水管，直到空气室压力小于弹簧压力时，在弹簧压力的作用锥阀复位，停止回流。转动调压阀上的调压轮，改变弹簧的压力，即可调节调压阀的开启压力，从而调节喷雾机的喷雾压力。

在调压轮的下部装有卸压手柄，当顺时针扳动卸压手柄时，将会卸去弹簧对锥阀的压力，大量的液体就会通过阀门回流，使喷雾机压力迅速降低。

（3）混药器

射流式混药器的结构如图 12-5 所示，它是将母液与水混合稀释的部件。当液体流过射嘴时，由于射嘴的截面减小，使液体的流速增大，T 形接头与射流体连接处的压力减小，从而将母液吸入混药器内与水混合。

（4）喷头

喷头的功用是将药液雾化，使雾滴分布均匀。喷头的结构决定喷雾的质量，而喷雾质量又直接影响对病虫害的防治效果。喷雾机常用的喷头有切向离心式、涡流芯式喷头以及扇形雾喷头和撞击式喷头。

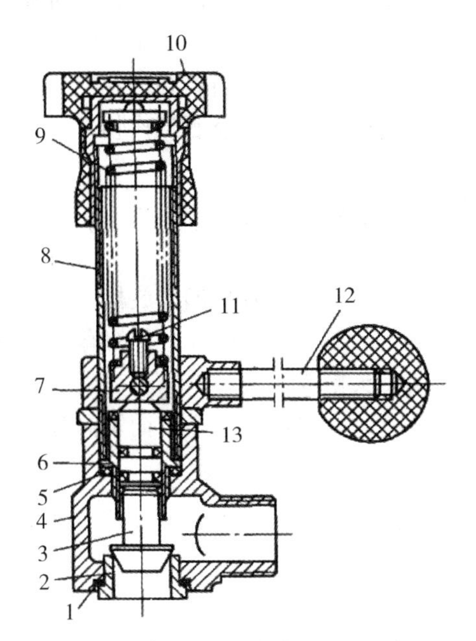

1—垫圈；2—阀座；3—锥阀；4—回水室；
5—垫圈；6—阀套；7—弹簧座；
8—套管；9—弹簧；10-测压轮；
11—螺钉；12—卸压手柄；13—限尼塞
图 12-4 调压阀

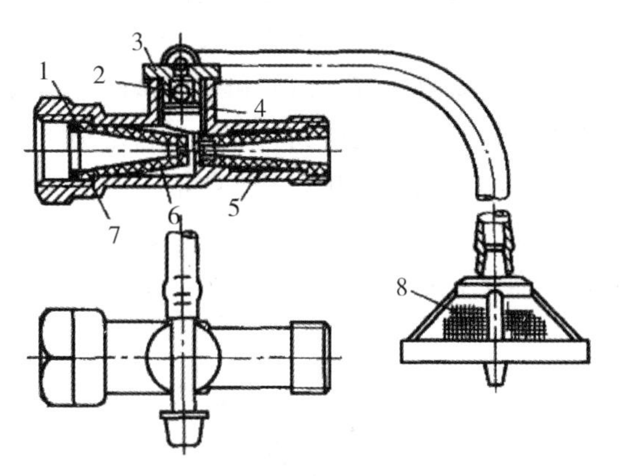

1—垫圈；2—玻璃球；3—T 形接头；4—销套；
5—衬套；6—射嘴；7—壳体；8—吸药滤网
图 12-5 射流式混药器

切向离心式喷头由喷头帽、喷孔片和喷头体等组成，如图 12-6 所示。喷头体加工成带锥体芯的内腔和与内腔相切的输液斜道。喷孔片中央有喷孔，孔径有 1.3 mm 和 1.6 mm 两种规格。内腔与喷孔片之间构成锥体芯涡流室。当药液由喷杆进入输液斜道时，由于输液斜道截面变小，流速增高。药液沿输液斜道按切线方向进入涡流室，绕锥体芯做高速旋

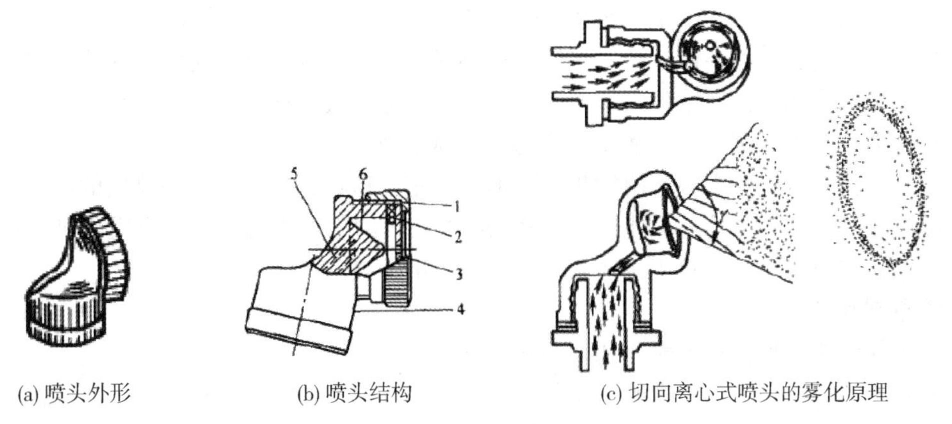

(a) 喷头外形　(b) 喷头结构　(c) 切向离心式喷头的雾化原理

1—喷头帽；2—垫圈；3—喷孔片；4—喷头体；5—输液斜道；6—锥体芯
图 12-6 切向离心式喷头

转运动。由于旋转运动所产生的离心力及喷孔内外压力差的联合作用，使药液在通过喷孔后，形成扭转圆锥形液流薄膜，即成为空心锥。

离喷孔越远，液流薄膜被撕展得越薄，并受到迎面空气的撞击。当离心力和空气的撞击力大于药液表面的张力和黏滞力时，药液薄膜便被细碎成细雾滴，喷洒到作物上。这时雾滴分布为一个圆环。雾圆锥顶角简称为雾锥角。

这种喷头应用广泛。为了提高效率，除了制造单个喷头外，还将 2 个喷头或 4 个喷头做成一体，成为双喷头或四喷头。

涡流芯式喷头有大田型和果园型两种。大田型喷头的喷头帽上有矩形螺旋槽。涡流芯前端面与喷头帽之间构成涡流室。它是不可调节的，如图 12-7（a）所示。它的雾化原理与切向离心式喷头相同。根据防治工作需要，可以更换喷头帽或涡流芯，以改变喷孔大小或螺旋角。螺旋角增大，相当于涡流室变深，涡流室药液的切向分速减小，而轴向分速增大，从而使雾滴变大，喷幅变窄，射程变远。

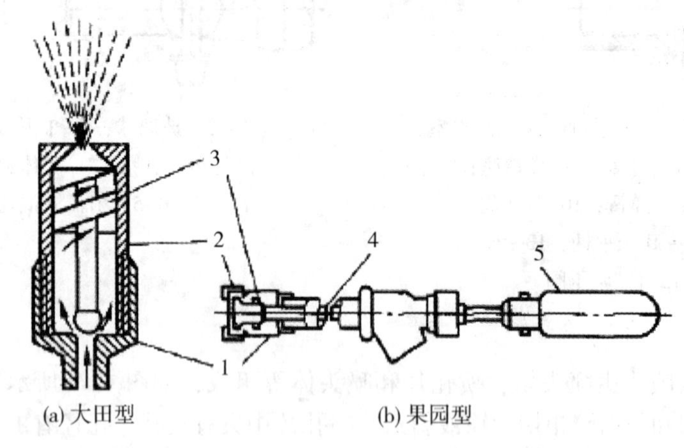

(a) 大田型　　(b) 果园型

1—喷头体；2—喷头帽；3—涡流芯；4—推进杆；5—手柄

图 12-7　涡流芯式喷头

果园型喷头如图 12-7（b）所示，其特点是涡流芯上的矩形螺旋槽数少，槽的截面积大，槽的螺旋角也大。转动手柄使涡流芯前移或后退，可以调节涡流室的深浅。涡流室变浅时，喷出的雾滴小，雾锥角大，射程近；反之，雾滴大，雾锥角小，射程远。

扇形雾喷头由垫圈、喷嘴和压紧螺母等组成，如图 12-8 所示。在喷嘴头上开有内外两条半月形槽，且相互垂直。两槽相切，形成一正方形喷孔。这种喷头喷出的雾滴分布均匀、喷幅较宽，射程也较远，能适应于 0. 15~2 MPa 的工作压力，广泛应用于机动喷雾机具上。与切向离心式喷头相比，在相同压力下，由于喷出的雾滴直径比较大，故较多地用于喷除草剂和肥料。

撞击式喷头的喷枪有远射程和组合式两种。

远射程喷枪由喷嘴、喷嘴帽、枪管、扩散片等组成，如图 12-9 所示。喷嘴制成锥形腔孔，出口孔径一般为 3~5 mm。其特点是要求药液压力高，喷液量大。一般喷药压力为 1. 5~2. 5 MPa。工作时，高压药液通过喷嘴到达出口处，由于喷嘴截面减小，药液流速增

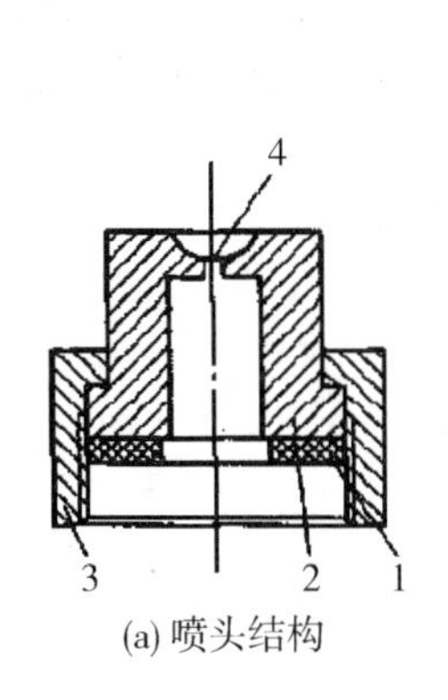

(a) 喷头结构

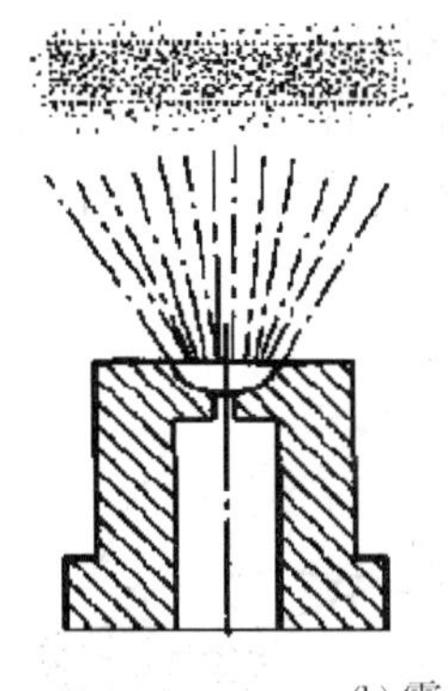

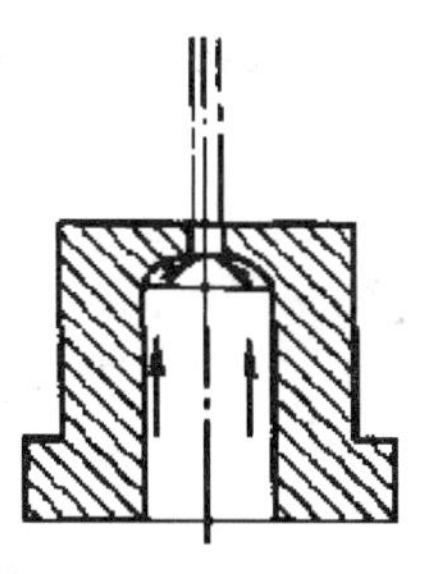
(b) 雾化原理

1—垫圈；2—喷嘴；3—压紧螺母；4—喷孔

图 12-8　扇形雾喷头

大，形成高速射流液柱，射向远方。液柱与空气撞击和摩擦，克服药液表面的张力和黏滞力，被细碎成雾滴。扩散片阻击液柱，使近处也能得到均匀的雾滴散落，增大喷幅。

组合式喷枪由锥形腔孔喷嘴与狭缝式喷嘴组合而成，如图 12-10 所示。狭缝式喷嘴的狭缝必须在两喷嘴所在的平面内。狭缝式喷嘴的雾滴较细，射程较远。两喷嘴组合后，远近都能喷洒，可增大喷幅。其雾化原理与远射程喷枪相似。

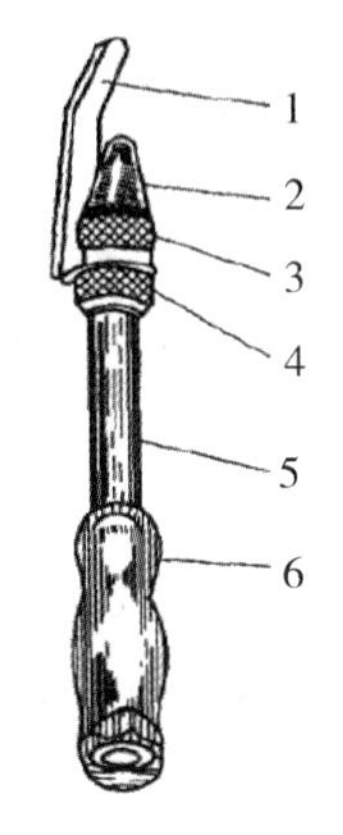

1—扩散片；2—喷嘴；3—喷嘴帽；4—并紧帽；5—枪管；6—手柄

图 12-9　远射程喷枪

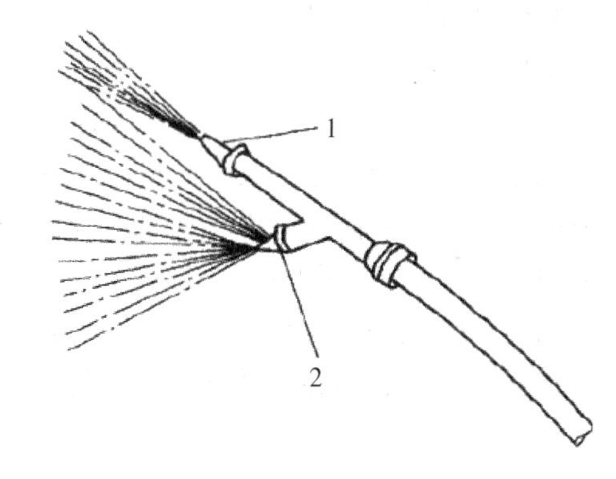

1—锥形腔孔喷嘴；2—狭缝式喷嘴

图 12-10　组合式喷枪

2. 工作原理

担架式喷雾机的工作过程如图 12-11 所示。汽油机启动后，通过 V 带传动，带动三缸活塞泵曲轴旋转。曲轴通过连杆和活塞杆驱动活塞做往复运动。活塞运动时将水吸入泵室后，再将水压入空气室。当水连续压入空气室后，空气室内的水不断增多并压缩空气而产生高压。高压水流经过截止阀、混药器流到喷枪。水流经混药器时，将母液（较浓的药液）吸入混药器与水混合后，送入喷枪喷出而雾化。

喷枪的喷雾压力是由调压阀控制的。当空气室压力大于调压阀弹簧的压力时，液体就顶起调压阀锥阀，使液体流回泵室，直到空气室压力减小，阀门关闭，液体停止回流。把调压手柄顺时针旋转时，压力增大，反之压力减小。

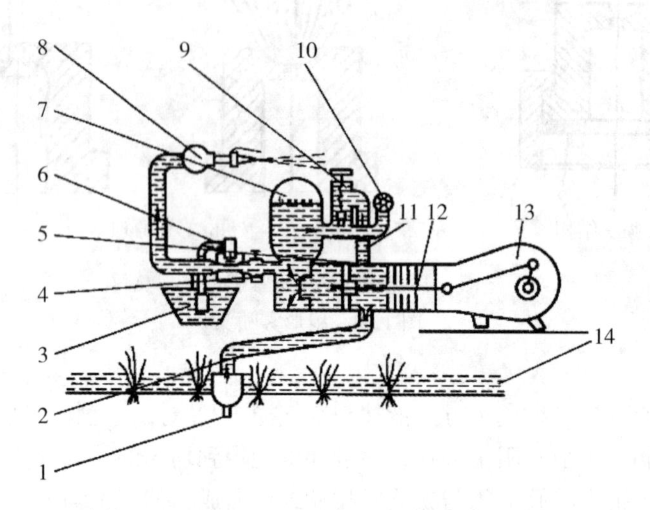

1—吸水滤网；2—吸水管；3—母液；4—截止阀；5—回水阀；6—混药器；7—空气室；8—喷枪；9—调压阀；10—压力表；11—回水管；12—活塞杆；13—三缸活塞泵；14—水田

图 12-11　担架式喷雾机的工作过程

3. 担架式喷雾机的使用维护

（1）母液浓度的测算

首先根据防治病虫对象，确定喷药浓度。然后将吸药滤网放入已知药液量的药桶内（可用清水代替），将吸水滤网放入已知水量的水桶内，启动发动机，进行试喷。经过一定时间喷射后，称量剩余药液和清水量，算出吸液量和吸水量，两项相加即为喷枪喷液量。最后，根据以上的测量数据，计算出所需的母液浓度。

设测算的喷枪排量为 Y（单位：kg/min），测算的混药器吸液量为 Z（单位：kg/min），确定的喷枪排液浓度为 1∶A，母液的稀释比为 1∶X，则母液的稀释比计算公式为

$$X=\frac{ZA}{Y}-1$$

（2）使用维护

工作前，先将调压阀向“低”方向旋松几转，再将卸压手柄扳至“卸压”位置。启动发动机后，如果三缸活塞泵的排液量正常，即可关闭截止阀，将卸压手柄扳至“加压”位置。然后逐渐旋转调压阀，直至压力达到正常喷雾压力，即可打开截止阀开始喷雾。三缸活塞泵在运转的过程中，不能脱水运转，以免损坏胶碗。每次工作结束后，用拉绳缓慢拉动发动机启动轮，排出泵内积液。

12.2 弥雾喷粉机（弥雾法）

弥雾法是利用高速气流将喷头喷出的粗雾滴进一步破碎、吹散成75～100 μm的细小雾滴，并吹送到远方。此法的特点是雾滴细小、均匀，覆盖面积大，药液不易流失，有利于提高防治效果，同时大大减少了稀释用水，特别适于山区及干旱缺水地区使用。

机动背负式弥雾喷粉机是植保机械中使用最多的一类，它具有轻便、灵活、生产效率高等优点，广泛用于较大面积的农林作物病虫害的防治，以及化学除草、叶面施肥、消灭仓储害虫、喷洒颗粒等工作。

12.2.1 弥雾喷粉机的构造

背负式弥雾喷粉机的种类较多，但其构造基本相同，都是由发动机、风机、机架、药箱总成和喷管部件等组成的，如图12-12所示。发动机为二冲程汽油机。机架一般用钢管弯制焊接而成。

1. 风机

风机是弥雾喷粉机的主要工作部件之一，它的功用是产生高速气流。风机一般为离心式，其结构如图12-12、图12-13所示，由叶轮、壳体、风机后盖等组成。

叶轮是风机的主要工作部件。叶轮回转时，从汽油机得到能量并对气体做功，使气体得到动能和压能。叶轮的叶片按形状分为径向叶片、前向曲叶片和后向曲叶片。前向曲叶片叶轮尺寸小，风量大，风压高。风机的壳体为蜗壳形，一般由薄钢板制成。

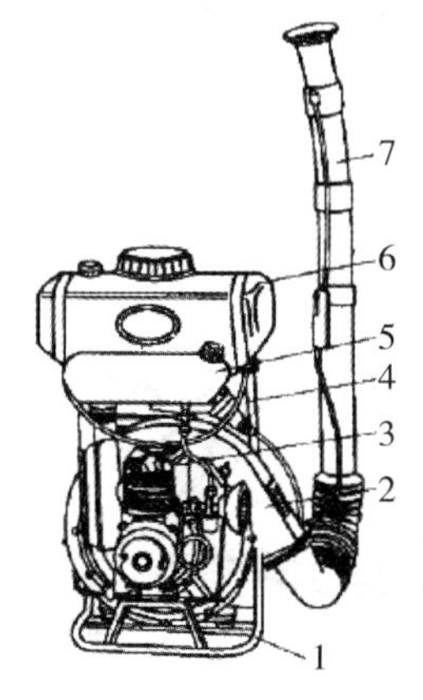

1—下机架；2—离心式风机；3—汽油发动机；4—上机架；5—油箱；6—药箱总成；7—喷管部件

图12-12　背负式弥雾喷粉机

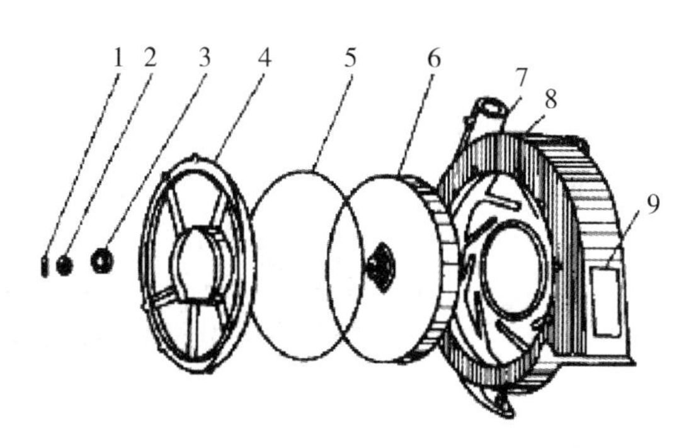

1—螺母；2—弹簧垫圈；3—平垫圈；4—风机后盖；5—橡胶垫；6—叶轮；7—出风管；8—壳体；9—铭牌

图12-13　离心式风机

2. 药箱总成

药箱总成的功用是储存药液（粉）。弥雾作业和喷粉作业时所用的药箱总成是不同的。图12-14为弥雾作业时的药箱总成，图12-15为喷粉作业时的药箱总成。

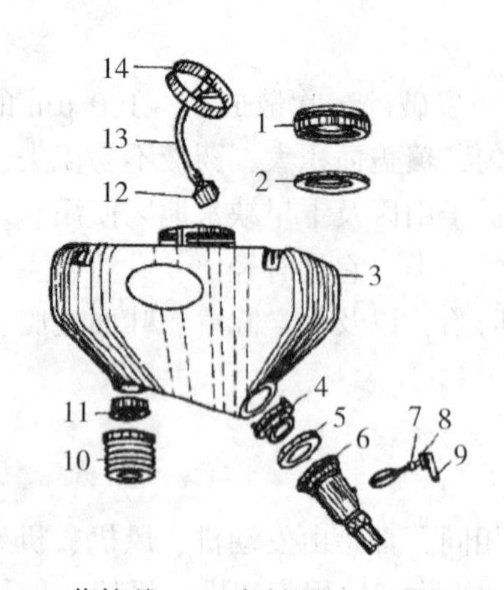

1—药箱盖；2—密封圈；3—药箱；
4 和 8—压紧螺母；5—密封垫；
6—粉门体；7—密封垫；9—粉门开关；
10—接风管；11—进风胶塞；12—进气塞；
13—进气管；14—滤网

图 12-14　弥雾作业时的药箱总成

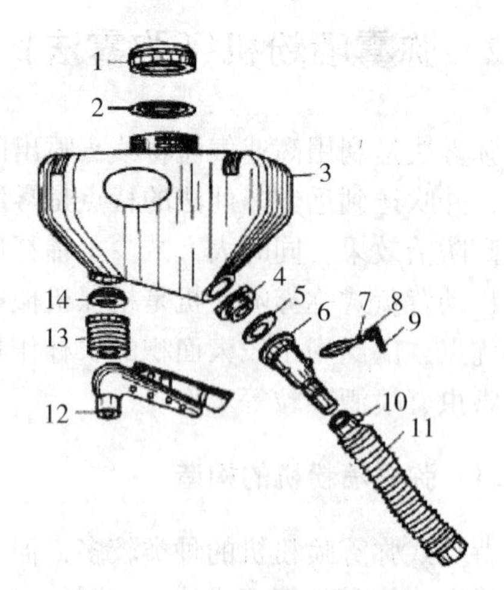

1-药箱盖；2—密封圈；3—药箱；
4 和 8—压紧螺母；5—密封垫；
6—粉门体；7—密封垫；9—粉门开关；
10—管箍；11—输粉管；12—吹粉管；
13—风管；14—橡胶圈

图 12-15　喷粉作业时的药箱总成

3. 喷管部件

喷管部件的功用是输送气流和药液（粉）。图 12-16 为弥雾时作业的喷管部件，它由弯管、直管、输液管和弥雾喷头等组成。

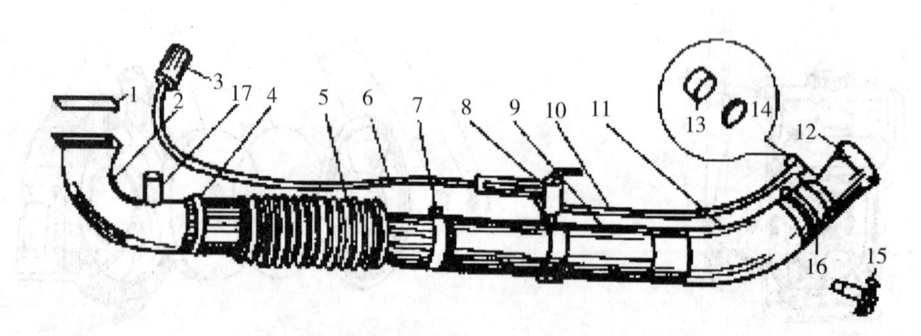

1—垫圈；2—弯头；3—出液塞；4、7 和 16—管箍；5—软管；6 和 10—输液管；8—手把；
9—直管；11—弯管；12—喷管；13—压盖；14—密封垫；15—喷嘴；17—下粉口橡胶塞

图 12-16　弥雾作业时的喷管装置

通用弥雾喷头的结构如图 12-17 所示，在喷管出口处装有药液喷嘴，在喷嘴的外圈均匀分布着 8 个扭转式叶片，每片叶片背面有一小喷孔。工作时，药液通过输液管流到喷嘴，再从 8 个小喷孔成细线液流喷出，在受到高速气流的冲击后被剪切成细小雾滴，并由气流吹送到远方，最后沉降到作物上。

喷粉时，取掉弯管及喷管，将输液管换成输粉管，药箱总成更换成喷粉药箱总成，即可直接进行喷粉作业。塑料薄膜喷粉管是另一种喷粉装置，如图 12-18 所示。在塑料薄膜管上每隔 20 mm 有一个直径 9 mm 的喷孔，向外喷洒药粉。管的一端用夹板夹持在绞车心轴上，另一端与风机出风口连接，用金属卡环紧固。喷粉时，喷粉管上的小喷孔应朝向地面或稍向后倾斜。

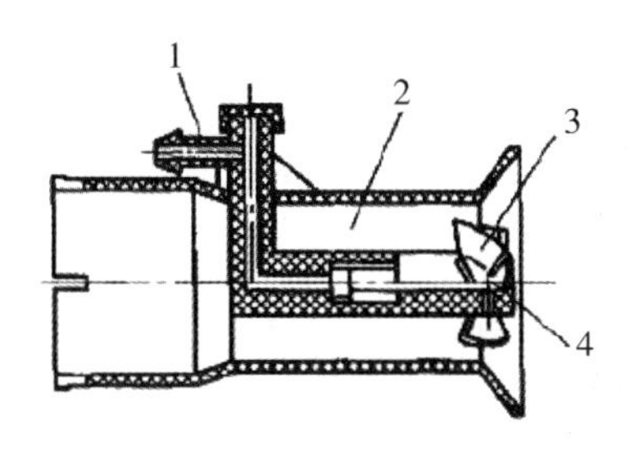

1—输液管；2—喷管；
3—扭转式叶片；4—喷孔
图 12-17　通用弥雾喷头

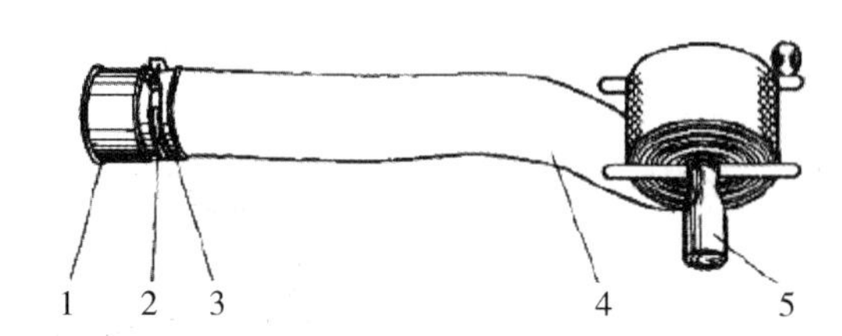

1—管接头；2—管箍；3—橡胶环；
4—塑料薄膜管；5—绞车
图 12-18　塑料薄膜喷粉管

12.2.2　弥雾喷粉机的工作过程

1. 弥雾作业的工作过程

如图 12-19 所示，汽油机带动风机叶轮高速旋转，产生高速气流，在风机出口处形成一定压力。大部分高速气流经风机出口流入喷管，少量气流经进气塞和进气管进入药箱，使药箱内形成一定的风压。药箱内药液在风压作用下，经粉门、出液塞进入输液管，再经药液开关送到喷嘴，从喷嘴周围的小孔流出。流出的药液在高速气流的冲击下，雾化成细

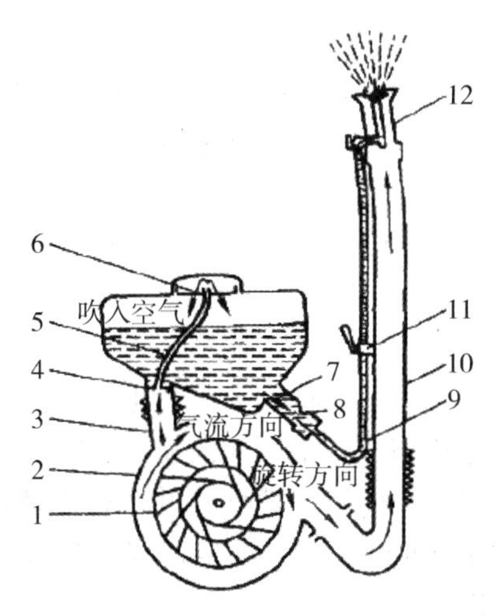

1—叶轮；2—（风机）壳体；3—出风管；4—进气塞；5—进气管；6—滤网；
7—粉门体；8—出液塞；9—输液管；10—喷管；11—药液开关；12—喷头
图 12-19　弥雾作业的工作过程

小雾滴，随气流吹向远方。

2. 喷粉作业的工作过程

如图 12-20 所示，汽油机带动风机叶轮产生的高速气流大部分流入喷管，少量气流进入吹粉管，再由吹粉管上的小孔吹出，使药粉松散，并将药粉从粉门体吹入输粉管送到喷管。药粉在喷管内与风机吹来的高速气流均匀混合，最后从喷管吹出，被气流吹向远方，沉降在作物表面。

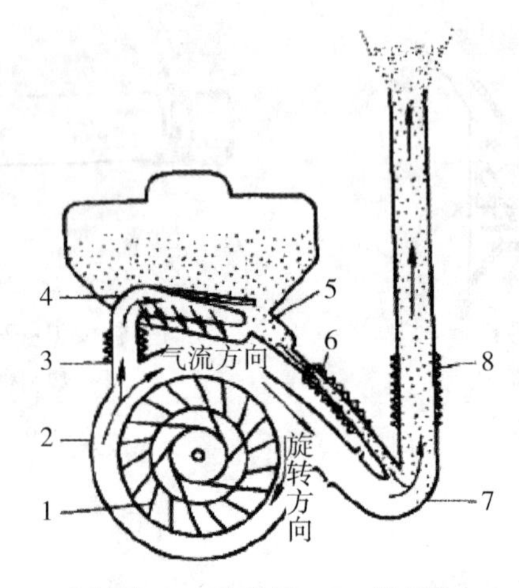

1—叶轮；2—（风机）壳体；3—出风管；4—吹粉管；5—粉门体；6—输粉管；7—弯头；8—喷管

图 12-20 喷粉作业的工作过程

12.2.3 喷粉机的使用

机具作业前应先按汽油机有关操作方法，检查其油路系统和电路系统后进行启动。确保汽油机工作正常。

1. 喷雾作业

机具喷雾作业时，加药前先用清水试喷一次，保证各连接处无渗漏。加药不要过急过满，以免从过滤网出气口溢进风机壳里。药液必须洁净，以免堵塞喷嘴，加药后要盖紧药箱盖。

启动发动机，使之处于怠速运转。背起机具后，调整油门开关使汽油机稳定在额定转速左右，开启药液手把开关即可开始作业。

喷药时应注意以下 4 个问题。

（1）严禁停留在一处喷洒，以防对植物产生药害。

（2）背负机喷洒属飘移性喷洒，应采用侧向喷洒方式。

（3）喷药前首先要校正背机人的行走速度，并按行走速度和喷量大小，核算施液量。喷药时严格按预定的喷量和行走速度进行。前进速度应基本一致，以保证喷洒均匀。

（4）大田作业喷洒可变换弯管方向。

2. 喷粉作业

机具喷粉作业时，关好粉门后加粉。粉剂应干燥无结块，不得含有杂物。加粉后旋紧药盖。启动发动机，使之处于怠速运转。背起机具后，调整油门开关使汽油机稳定在额定转速左右。然后调整粉门操纵手柄进行喷撒。

使用薄膜喷粉管进行喷粉时，应先将喷粉管从摇把绞车上放出，再加大油门，使薄膜喷粉管吹起来。然后调整粉门喷撒。为防止喷管末端存粉，前进中应随时抖动喷管。

背负机使用过程中，必须注意防毒、防火、防机器事故发生，尤其应十分重视防毒。因喷洒的药剂，浓度较手动喷雾器大，雾粒极细，田间作业时，机具周围形成一片雾云，很易吸进人体内引起中毒。因此必须从思想上引起重视，确保人身安全。

作业时应注意以下 4 个问题。

（1）背机时间不要过长，应以 3~4 人组成一组，轮流背负，避免背机人长期处于药雾中吸不到新鲜空气。

（2）背机人必须佩戴口罩，并应经常换洗。作业时携带毛巾、肥皂，随时洗脸、洗手、漱口、擦洗着药处。

（3）避免顶风作业，禁止喷管在作业者前方以八字形交叉方式喷洒。

（4）发现有中毒症状时，应立即停止背机，求医诊治。

本机所用的药液浓度大，还应注意植物中毒，产生药害。

背负机用汽油作燃料，应注意防火。

12.2.4 喷雾机常见故障及其排除

喷雾机的常见故障及其排除方法见表 12-3。

表 12-3　**喷雾机的常见故障及其排除方法**

故障现象	故障原因	排除方法
喷雾量少	喷头堵塞 开关堵塞 加压软管脱落或扭转成螺旋状 药箱破裂或药箱盖漏气 进风阀未打开 发动机转速低	旋下喷头清洗干净 拆下开关清洗转芯 重新安装 修补或更换药箱盖胶圈 打开进风阀 排除发动机故障，恢复发动机正常转速
输液管各接头漏液	塑料管连接处被药液泡软而松动	用铁丝扎紧或更换新管
药液进入风机	药液过满，从加压软管流进风机 进气塞损坏漏药液	药液不要加得过满 重新安装或更换新品
药箱漏水或跑粉	药箱盖未旋紧 胶圈损坏或未垫正	把药箱盖放正并旋紧 更换或重新装正
不出粉	粉过湿 未装吹粉管 吹粉管脱落或堵塞 粉门未打开 输粉管堵塞	不能用过湿药粉 装上吹粉管 重新安装并清除堵塞物 打开粉门 消除堵塞物

续表

故障现象	故 障 原 因	排 除 方 法
喷粉量少	粉门未全开 药粉潮湿 输粉管堵塞 吹粉管未装上 发动机转速低	粉门全部打开 换用干燥粉 消除堵塞物 重新装上吹粉管 排除发动机故障，恢复发动机转速
叶轮擦风机壳	装配间隙不对 风机外壳变形	重新装配，保持正常间隙 修复外壳

12.3　超低量喷雾机（细弥雾法）

细弥雾法利用高速旋转的齿盘，在离心力的作用下，将微量的高浓度药液甩出，形成雾滴直径为 15~75 μm 的细弥雾，飘降到作物茎叶表面上。它不用或很少用稀释水，工作效率高，防治效果好，并大大减轻劳动强度和节省农药，是很受欢迎的新型喷雾技术。但风向、风力对喷药效果有较大影响，且高浓度药液容易对作物造成药害和使人畜中毒，故应严格遵守用药规定及操作规程。

超低量喷雾机有多种类型，常用的是背负式超低量喷雾机和手持式超低量喷雾机。

12.3.1　背负式超低量喷雾机

1. 背负式超低量喷雾机的结构

背负式超低量喷雾机是在背负式弥雾喷粉机的基础上，加装一只超低量喷头而构成的。工作时，只需要将弥雾喷头换成超低量喷头，即可进行超低量喷雾作业。

超低量喷头的结构如图 12-21 所示，它由流量调节开关、雾化齿盘、驱动叶轮等组

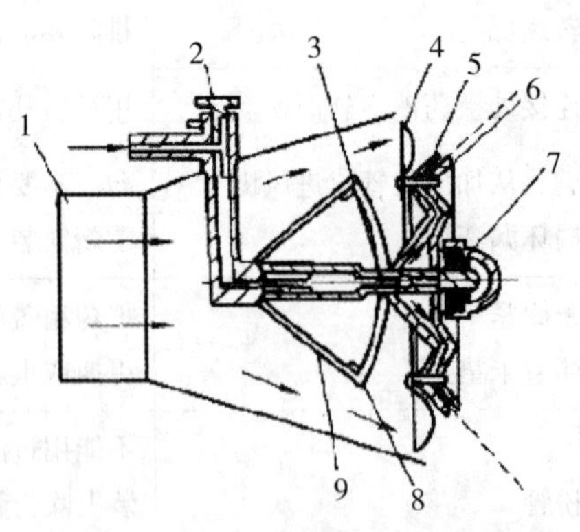

1—喷口；2—流量调节开关；3—空心轴；4—驱动叶轮；
5—后齿盘；6—前齿盘；7—轴承；8—分流锥盖；9—分流锥

图 12-21　超低量喷头

成。流量调节开关用来调节药液的流量。在调节开关的转芯上钻有直径为 0.8 mm、1.0 mm、1.3 mm 和 1.5 mm 的流量调节孔，它与转芯顶面的流量调节标志相对应，这样就可得到 4 种流量。

雾化齿盘的功用是雾化药液，它由前齿盘和后齿盘组成。齿盘安装在空心轴上，每个齿盘边沿有齿高为 1mm 的小齿 180 个。前、后齿盘之间的间隙为 1.4 mm，在两齿盘之间的空心轴上开有出液孔，药液由出液孔流到前、后齿盘之间。

驱动叶轮的功用是驱动齿盘高速旋转。它有 6 个驱动叶片，直径 106 mm。驱动叶轮与前、后齿盘用塑料铆钉铆接在一起。

2. 工作原理

工作时，风机产生的高速气流经喷管送入超低量喷头。由于分流锥的作用，使气流速度增大，并呈环形从喷嘴吹出。在环形高速气流的作用下，驱动叶轮带动雾化齿盘以 8000～10000 r/min 的转速高速旋转。药液箱的药液经输液管送入流量调节开关，并流入空心轴，再从空心轴上的小孔流进前、后齿盘之间，在离心力的作用下在齿盘上分散成很薄的液膜，并沿齿盘的齿尖高速甩出，克服药液的黏着力和表面张力，破碎成 70～100 μm 的细小雾滴，被高速气流吹送到远方。

12.3.2 手持式超低量喷雾机

1. 手持式超低量喷雾机结构

手持式超低量喷雾机又称为手持式电动离心喷雾机，它是一种由微型电动机驱动，利用齿盘高速旋转的能量进行雾化药液的喷雾机。这种喷雾机具有工效高、省药、不用水和防治费用低等优点，适用于小面积作物喷洒农药，防治病虫害。

手持式超低量喷雾机一般由药液瓶、超低量喷头、手把及电气部分等组成，如图 12-22 所示。药液瓶与超低量喷头相连接。为了使瓶内药液能靠自重流出，在药液瓶座上

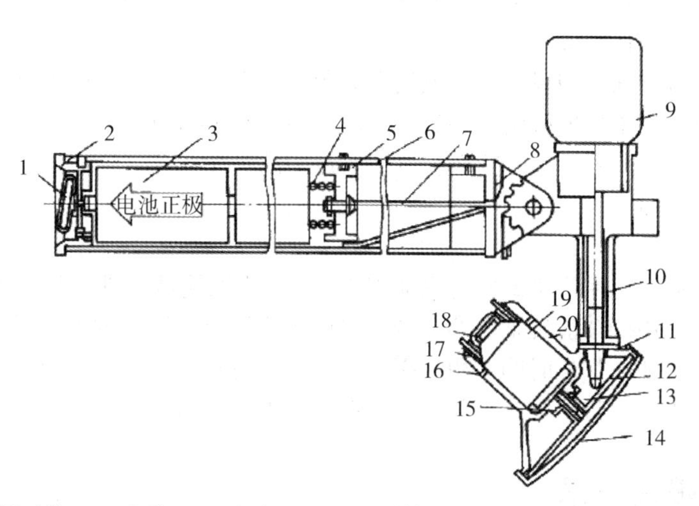

1—电源开关；2—底盖；3—电池；4—电池弹簧；5—弹簧座；6—手把；7—导线；8—喷头架；9—药液瓶；10—药液瓶座；11—流量调节器；12—雾化齿盘；13—防液套；14—护罩；15—密封圈；16—垫圈；17—电机座；18—后盖；19—微型电动机；20—喷头体

图 12-22 手持式超低量喷雾机

有一进气孔，使瓶内外气压达到平衡。

超低量喷头安装在微型电动机轴上，由喷头体、流量调节器、防液套、雾化齿盘和喷头支架等组成。流量调节器有三种规格的流量，供不同喷雾作业时使用。雾化齿盘由前、后齿盘组成，其结构与背负式超低量喷头的齿盘结构基本相同。防液套防止电动机轴外露接触药液生锈。防液套随电动机轴一起高速旋转，可将溅附在它上面的药液甩出，以防止药液渗入电动机内部，造成腐蚀。

电气部分包括微型电动机、电池、开关和导线等。微型电动机是超低量喷雾机的动力，是一种直流电动机，它由 4 节干电池供应电能。干电池安装在手把的下端。工作时，由人工手持手把作业。

2. 工作原理

喷雾时，由操作人员打开电源开关，使电动机高速旋转。电动机带动雾化齿盘以 8000 r/min 的转速旋转，药液瓶内的药液靠自重通过流量调节器滴入雾化齿盘之间，药液在离心力的作用下，在齿盘表面形成一层薄膜，并向周边移动，最后从齿盘边缘的 360 个齿尖上甩出，雾化成细小雾滴。雾滴随自然风漂移到远处，沉降到作物上。

12.3.3　超低量喷雾机的使用

1. 有效喷幅的确定

喷雾前，在作物上每隔一定距离沿行走方向固定几行白纸。在药液中加入 0.2%的印刷蜡红油墨，然后启动喷雾机进行喷雾。喷雾后 2 min，取回纸片，用 5~10 倍放大镜检查雾滴密度。以 10 个/m^2雾滴的纸片所在位置为有效喷射距离，即有效喷幅。

2. 喷雾作业

喷雾前应用清水试喷，检查各部件工作是否正常，输液系统是否畅通和有无漏液情况。喷雾时，喷头距作物顶部应有 0.5~0.8 m 的距离。使用手持圈式超低量喷雾机时，应将药液瓶口朝上，合上电源开关，待电动机转速正常后，再将手把转动 180°，使瓶底朝上，雾化盘在下，让药液流出。

喷雾时，喷雾方向应与风向一致或稍有夹角。喷雾应从下风向向上风向进行，采用梭形法。操作人员的行走速度应均匀一致，一般旱地为 0.8~1.1 m/s。

当风速超过 5 m/s 时，不能喷雾；风向与走向的夹角小于 45°时，不能喷雾；有较大上升气流时，不能喷雾。

3. 维护保养

每次工作结束后，用清水或肥皂水喷雾 2~3 s，清洗输液部件。每天工作结束后，应将雾化齿盘卸下，用柴油清洗轴上的孔径，保证药液畅通。卸下轴承，用柴油清洗，并在轴承中滴入少量机油。如长时间不用喷雾机时，应把所有零件拆开，用柴油清洗干净，在轴承中加入几滴机油。将喷雾机组装好后放在通风干燥处保存。

12.4　静电喷雾技术

12.4.1　静电喷雾的原理与特点

静电喷雾技术是给喷洒出来的雾滴充上静电，使雾滴与植株之间产生电力，这种电力可以改善雾滴的沉降与黏附，并减少飘逸。

静电喷雾装置的工作原理是：通过充电装置使药液雾滴带上一种极性的电荷，同时，根据静电感应，地面上的目标物将引发出与喷嘴极性相反的电荷，并在两者间形成静电场。在电场力的作用下，带电雾滴受植株表面异性电荷的吸引（实际上雾滴还受到重力、风力和惯性力等作用），加速向植株的各个表面飞去，不仅正面，而且能吸附到它的反面。据试验，一粒 20 μm 的雾滴在无风情况下（非静电状态），其下降速度为 35 mm/s，而一阵微风却使它飘移 100 mm。但在 10^5 V 高压静电场中使该雾滴带上表面电荷，则会使带电雾滴以 400 m/s 的速度直奔目标而不会被风冲跑。因此，静电喷雾技术的优点是，提高了雾滴在农作物上的沉积量，雾滴分布均匀，减少了飘移量，节省农药，提高了防治效果，减少了对环境的污染。

12.4.2 充电方式

静电喷雾的技术要点，首先需要使雾滴带电，同时与目标（农作物）之间产生静电场。静电喷雾装置使雾滴带电的方式主要有三种，即电晕充电，接触充电，感应充电。

图 12-23（a）是电晕充电。充电时起晕电极和高压电发生器相连，在电极尖端，电场强度最高区，出现电晕放电，形成大量的正、负离子。与起晕电极相异的离子在这里被电极吸引，成为中性。同起晕电极相同的离子在这里被排斥，使电极周围形成电离。于是从这里经过的雾滴经强烈的离子袭击后，便具有与起晕极相同的电荷。电晕充电可以用在液力喷头和旋转喷头上。

图 12-23（b）是接触充电。充电过程是将高压电直接连接在正在雾化的液流上。当液流从处于高电压的喷头（即电极）喷出来，或由旋转圆盘（电极）的离心力抛出来，便带有电荷。使用接触充电，整个机器必须充分绝缘。

图 12-23（c）是感应充电。若将一个导电粒子放入电场内，那么这个粒子的表面便分成正、负电荷区，产生电荷分离。如果这个粒子离开了电场，粒子内部立刻会重新使电荷平衡，粒子也重新成为中性。相反，若在可导电的液流周围放置一个电场，并且在液流分散成雾滴后，通过感应立即使电荷分离，于是电荷不平衡，雾滴因此而带上电荷。感应

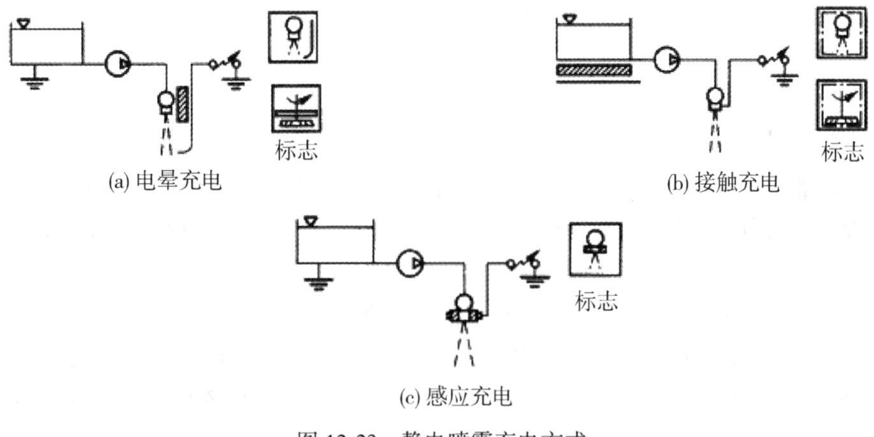

图 12-23　静电喷雾充电方式

充电时，电压相对较低。

12.4.3　静电喷头的结构

常用的静电喷头的结构如图 12-24 所示，喷头座的中央为药液管，周围有倾斜的气管。喷头由导电的金属材料制成，它是“接地”的或与大地接通，从而使液流保持或接近于大地电位。在雾滴形成区所形成的雾流，其雾滴因静电感应而带电，并被气流带动吹出喷头；喷头壳体是由绝缘材料制成的。高压直流电源的作用是将低压输入变高压输出，电压可在几千伏到几万伏的范围内调节。高压电源是一个微型电子电路，其中的振荡器可使低压直流变为高压交流输出；变压器将振荡器的低压交流变为高压交流输出；整流器将变压器的高压交流输出变换为直流电；调节器用来调节高压交流输出电压，高压电源通过高压引线接到电极上。

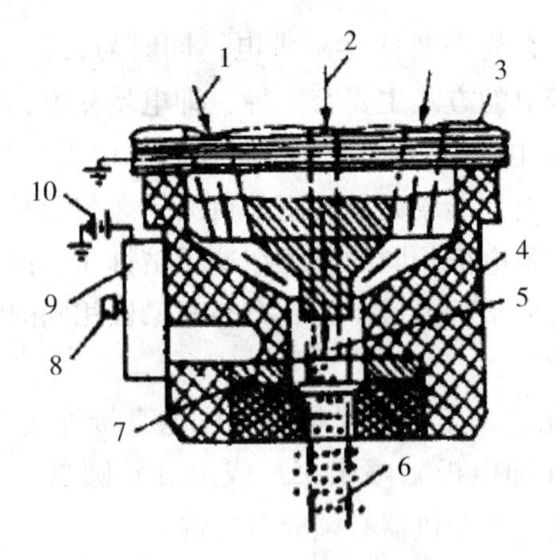

1—高压空气入口；2—高压液体入口；3—喷头座；4—壳体；5—雾滴形成区；6—雾流；7—环形电极；8—调节器；9—高压直流电；10—12V 直流电源

图 12-24　静电喷雾喷头

12.5　植保机械的维护保养与安全技术

12.5.1　维护保养

许多农药都具有强烈的腐蚀性，制造药械的材料可以是薄钢板、橡胶制品、塑料等。因此，要保证植保机械有良好的技术状态，延长其使用寿命，维护保养是非常重要的。

（1）添置新药械后，应仔细阅读使用说明书，了解其技术性能和调整方法，正确使用和维护保养等，产品严格按照规定进行机具的准备和维护保养。

（2）转动的机件应按照规定用的润滑油进行润滑，各固定部分应固定牢固。

（3）各连接部分应连接可靠，拧紧并密封好，缺垫或垫圈老化的要补上或更换，不得有渗漏或漏药粉的地方。

（4）每次喷药后，应把药箱、输液（粉）管和各工作部件排空，并用清水清洗干净。如用来喷杀虫剂时，必须用碱水彻底清洗。

（5）长期存放时，各部件应用热水、肥皂水或碱水清洗后，再用清水清洗干净；可能存水的部分应将水放净、晾干后存放。

（6）橡胶制品、塑料件不可放置在高温和太阳直接照射的地方。冬季存放时，应使它们保持自由状态，不可过于弯曲或受压。

（7）金属材料部分不要与有腐蚀的肥料、农药在一起存放。

（8）磨损和损坏的部件应及时修理或更换，以保证作业时良好的技术状态。

12.5.2　安全技术

农药对人畜都有毒害，如果使用不当会造成中毒。有毒物质可通过口、皮肤和呼吸道进入人体，对人造成毒害；有些有毒物质在人体内当时不表现，而积累于人体内造成慢性中毒。因此，进行喷药的人员必须懂得农药使用的安全常识和进行必要的防护。

（1）施药人员必须熟悉和了解农药的性能规格，按照安全操作规程操作。工作时，植保机具应具有良好的技术状态，不得有渗漏农药的地方。

（2）施药人员应穿戴专用的防护服和面罩，如无条件，必须戴口罩、手套、风镜，并穿鞋袜，应尽量避免皮肤与农药接触。作业时应携带毛巾、肥皂，以便在工作中农药万一接触到皮肤时，能及时清洗。施药时穿着的衣物，也应及时清洗干净。

（3）在工作进行中禁止吃东西、抽烟、喝水；如确有必要时，一定事先用肥皂、清水将手、脸洗净。

（4）施药人员在作业时如出现头晕、恶心等中毒症状，应立即停止作业就医。

（5）随时注意风向变化，以改变作业的行走方式。

（6）混药和把药液倒入药箱时要特别小心，不让溅出来。背负式喷雾器（机）的药液箱不应装得过满，以免弯腰时，药液从药箱口溢出溅到施药人员的身上。用飘移喷雾不得使用剧毒农药，以免发生中毒事故。

第13章　灌溉机械的使用与维护技术

13.1　农用水泵的使用与维护技术

13.1.1　水泵的类型

水泵是把动力机的机械能传给水，把水送到高处或远处的水力机械。

根据工作原理和结构形式的不同，水泵可分为三大类：第一类是叶片式泵，靠转动的叶轮工作；第二类是容积泵，靠活塞、柱塞或转子改变泵腔中的容积进行工作；第三类是特殊类型的泵，如射流泵和水锤泵等。农业生产中常用的是叶片泵，按其结构原理有三种基本类型：离心泵、混流泵和轴流泵。图13-1～图13-3为三种类型水泵的外形。

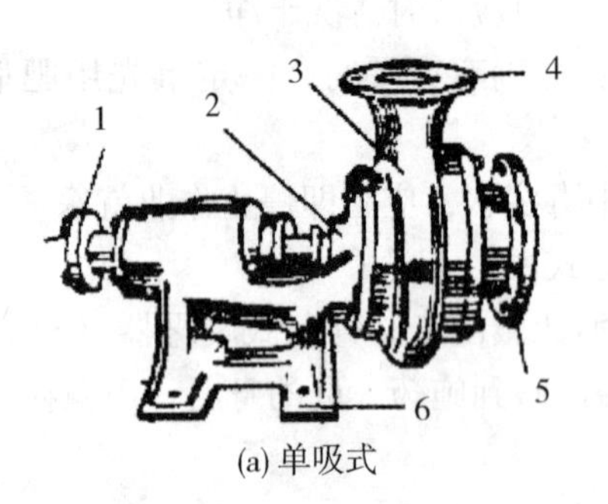

(a) 单吸式　　(b) 双吸式

1—联轴器；2—填料室；3—泵体；4—出水口；5—进水口；6—泵座

图13-1　离心水泵

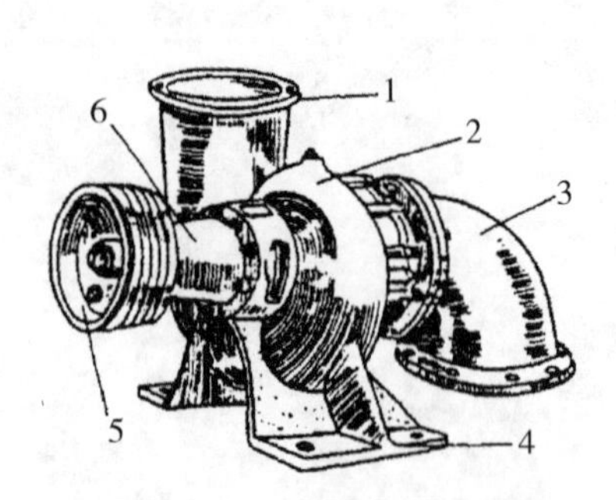

1—出水口；2—泵壳；3—进水弯管；
4—底座；5—带轮；6—轴承盒

图13-2　混流泵

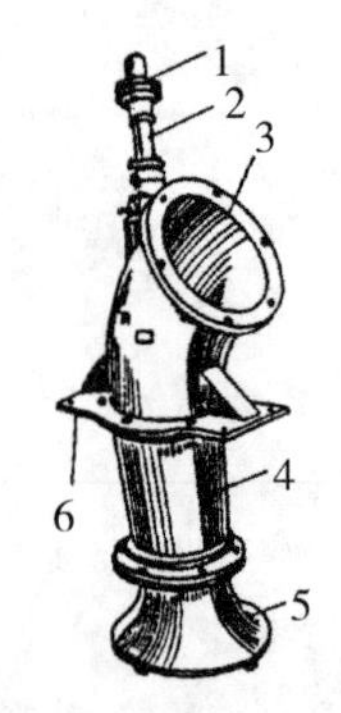

1—联轴器；2—泵轴；3—出水弯管；
4—导叶体；5—进水喇叭；6—水泵支座

图13-3　轴流泵

1. 离心泵

离心泵是利用叶轮旋转时产生的离心力吸水、扬水的水泵。离心泵的扬程高，适应的流量和扬程范围广，应用普遍。适用于平原、山区和丘陵地区。

2. 轴流泵

轴流泵是利用叶轮旋转时对水产生的轴向推力而工作的水泵。轴流泵的流量大，扬程低，适用于平原河网地区的固定灌溉。

3. 混流泵

混流泵是利用叶轮旋转时产生的离心力和推力而工作的水泵。混流泵的性能介于离心泵和轴流泵之间，适用于平原和丘陵地区。

4. 潜水泵

潜水泵是把立式电动机和水泵装在一起，可以全部潜入水中工作的水泵。潜水泵使用方便，多用于沟渠、池塘地带。

5. 深井泵

深井泵为多级单吸式离心泵，是专用于从井中抽水的一种水泵。适用于北方以井灌为主的地区。

13.1.2　离心泵

1. 离心泵的一般构造

离心泵由回转部分和固定部分组成，如图 13-4 所示。离心泵是应用最广的一种水泵。离心泵按叶轮的进水方式不同，分为单吸泵（水从叶轮一侧进入）和双吸泵（水从叶轮两侧进入）；按叶轮的数量不同，分为单级泵（泵内只有一个叶轮）和多级泵（泵内有两个以上叶轮）。

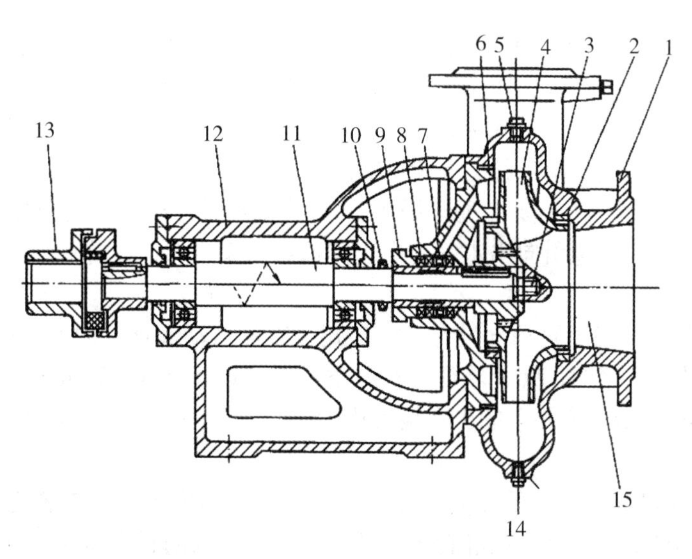

1—泵体；2—减漏环；3—叶轮固定螺母；4—叶轮；5—放气螺栓；6—后盖；7—水封环；8—填料室；9—填料压盖；10—挡水圈；11—泵轴；12—托架；13—联轴器；14—放水螺栓；15—吸入室

图 13-4　离心泵的构造

（1）回转部分

回转部分包括叶轮、泵轴、传动带轮（或联轴器）等。

① 叶轮　叶轮把动力机的机械能传给水，转变为水流的动能和压能，并获得一定的流量和扬程。叶轮有封闭式、半封闭式和敞开式三种，如图 13-5 所示。

封闭式叶轮　如图 13-5（a）所示，即在叶片的两侧有前盖板和后盖板，盖板间夹有 6 个扭曲的叶片，叶片和盖板内壁构成弯曲的流道称为叶槽。叶轮前盖板中间有一个进水口，水泵把水从进水口吸入，流过叶槽，再从叶轮外缘四周甩出，适用于抽送清水。

半封闭式叶轮　如图 13-5（b）所示。只有后盖板，适用于抽送有杂质的水。

敞开式叶轮　如图 13-5（c）所示。其前后均无盖板，适用于抽送泥浆和有杂物的水，以防阻塞叶轮。这种泵效率一般偏低。

(a) 封闭式

(b) 半封闭式

(c) 敞开式

图 13-5　叶轮的形式

② 泵轴、传动带轮（或联轴器）其作用是把动力机的机械能传给叶轮。泵轴的一端装有叶轮，另一端装有传动带轮（或联轴器），中部用轴承支承。

（2）固定部分

固定部分包括泵体、托架、填料室和出水口等。

① 泵体（泵壳）　泵体由进水接管、蜗形压水室（蜗壳）和出水接管整体浇铸而成。进水接管为渐缩锥形管，作用是把水流均匀地引向叶轮进口；蜗形压水室的断面呈由小逐渐扩大的蜗牛壳状，故又称蜗壳，其作用是均匀地汇集水流，使水流的流速保持均匀不变，以减小水力损失。出水接管是渐扩的锥形管，作用是使水流流速（动能）因断面渐扩而逐渐减小，压力（压能）逐渐增大，从而使大部分动能转换成压能，并消除水流的旋转运动，将水平缓地引向出水管。由于流速在水泵出口已被降低，可使出水管中的水力损失相对减小。

在蜗形压水室（蜗壳）顶部设有一放气孔，以便启动前往泵内灌水时排出泵内空气。底部设有放水孔口，平时用螺栓堵住，在冬季停用时打开螺栓，可放空泵壳内存水，以防冻裂，如图 13-6 所示。离心泵的出水接管连同泵壳，可向左右各调转 90°安装以适应出水口不同朝向的要求。

② 密封环（口环）　叶轮是旋转部件，而泵壳是固定部件，二者之间需留有一定间隙。叶轮进水口处是低压区，而叶轮盖板处是高压区，为防止高压水经此间隙流向叶轮进口，增大容积损失，降低水泵效率，间隙不能过大。但间隙过小则叶轮与泵壳会产生摩擦，造成损坏。为防止大量漏水，同时为防止磨坏叶轮或泵壳，泵在靠近叶轮进口处的泵壳上，安装一圆形铸铁环，磨损后只需更换此环，不必更换叶轮或泵壳，故此环又称减漏

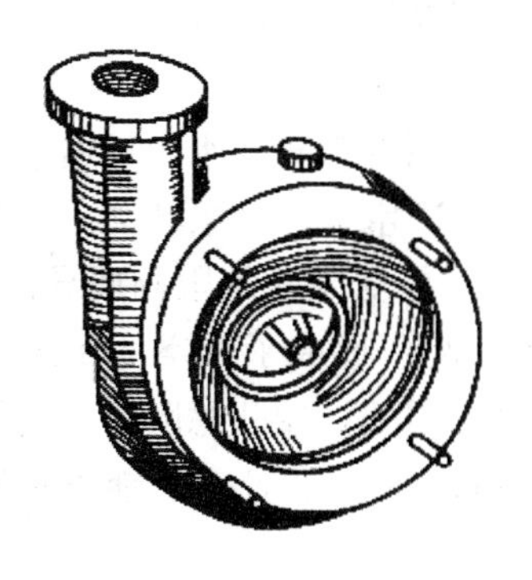

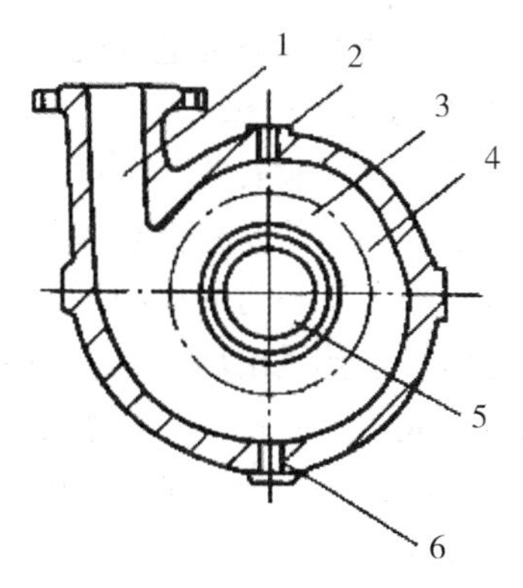

1—出水口；2—放气螺孔；3—叶轮；4—流道；5—进水口；6—放水螺孔

图 13-6 离心泵泵体

环，因其常装在叶轮进口附近，故又称口环，如图 13-4 所示。

③ 填料室 在泵轴穿出泵体的地方，用填料封闭泵轴和泵体轴孔之间的空隙，防止漏水和空气窜入而影响水泵的正常工作。填料室由填料、填料压盖、水封环等组成，如图 13-4 所示。填料多用油浸石棉绳制成，将其压成矩形断面，外表涂以石墨粉，它能够耐高温、耐磨损和稍有弹性。将适当数量的填料装入填料室并用填料压盖适度压紧，即可达到防漏（水漏出或气漏入）的要求。填料压挤的松紧程度，可用压盖上的螺栓来调节。

④ 泵轴和轴承 轴是能量传递部件，轴用轴承支承，叶轮固定在一端，另一端装有联轴器或带轮与动力机相连，在动力机的驱动下，轴带动叶轮旋转，把动力机的机械能传给叶轮，再由叶轮传递给水，从而使水的能量增加。

（3）附件

离心泵必须配有管路及其他附件才能工作。水泵附件包括底阀、吸水管、压水管和闸阀等，如图 13-7 所示。

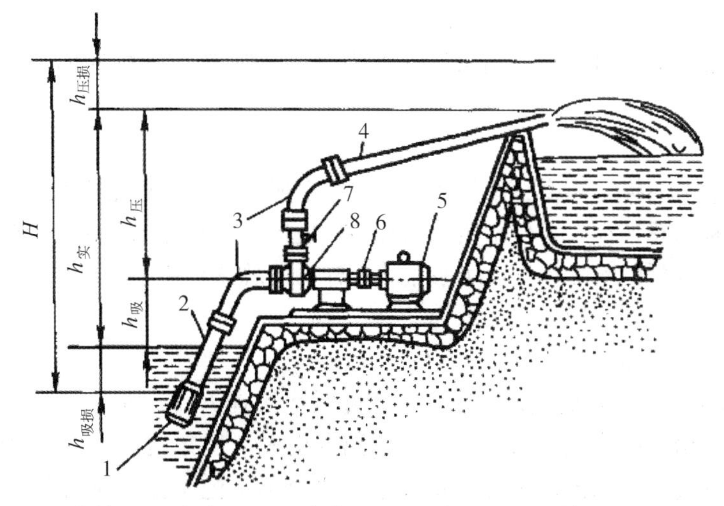

1—底阀；2—吸水管；3—弯头；4—压水管；5—电动机；6—联轴器；7—闸阀；8—泵体

图 13-7 离心泵的安装及附件

带动水泵的动力一般是电动机，也可以是柴油机、汽油机或拖拉机。

2. 离心泵的工作原理

离心泵使用时一般安装在水面以上一定高度的地方，用进水管和水源相通，如图13-8所示。离心泵在抽水前要先将泵体和进水管中灌满水，排净空气。水泵开动后，叶轮带着水高速旋转，水在离心力的作用下，从叶轮槽甩向四周，再受泵壳的限制而导向出水管。同时，叶轮内的水被甩出后，其中心部位（即泵的进口处）形成了真空低压区，它与水源水面之间形成了压力差，于是水源中的水在大气压力作用下，冲开滤网内的底阀，沿着进水管进入叶轮，补充被叶轮甩出的水。这样，叶轮不断旋转，离心泵就能不断地把水从低处抽送到高处。

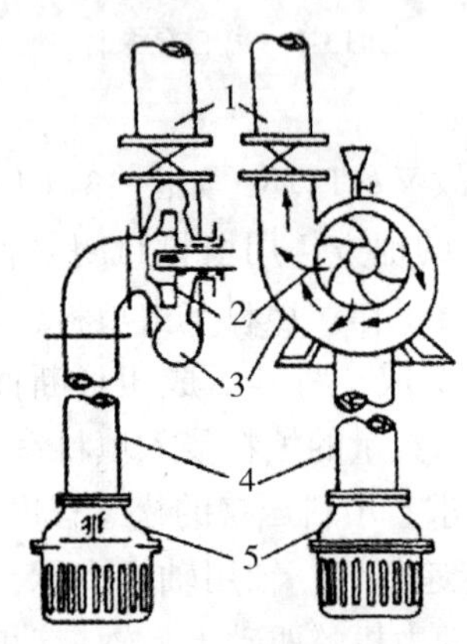

1—压水管；2—叶轮；3—泵壳；4—吸水管；5—底阀

图13-8　离心泵的工作原理

3. 离心泵的性能

离心泵的铭牌上都标有其性能，它标志着该泵的工作性能。

（1）流量

流量是水泵在单位时间内的出水量，单位为m^3/h。铭牌上标注的流量是指水泵在最高效率时的流量。

（2）扬程

扬程表示水泵的提水高度，单位为m。铭牌上所标明的扬程是指水泵在最高效率时的扬水能力，又称为总扬程。它包括实际扬程和损失扬程，实际扬程又为实际压程和实际吸程之和。因此，水泵的实际扬程比水泵铭牌上标明的总扬程小。

水泵机组的总扬程，用公式表示为

$$H_{总}=H_{吸}+H_{压}$$

式中：$H_{吸}$为水泵能吸上水的高度，它包括实际吸水扬程$H_{实吸}$（进水池水面至水泵轴心线的垂直距离）和吸水损失扬程$H_{吸损}$（吸水管路的损失扬程）两部分；$H_{压}$为水泵能压上水的高度，它包括实际压水扬程$H_{实压}$（水泵中心线至出水池水面的垂直距离）和压水损失扬程$H_{压损}$（压水管路的损失扬程）两部分。上式也可改写为

$$H_{总}=H_{实吸}+H_{吸损}+H_{实压}+H_{压损}=H_{实}+H_{损}$$

(3) 转速

转速指水泵叶轮每分钟的转速，单位为 r/min。要求水泵的转速保持稳定，选择动力机的转速应与水泵铭牌上的转速一致。

(4) 功率

铭牌上所指功率为配套功率，即该水泵应配套的动力机的输出功率，单位为 kW。

(5) 效率

效率指水泵的有效功率和轴功率之比，水泵的效率一般在 60%~85%之间。

(6) 允许吸上真空高度

允许吸上真空高度表示水泵的吸水能力，也是确定安装高度的依据，单位为 m。一般水泵的允许吸上真空高度为 2.5~8.5 m 之间，安装高度应比允许吸上真空高度小 0.5~1 m。

4. 离心泵的选用

为满足灌溉需要和充分发挥水泵的效率，用户应根据实际情况（如需水量、灌溉面积大小、水源水位高低、地形及配套动力等）合理选择水泵型号和配套设备。

(1) 流量的选择

流量的选择应根据灌溉面积、需水量、灌溉时间等因素来确定。可用下式粗略计算水泵流量 Q。

$$Q=\frac{Fm}{Jt}(1+\delta)$$

式中：Q——水泵流量，m^3/h；

F——灌溉面积，hm^2；

m——每公顷需水量，m^3/hm^2；

J——需连续灌溉天数，d；

t——每天水泵工作时间，h/d；

δ——渠道渗漏系数（一般 δ 为 5%~25%）。

设已知某灌溉面积为 30 hm^2，每公顷需水量为 96 m^3，要求 10 d 灌完，每天工作 18 h 时，渠道渗漏系数 δ 为 0.2，则所需水泵流量为

$$Q=\left[\frac{30\times96}{10\times18}\times(1+0.2)\right]m^3/h=19.2\ m^3/h$$

(2) 扬程的选择

选择扬程时，应根据水源水位高低和所需压水的高度，测量出实际扬程，再计算损失扬程，两项相加就等于水泵的总扬程。

例如，某灌区测得实际扬程为 12 m，若所用水管不长，弯头不多，损失扬程可按实际扬程的 20%计算，则所需总扬程 $H=[12+(12\times0.2)]m=14.4\ m$。

(3) 允许吸上真空高度

允许吸上真空高度也是选择水泵时考虑的因素之一，应结合地形、水位高低和海拔高度来选择。海拔每增加 1000 m，水泵的允许吸上真空高度要降低 1m。水泵的允许吸上真空高度应大于实际需要吸水高度 0.5~1 m。

(4) 水泵型号的选择

根据上述计算结果，可在水泵性能表中，查出近似的水泵型号和应配套的电动机功

率。在表 13-1 中查得 2BA-9 型离心泵，其总扬程为 18. 5 m，流量为 20 m /h，配套电动机功率为 2. 2 kW。

表 13-1　　　　　　　　　　**几种离心（水）泵的主要性能**

型号	流量 /（m^3/h）	总扬程 /m	转速 /（r/min）	效率 /%	配套功率 /kW	允许吸上真空高度/m	叶轮直径 /mm	泵重 /kg
2BA-6	20	30. 8	2900	64	4	7. 2	162	35
2BA-9	20	18. 5	2900	68	2. 2	6. 8	127	36
3BA-6	45	57	2900	63. 5	18. 5	6. 7	218	116
3BA-13	45	18. 8	2900	80	4	5. 5	132	41
4BA-18	90	20	2900	78	ll	5	143	59
6BA-8	170	32. 5	1450	76. 5	30	5. 9	328	166
8BA-25A	270	9. 9	1450	80	ll	4. 5	212	143

13. 1. 3　轴流泵

1. 构造

轴流泵按泵轴在工作时的位置，可分为立式、卧式（水平轴式）和斜式三类，以立式应用较多。立式轴流泵主要由泵壳、泵轴、叶轮、导叶体等部件组成，如图 13-9 所示。

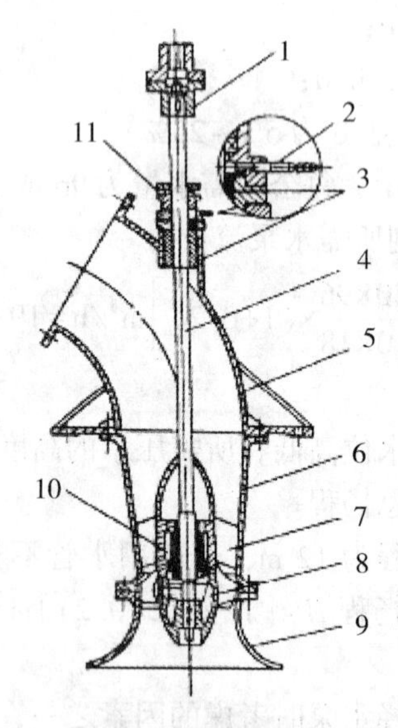

1—联轴器；2—短管；3 和 10—橡胶轴承；4—泵轴；5—出水弯管；
6—导叶体；7—导叶；8—叶轮；9—进水喇叭；11—填料

图 13-9　轴流泵的构造

2. 工作原理

轴流泵的抽水原理与离心泵不同，它主要是利用叶轮旋转时所产生的轴向推力来抽水的，与电风扇的原理相仿，如图 13-10 所示。轴流泵工作时，叶轮在水中高速旋转，不断地把叶片背后的水往前推送，使叶轮上方的水压增加，转动越快压力也越大，水就由低处被抽送到高处去。

3. 主要工作部件

（1）叶轮　轴流泵的叶轮都是敞开式的，一般由 3~6 个扭曲叶片构成，它的叶轮轮毂粗大，如图 13-11 所示。

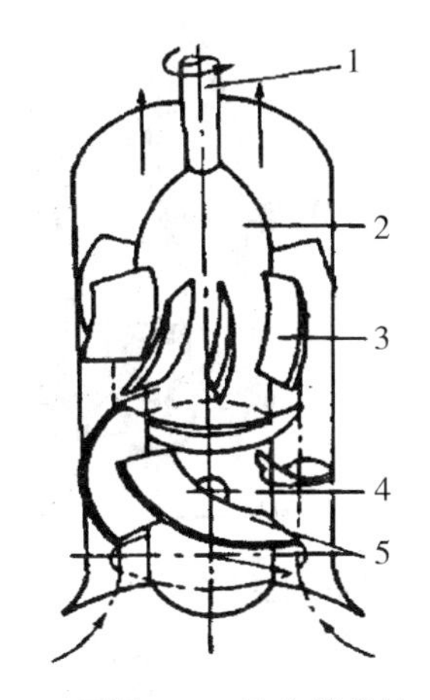

1—泵轴；2—导水器壳体；
3—导叶片；4—叶轮轮壳；5—叶片
图 13-10　轴流泵的抽水原理

图 13-11　轴流泵叶轮外形

（2）进水喇叭　装于水泵下部，便于引导水流，减少泵入水处的水力损失。

（3）导叶体　导叶体呈锥形，安装在叶轮的上面，由 6~12 个叶片组成，其主要作用是把从叶轮中流出的旋转水流转变为向上的轴向运动，并逐渐减小流速，把动能转变为压力能，将水压到高处。

（4）轴承　轴流泵有两种轴承。一种用橡胶制成；共有两个，一只装在导叶体中部，另一只装在出水弯头处。这种轴承结构简单、质量轻，制造容易，耐磨性好，并具有良好的弹性，能较好地吸收和消除振动，中小型轴流泵多采用这种轴承。轴承在运转过程中，依靠所抽的压力水来润滑，无需另加其他润滑剂。泵轴上端的轴承，因多高出水面，所以在填料室处装有一短管，供启动时灌水润滑，待水泵出水后，即靠压力水润滑，可停止灌水。

另一种推力轴承主要用来承受水流作用在叶轮上的轴向推力和水泵传动部件的质量，保持转动部件的轴向位置，并将轴向推力传到固定泵体的基础上去。

13.1.4　混流泵的构造与工作原理

混流泵有蜗壳式、导叶式两种，其结构如图 13-12、图 13-13 所示。蜗壳式的构造类似于单吸离心泵，叶轮形状介于离心泵和轴流泵之间。离心泵的水流槽道与轴线垂直，水从轴向流入，并从垂直于轴倾斜的方向流出，蜗壳式混流泵的叶片水流槽与轴线倾斜，水从轴向进入，从与轴线倾斜的方向流出；导叶式的构造类似于轴流泵。

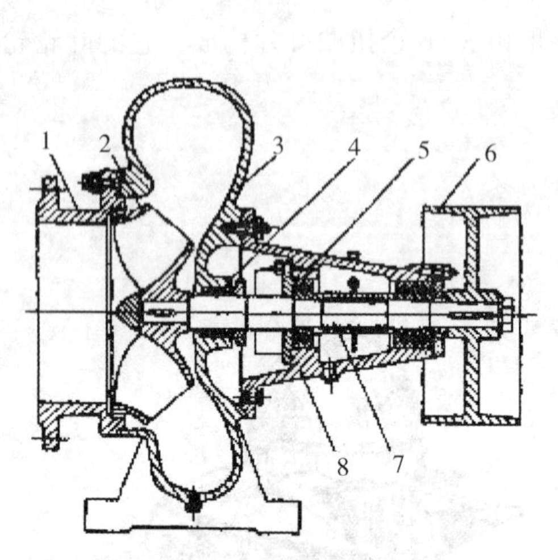

1—泵盖；2—叶轮；3—泵体；4—填料；
5—轴承；6—带轮；7—泵轴；8—轴承体

图 13-12　蜗壳式混流泵

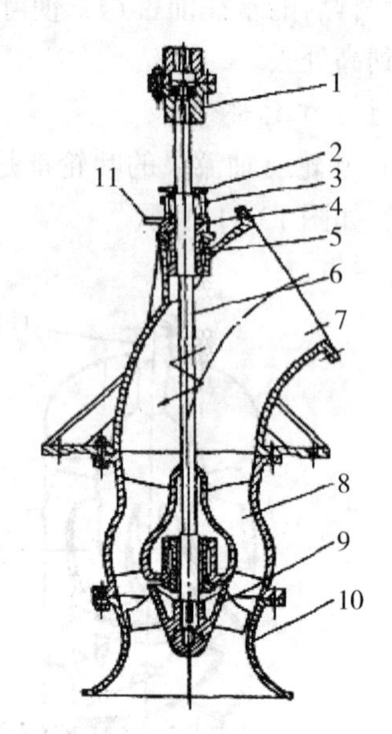

1—刚性联轴器；2—填料压盖；3—填料；
4—填料箱；5—橡胶轴承；6—泵轴；
7—出水弯管；8—导叶体；9—叶轮；
10—进水喇叭；11—短管

图 13-13　导叶式混流泵

混流泵的主要工作部件是叶轮。混流泵的叶轮形状介于离心泵和轴流泵之间，工作时叶轮既产生径向离心力又产生轴向推力，它是靠这两个力混合作用来抽水的，故称混流泵。图 13-14 所示为混流泵的叶轮外形。

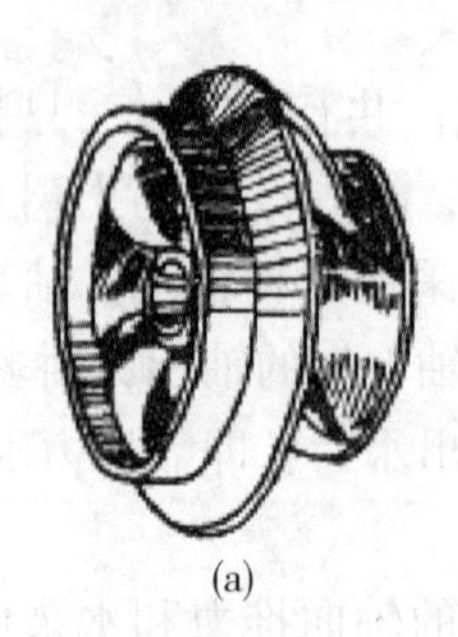

(a)

(b)

图 13-14　混流泵叶轮外形

混流泵具有结构简单、体积小、质量轻、操作维修方便等优点，且其工作特点为流量大于离心泵小于轴流泵，扬程小于离心泵大于轴流泵，是一种较好的泵型，在农田排灌中应用日益广泛。

13.1.5　潜水泵

潜水泵是将水泵与电动机同轴组合成整体，潜入水中工作的灌溉机械。其特点是体积小、易安装，使用方便，有电源的地方应用广泛。但不能用于灌溉含沙量较大的水质或泥浆。潜水泵潜入水下时应垂直吊装，不得横卧着地，浸水深度为0.5~3 m。

13.2　水泵的安装与技术检查

13.2.1　水泵机组的安装

1. 水泵机组安装位置的确定

水泵机组的安装高度位置受水泵工作原理的影响，轴流泵叶轮一般淹没在水面之下，离心泵和混流泵通常装在离水面一定高度的地方。

通常水泵装在高一些的地方，工作场地较好，但容易产生气蚀现象或造成启动困难；而装在低一些的地方，工作场地差，并容易被洪水淹没，但能可靠地避免气蚀现象，同时也便于启动。因此，在地基许可的前提下，以尽量靠近水源安装，以减少吸水管的高度，但要充分注意地基塌陷和洪水淹没机组的危险。

在受条件限制，水泵必须装在较高位置时，应根据水泵的允许吸上真空高度$H_{允}$、水泵吸水管路的损失扬程$h_{吸损}$，核算水泵的最大安装高度位置，其粗略的计算公式为

$$H_{吸实}<H_{允}-h_{吸损}$$

式中：$H_{吸实}$为水泵轴心线到进水池水面的垂直距离，单位为m，进水池水面应以正常年份的枯水位为准；有时为保险起见，实际安装时还要减去一个安全值，确保不致产生气蚀现象；安全值的大小通常为0.2~0.5 m；$h_{吸损}$为吸水管路的总损失扬程，单位为m，通常粗略估计其值为1.2~2.5 m，有底阀时采用较大的值，无底阀时采用较小的值。

2. 水泵机组的安装基础

水泵机组应安装在由钢筋混凝土浇筑成的基础上，以减少机组振动，提高传动效率和机器的使用寿命。安装基础有固定基础和临时基础两种。固定基础常采用混凝土浇筑成的块体基础（离心泵和混流泵采用）或排架式基础（轴流泵采用）。

临时基础多采用移动式（木排架式或型钢排架式）基础。临时基础在地面安置时，应先将地面夯实，按底脚尺寸在地面挖沟，把底脚木嵌入沟内；并在四周夯实、打桩（木桩或铁质钉），使其定位。

3. 水泵和动力机的连接

动力机的安装是以已经安装好的水泵为依据，动力机与水泵之间安装连接的要求，视传动方式不同而异。

(1) 联轴器直接传动

水泵以电动机作为动力机，且水泵和电动机的转速和转向一致时，可采用联轴器直接传动。联轴器的构造如图13-15（a）所示。它由驱动盘、从动盘和弹性圆柱销组成。采用弹性圆柱销连接，联轴器具有较强的缓冲和吸震能力。

在水泵和电动机之间安装联轴器时，要求水泵轴和电机轴必须同心（在一条直线上），且在联轴器两个盘之间保持一定的间隙。否则，开车后会发生震动，不但浪费功率，而且机、泵轴承均易造成损坏。

联轴器两个盘之间的轴向间隙，原则上应大于水泵轴和电动机轴窜动量之和，通常 300 mm 口径以下水泵留 2~4 mm 即可，大型泵可适当加大。轴向间隙的找正，可用直尺初校，然后用塞尺在联轴器四周分上下、左右四点测量（见图 13-15（b））。四周间隙偏差值允许不超过 0. 3 mm。

联轴器两根轴之间的同心度，偏差值不得超过 0. 1 mm。检查方法是用直角尺放在联轴器上（见图 13-15（c）），对称检查上下、左右四点。若直角尺与两个联轴器盘表面之间贴合得很紧，没有缝隙，说明联轴器两轴同心；若一个联轴器盘与尺面接触很紧，另一个联轴器盘与尺面有空隙，而检查对面对应点时情况正好相反，说明联轴器两根轴不同心。超过允许偏差值时，需对电动机进行调整，方法是在电动机底脚下增加或减少铁垫片。

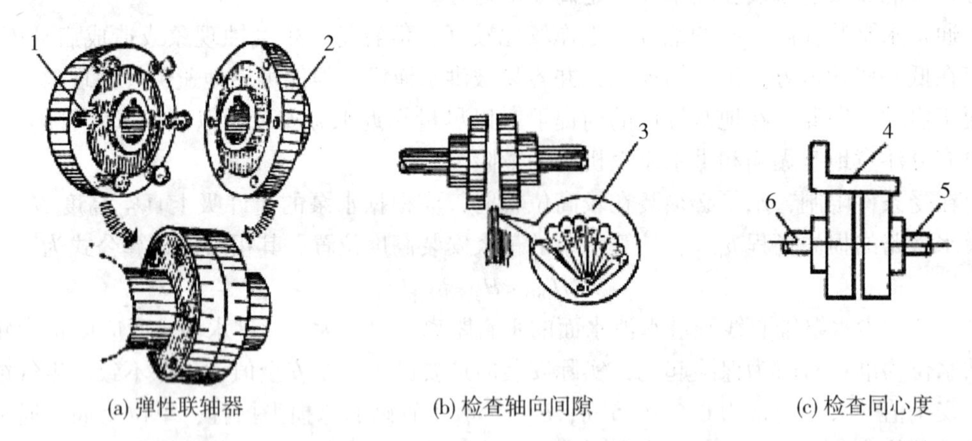

(a) 弹性联轴器　　(b) 检查轴向间隙　　(c) 检查同心度

1—弹性圈柱销；2—联结盘；3—塞尺；4—直角尺；5—电机轴；6—水泵轴

图 13-15　联轴器

（2）带传动

在水泵和动力机转速不一致，或转向不同，或轴线不在一条直线上时，采用带传动如图 13-16 所示。

采用带传动时，与动力机连接的关键问题，除机组必须找平外，主要是泵轴与动力机轴的轴线要互相平行，且两带轮的宽度中心线要在一条直线上。如果两带轮的宽度相同，当两轴平行且两带轮宽度中心线在一直线上时，两轮端面必定在同一平面内，即图中的 *A*，*B*，*C*，*D* 4 个点在同一平面上。因此，通常采用拉线法检查两带轮的平行度和位置，检查时在靠近带轮的侧面拉一根细线，以线的一端固定于其中一个带轮的 *A* 点上，然后把线拉紧，逐渐向两轮边缘靠近。如果两带轮的 4 个边缘点与拉线的距离相等，即点 *A*，*B*，*C*，*D* 与拉线接触，说明两轮已经对正，两轴线已经平行；如果 4 个边缘点与拉线的距离不等，就应进行校正。

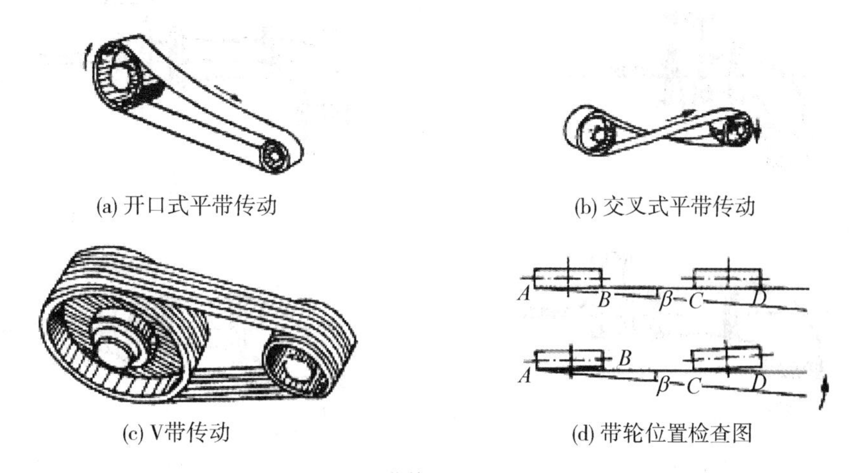

(a) 开口式平带传动　(b) 交叉式平带传动

(c) V带传动　(d) 带轮位置检查图

图 13-16　带传动的安装与检查

13.2.2　水泵管路的安装

1. 进水管路的安装

（1）滤网和底阀的安装　滤网埋入水中的深度和与池底、池壁的距离应足够，一般应不小于图 13-17 所示的数值。若底阀受地形限制必须倾斜安装时，其安装状态应如图 13-18（b）所示。要求带底阀的进水管与水平面的夹角不得小于 45°，要求底阀阀门的轴垂直于倾斜坡面，否则阀片将不能关闭或关闭不良。若带底阀的进水管为胶质软管，应用保险绳系紧，防止滤网和底阀沉入污泥中。

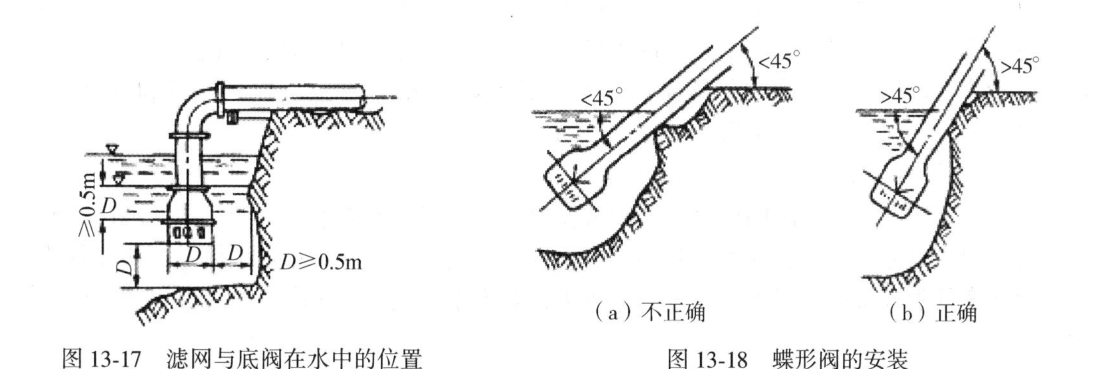

图 13-17　滤网与底阀在水中的位置

（a）不正确　（b）正确

图 13-18　蝶形阀的安装

（2）进水管的安装　进水管的任何地方均不得有漏气现象，否则将影响出水量，严重时将不能出水。在连接法兰盘时，法兰盘之间要夹装厚度为 3~5 mm 的胶垫，拧紧螺栓时应上下、左右交替进行，每个螺栓应分几次上紧，四周各螺栓要逐渐上紧。

进水管安装时（见图 13-19），整个进水管路必须平缓上升，任何部分都不能高于水泵进口的上边缘。如水平管段有向上翘起的弯管或水管有下降坡度，这样会造成管路中积聚空气团，影响吸水。

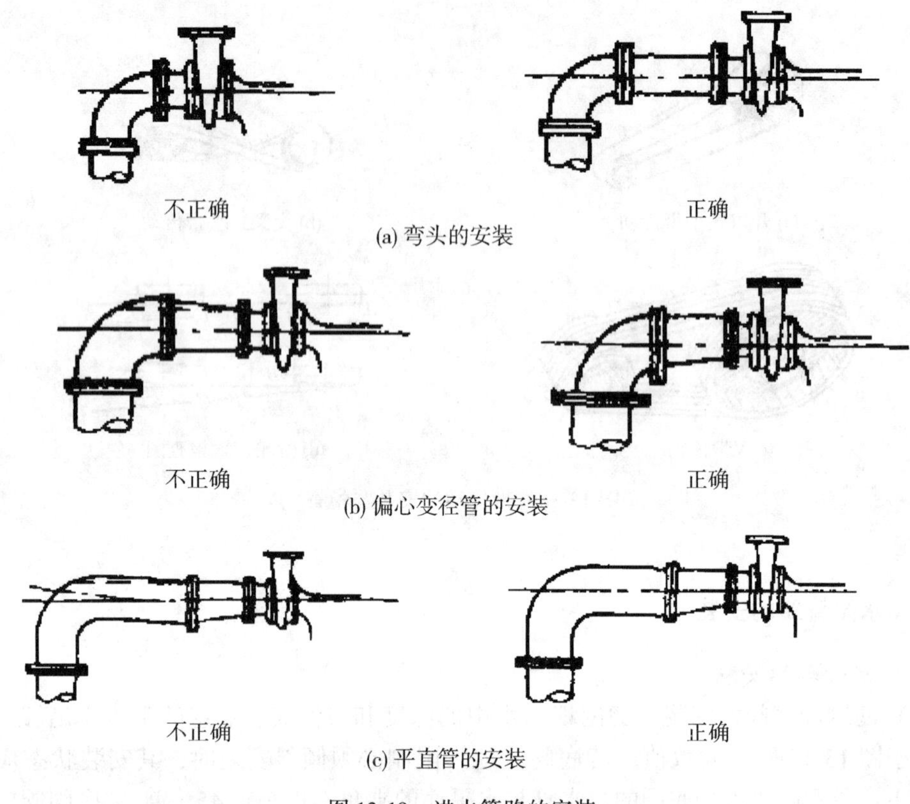

图 13-19　进水管路的安装

（3）进水管与水泵的连接

进水管路应有自己的支承，不允许把进水管坠在水泵上。

进水管的弯头不应直接和水泵的进水口连接，而应在它们之间加装一段长度为管径 3 倍的直管段，以使水流转弯后的紊流得到平顺后再进入水泵。若此段直管为偏心渐变管时，其水平面应在上面，以免管内积聚空气团。

2. 出水管路的安装

在安装出水管时，管路的铺设方向和坡度要选择得当，不能铺设得弯弯曲曲或高高低低。铺设出水管路的地段，地面应坚实。出水管道的重力不允许压在水泵体上，应在管路的每个转弯处敷设镇墩，以支持出水管的重力，若出水管较长，还应在直管段设置支墩以固定管子。

出水管口的安装应尽量避免空中自由出流（即通常所说“高射炮”式出流），而以淹没式出流为好（见图 13-20）。空中自由出流时，出水管口中心至出水池水面这一段扬程完全是浪费，而且这个不显眼的浪费是很大的。

在某些情况下，如在河堤边建站，可加接虹吸管，将出水管口伸入水中（见图 13-21）。采用此法时，由于虹吸作用消除了出水池水面至堤顶之间的附加扬程，实际扬程降为 H_2，从而减少了扬程的浪费。但要注意，采用这种方法时，必须有合适的破坏虹吸作用的措施，可在虹吸管拱背处装一只进气螺钉，工作时封闭，停机时旋开，放进空气，从而防止水倒流造成危害。

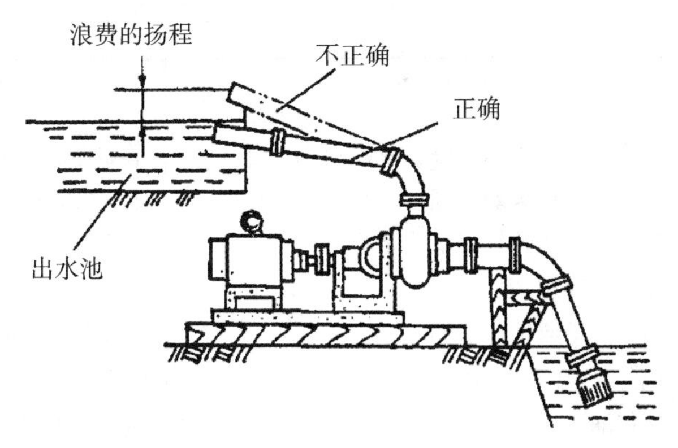

图 13-20 出水管的安装

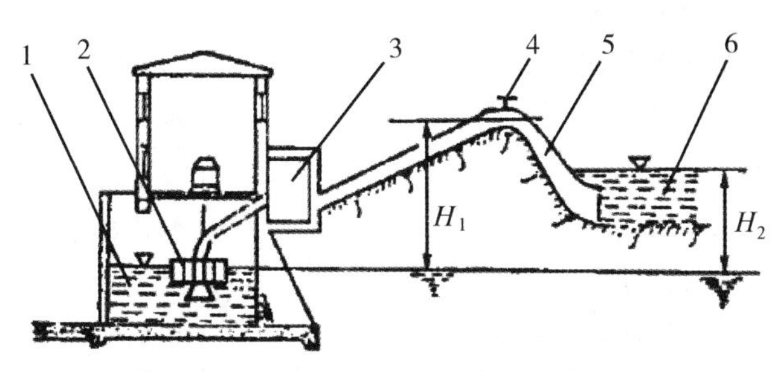

1—进水池；2—水泵；3—集水池；4—真空破坏阀；5—虹吸管；6—出水池

图 13-21 虹吸式出流

13.2.3 水泵的常见故障及其排除

水泵常见故障大体上可分为水力和机械故障两种情况，如抽不出水或出水量不足等属水力故障；泵轴断裂，轴承烧坏等属机械故障。现仅以离心泵、混流泵、轴流泵为例分析水力故障原因及排除方法，供使用时参考。水泵常见故障及其排除方法见表 13-2。

表 13-2 **水泵的常见故障及其排除方法**

故障现象	故 障 原 因	排 除 方 法
水泵不出水	充水不足或空气未排尽	继续充水或抽气
	总扬程超过规定	改变安装位置降低总扬程
	进水管路进气	堵塞漏气部位
	水泵转向不对	改变旋转方向
	水泵转速太低	提高水泵转速
	吸程太高	降低水泵安装位置
	叶轮严重损坏	更换叶轮
	填料处严重漏气	更换填料
	叶轮螺母及键脱出	修复紧固
	进水口被堵塞，底阀不灵活或锈住	消除堵塞，修复底阀

续表

故障现象	故 障 原 因	排 除 方 法
水泵出水量不足	进水管淹没水深不够，泵内吸入了空气 进水管路接头处漏气、漏水 进水管路或叶轮有水草杂物 输水高度过高 功率不足或转速不够 减漏环、叶轮磨损 填料漏气 吸水扬程过高	增加进水管长度 重新安装接头，堵塞漏气，漏水 清除水草杂物 降低输水高度 更换动力机或提高水泵转速 修理或更换 旋紧压盖或更换填料 调整吸水扬程
水泵在运行中突然停止出水	进水管路堵塞 叶轮被吸入杂物打坏 进水管口吸入大量空气	消除堵塞 更换叶轮 加深淹没深度
功率消耗过大	转速太高 泵轴弯曲、轴承磨损 填料压得过紧 流量与扬程超过使用范围 直连传动，轴心不准或带传动过紧 进水口底阀太重，使进水功耗增大	降低转速 修理或更换 重新调整 调整流量扬程使其符合使用范围 校正轴心位置，调整传动带紧度 更换底阀
水泵有杂声和振动	基础螺母松动 叶轮损坏或局部堵塞 泵轴弯曲，轴承磨损过大 直连传动两轴心没有对正 吸程过高 泵内掉进杂物	旋紧螺母 更换叶轮或清除杂物 校正和更换 重新调整 降低安装位置 消除杂物
轴承过热	润滑油不足或油质太差 轴承装配不当或泵轴弯曲 传动带太紧 轴承损坏	加油或更换符合标准的油 重新装配或校正泵轴 适当放松传动带紧度 更换轴承

13.3　喷灌系统

喷灌是通过水泵，将具有一定压力的水，通过管道系统输送给喷头，由喷头将水均匀地喷洒到田间，状如降雨一样的一种先进的灌溉技术。与地面灌溉比较，喷灌具有增产、省水、省劳力、少占耕地、防止水土流失和土壤盐碱化等许多优点。喷灌便于严格控制土壤水分，使墒情始终保持在对作物生长最有利的状态；可以防止水土流失，保持土壤的团粒结构；喷灌还可以增加近地表层的空气湿度，在炎夏可以降低气温，改善田间小气候，有利于作物的生长；喷灌冲去了叶片表面的灰尘，又有利于作物的呼吸和光合作用。所有这些有利因素，都将促使作物产量增加。

由于喷灌输水系统，大部分采用管道，防止了输水过程中的深层渗漏和蒸发损失，合理的喷灌强度，又防止了地表径流的损失。因此，水的有效利用系数大大提高，与地面灌溉比较，可以省水 30%~50%，在透水性强、保水能力差的沙质土上，甚至省水高达 70%以上。喷灌适用于任何地形、地质条件，特别是在丘陵山区，不需平整土地，可以省去大量的平整土地用工和修建沟、渠、田埂的用工。

采用喷灌比地面灌溉可以减少沟渠数量，一般可减少沟渠占地 7%~13%，节省的土地可以扩大作物的种植面积，提高土地的利用率。

由于喷灌便于控制土壤的湿度，防止深层渗漏，因此可防止地下水位上升和土壤盐碱化。

近年来喷灌还广泛用于施肥、喷药、防霜冻、污水灌溉等多种用途，效果十分显著。由于喷灌有这些优点，对于我国北方干旱缺水地区、丘陵山区、高扬程地区和土壤透水性强，不宜进行地面灌溉的地区，扩大灌溉面积，降低基本建设投资，具有重要意义。喷灌具有许多优点，但也有一些不足之处。

第一，喷灌受风力影响大。一般风力在三级以上，部分水滴会被吹走，灌溉均匀度将大大降低，故风力超过 3 级以上不宜进行喷灌；第二，空气相对湿度较低时，水滴在空中漂移、蒸发损失较大；第三，对土壤的表层湿润理想，而对深层湿润不足；第四，喷灌系统的投资和运行费用比地面灌溉要高。

喷灌系统主要包括水源、动力机、水泵、输配水管道和喷头等部分。按喷洒支管的移动方式分为固定式、半固定式和移动式三种类型。

13.3.1 固定式喷灌系统

水泵和动力机安装在固定位置，干管和支管固定埋在地下，竖管伸出地面，喷头安装在竖管上，如图 13-22 所示。其特点是使用方便，综合利用率高，喷水同时可施肥、洒农

1—干管；2—泵房；3—竖管；4—支管；5—喷头

图 13-22 固定式喷灌系统

药，但投资大。

13.3.2　半固定式喷灌系统

水泵、动力机和干管是固定的，支管和喷头可移动。其特点是减少管道投资，但劳动强度大，移动支管时易损伤作物，适用于平地的经济作物、苗圃和菜园。

13.3.3　移动式喷灌系统

水泵、动力机、干管、支管和喷头等一起可进行移动作业。移动式喷灌系统又称为喷灌机，它把喷灌系统的各个组成部分以某种形式配套组装成一个整体，满足喷洒灌溉的要求。喷灌机的种类很多，主要机型如下：

1. 定喷式机组

定喷式喷灌机组是指喷灌机工作时，在一个固定的位置进行喷洒，达到灌水量后，又移动到另一个预定好的位置进行喷洒。

（1）手抬式喷灌机　动力机和水泵安装在同一机架上，可以抬走。适用于山区、菜地、小块苗圃和试验田等，目前在我国使用较多。

（2）手推式喷灌机　动力机和水泵安装在手推车或微型手扶拖拉机上。适用于丘陵地、菜地和大田作物等，目前在我国使用最广泛。

（3）拖拉机（悬挂）牵引式喷灌机　将水泵安装在拖拉机上用拖拉机为动力带动水泵工作。适用于平原地区、大田高秆作物和草地。

（4）滚移式喷灌机　适用于平原地区和大田矮秆作物。

2. 行喷式机组

行喷式喷灌机组在喷灌过程中一边喷洒一边移动（或转动）。

（1）平移式喷灌机　适用于平地的大田作物和菜地。

（2）钢索（软管）牵引卷盘式喷灌机　用软管输水，卷盘在喷灌机工作时靠喷灌的压力水驱动并缠绕软管或钢索，拖带喷头车连续移动，进行喷洒作业。其适用性广，是目前国外公认最好的喷灌机械之一。

13.3.4　喷头

1. 喷头的构造

摇臂式喷头由喷头体、驱动机构、换向机构和密封装置等组成，如图 13-23 所示。

（1）喷头体

喷头体包括弯头、喷管、喷嘴和稳流器等，它与空心轴连成一体，可在轴套内转动。轴套与竖管连接，固定不动。喷嘴有不同孔径供选用。

（2）驱动机构

驱动机构由摇臂、摇臂轴、摇臂弹簧和调节螺钉等组成。它驱动喷头体旋转和粉碎射流。在摇臂的前端有偏流板和导水板。

（3）换向机构

换向机构又称为扇形机构。常用的摆块式换向机构由摆块、换向弹簧、拨杆、反转钩和限位环等组成，如图 13-24 所示。限位环装在轴套上，位置可以调节。反转钩固定在摇

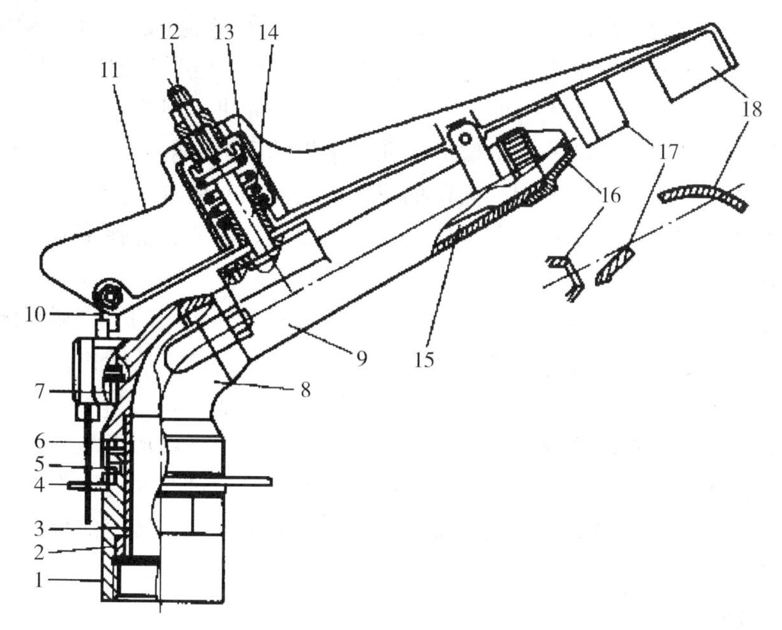

1—轴套；2—密封圈；3—空心轴；4—限位环；5—防沙弹簧；6—弹簧罩；
7—换向机构；8—弯头；9 喷管；10—反转钩；11—摇臂；12—调节螺钉；
13—摇臂弹簧；14—摇臂轴；15—稳流器；16—喷嘴；17—偏流板；18—导水板

图 13-23　摇臂式喷头

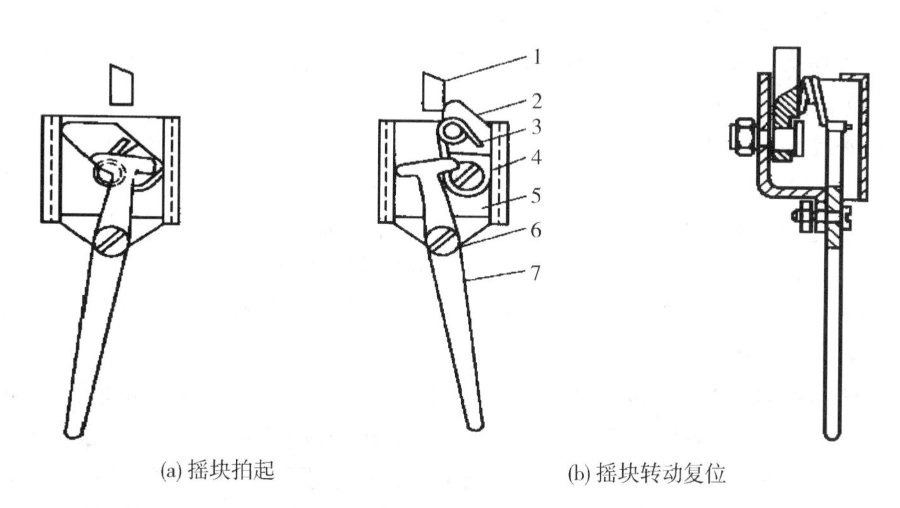

(a) 摇块拍起　　(b) 摇块转动复位

1—反转钩；2—摆块；3—换向弹簧；4—摇块轴；5—底座；6—拨杆轴；7—拨杆

图 13-24　摆块式换向机构

臂后端，摆块、换向弹簧和拨杆组装在一起，固定在弯头上，用来控制喷头的换向转动，进行扇形喷洒。

(4) 密封装置

密封装置用于密封空心轴和轴套内的间隙。常用的有橡胶密封圈和减磨密封圈两种。

2. 喷头的工作过程

摇臂式喷头工作时，高压水流进入喷管后，经稳流器稳流后，由锥形喷嘴高速射出。射流水柱通过偏流板冲到导水板上，并从侧面喷出。同时，摇臂反时针转动，将摇臂弹簧扭紧，然后摇臂在弹簧弹力作用下回位。此时，偏流板先进入射流水柱，使水柱偏流，一部分被击碎落于近处，另一部分则由偏流板和导水板的间隙中射出，落于稍远处。与此同时，水流对偏流板的反作用力继续对摇臂加速，使之沿顺时针方向转动一定的角度。如此周而复始，使喷头体不断地旋转，实现连续的扇形喷灌。调节摇臂弹簧的松紧度，可改变喷头体的旋转速度。

喷头工作时，当反转钩碰不到摆块时，喷头体做正向旋转喷洒。当喷头体转至换向机构的拨杆碰到限位环时，拨杆拨动换向弹簧，使摆块抬起而挡住反转钩，此时，摇臂在水流作用下，其尾部的反转钩不断敲击摆块，推动喷头体迅速反转。当喷头体反转至拨杆碰到另一限位环时，拨杆拨动换向弹簧，使摆块转动复位，实现扇形喷灌。调节限位环，限制拨杆移动的两个极限位置，可改变扇形喷洒的角度。可通过改变摇臂弹簧的弹力和旋转摇臂调节螺钉，来改变摇臂头部的入水深度，从而达到调整喷头转速的目的。

3. 喷头的使用与保养

（1）使用前的检查

① 检查各连接件是否紧固可靠，有无松动现象，如有则需紧固，以免影响工作的可靠性。

② 检查流道内有无异物堵塞。流道内有异物会使喷水量减小，不但影响射程和喷头转动速度，严重时喷头不转。

③ 检查各转动部分是否转动灵活、轻松。

④ 检查喷头各可调整部位（如 PY 系列喷头的摇臂弹簧、反转钩等）松紧程度是否合适，限位装置是否在规定使用位置等。

⑤ 检查喷头支架和立管是否放置平稳，支架应用插扦插牢，立管应垂直，否则工作时喷头会产生忽快忽慢现象。喷头与立管连接处不得漏水。

⑥ 检查完毕，无可疑现象，可在各转动部位加注适量的润滑油。在冬季喷洒时，PY 系列喷头需在换向器内适当涂抹一些黄油，以免摆块等零件黏水冻结。

⑦ 喷头开始工作后，机手不应立即离开现场，应注意观察一会，看其工作是否正常合适，有无异常现象。

（2）使用后的保养　在喷灌季节，每班喷洒后要清洗泥沙，擦尽水迹，转动部分加注少量润滑油。对 PY 系列摇臂式喷头，在连续工作一段时间后（许多厂家定为 100 h），应仔细拆检和清洗喷头所有零件，观察受损情况，更换或添加转动部分的润滑油脂。

（3）长期存放喷头　长期不用时，应先拆检保养，擦尽水涂油装配，进出口用纸或其他物品包好，以免杂物落入；存放时应放于无腐蚀性介质的通风干燥处，不应将喷头随便堆放。

（4）移动和运输　移动和运输过程中应避免黏上泥沙和碰撞，以免碰伤零件和连接部位产生松动。

4. 喷头常见故障及其排除方法

喷头的形式甚多，故障不尽相同，以下（表 13-3）仅就广泛使用的摇臂式喷头的常见故障及其排除方法重点加以介绍。

表 13-3　**摇臂式喷头的常见故障及其排除方法**

故障现象	故障原因	排除方法
水舌性状异常	喷头加工精度不够，有毛刺或损伤 喷嘴内部损坏严重 整流器扭曲变形 流道内有异物阻塞	喷头打磨光滑或更换喷嘴 更换喷嘴 修理或更换 拆开喷头清除异物
水舌性状尚可，但射程不够	喷头转速太快 工作压力不够	调小喷头的转速 按设计要求调高压力
喷头转动部分漏水	垫圈磨损、止水胶圈损坏或安装不当 垫圈中进入泥沙，密封端面不密合 喷头加工精度不够	换新件或重新安装 清洗空心轴 修理或更换新件
摇臂式喷头不转或转动慢	空心轴与轴套之间间隙太小 安装时轴套拧得太紧 空心轴与轴套间被进入的泥沙阻塞	车大或打磨加大间隙 适当拧松轴套 拆开清洗干净，重新安装
摇臂张角太小(甩不开)	摇臂和摇臂轴配合过紧，阻力太大 摇臂弹簧压得太紧 摇臂安装过高，导水器不能切入水舌 水压力不足	适当加大间隙 应适当调松 调低摇臂的位置 应调高水的工作压力
叶轮式喷头叶轮空转但喷头不转	换向齿轮没有搭上 叶轮轴与小蜗轮之间的连接螺钉松脱或销钉脱落 大蜗轮与轴套之间的定位螺钉松动	扳动换向拨杆使齿轮搭上 拧紧 拧紧
叶轮式水舌正常但叶轮不转	蜗轮、齿轮或空心轴与轴套间锈死 蜗轮、蜗杆或齿轮缺油，阻力过大 定位螺钉拧得太紧，致使大蜗轮产生偏心 叶轮被异物卡死	清洗干净后加油重新装好 加注润滑油使转动正常 将定位螺钉适当松开 清除异物

13.4　微灌系统

微灌系统由水泵、过滤器、灌水器、管道、管路附件及控制元件等组成。

按灌水时水流出方式不同，微灌可分为滴灌、微喷灌和渗灌。其中，微喷灌和滴灌应用较广泛。

13.4.1　滴灌

滴喷灌溉是微灌系统的尾部——灌水器为滴头或滴灌带。设备将水增压、过滤后，经管道输送至滴头，以滴水的方式，均匀而缓慢地灌入作物根部附近的土壤。当需要施肥时，可将化肥液注入管道，随同灌水一起施入土壤。滴灌有显著的节水、节能、增产效果，但滴头容易堵塞。滴灌适用于干旱缺水、土壤透性强的地区，如山地、丘陵、坡地等。

1. 滴灌系统的组成

滴灌系统由首部枢纽、管路系统和滴头三部分组成，如图 13-25 所示。

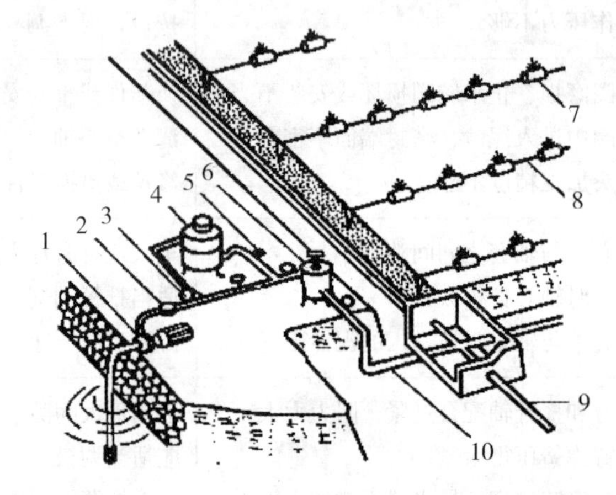

1—水泵；2—流量计；3—压力表；4—化肥罐；5—闸阀；
6—过滤器；7—滴头；8—毛管；9—支管；10—干管

图 13-25　滴灌系统

（1）首部枢纽

它是滴灌系统中的控水中枢，设在水源处，包括动力机、水泵、闸阀、化肥罐、过滤器、压力表、流量计等设备。其作用是从水源吸水加压，施入化肥，进行过滤，把一定压力和一定流量的水、肥送入管路系统。它可因地制宜适当简化。一般滴灌系统的工作压力为 0.29~2.94 MPa。

（2）管路系统

管路系统包括干管、支管、毛管及管道等各种附件。

（3）滴头

滴头的作用是将有压力的水流经过微小的孔道，以水滴的形式滴入土壤。一般布置在作物根部附近的地面上，但应离开根部一定距离，以免根部太湿引起细菌繁殖。常用的滴头有管式、孔口式和分水式三种，如图 13-26 所示。前两种滴头出水口少，流量小，适用于果树苗圃、菜地和透水性差的土壤的滴灌；后一种滴头出水口多，流量大，适用于果园和轻质土壤的灌溉。

2. 滴灌系统的使用与维护

(1) 滴灌系统的布置

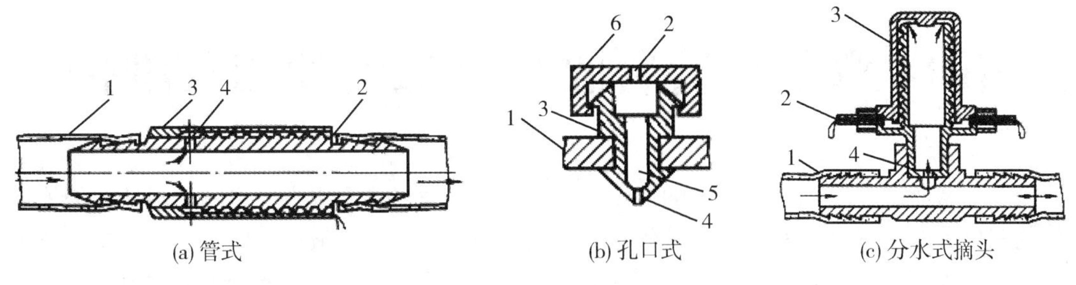

(a) 管式 (b) 孔口式 (c) 分水式摘头

1—毛管；2—出水口；3—滴头体；4—进水口；5—减压室；6—滴头罩

图 13-26 滴头

滴灌系统的首部枢纽尽可能设在系统的中央，以缩短输水距离，节约投资。在面积较小的灌区，为了方便操作，多布置在靠近水源的一侧。管路的布置：在平地，毛管应顺耕作方向并垂直于支管作对称布置，支管垂直于干管；在坡地，干、支管顺接，沿坡向下布置，毛管沿等高线布置。

(2) 滴头布置

同一滴灌系统，尽可能选用同一型号的滴头。滴头的间距根据作物种类和栽植方式而定。成行浅根作物，滴头间距一般为 30~40 cm；不成行的深根作物为 40~50 cm。

(3) 滴灌系统的维护保养

① 经常清洗过滤器。

② 滴灌用水应采取有效的沉淀和过滤措施。

③ 入冬前，北方地区固定配水管道要打开末端阀门，排净管道内的积水，防止冻裂。

④ 滴头易堵塞，必须定期清洗滴灌系统。一般为每年一次。冲洗时先从干管开始，然后是支管和毛管。

13.4.2 微喷灌

微喷灌溉是微灌系统的尾部——灌水器为微喷头。其特点是经常性的微量喷水，能调节田间小气候，增产效果显著；低压、小流量、近地面喷灌，节能节水，结合喷水可施液体化肥、农药或除草剂等。过滤要求不高；设备规格尺寸小，兼有普通喷灌和滴灌的双重优点。

第 14 章　马铃薯收获机械的使用与维护

马铃薯收获是一项非常繁重的工作，对其产量和质量都有很大的影响。国外欧美等地区的马铃薯收获机已经实现了机械化与自动化的结合，它们将液压、电子、传感器等技术应用于机器当中。能够一次性完成挖掘、清选、输送等工作。只需要个别劳动力进行辅助工作，大大地减轻了劳动者的工作强度。我国马铃薯的收获过程基本上还是传统的人工割秧、镐头刨薯、人工捡拾。人工收获不仅生产效率低，而且损伤、丢失严重，劳动强度大，生产成本高。利用马铃薯收获机将马铃薯从地下起运、筛土，最后将马铃薯裸露在地表之上。达到快收、省力、挖得净、不破皮的效果，可提高工效 20 倍以上。但国内的马铃薯收获机还处在起步和发展阶段，马铃薯收获机结构简单，只是完成简单的挖掘，条铺工作，然后通过人工拣拾完成收获工作。目前，国内马铃薯联合收获机械研究还比较少，与国外先进的联合收获机械还有很大的差距。而且在国内外将马铃薯直接进行挖掘、分离、清选、分级的联合收获机很少。因此，实现马铃薯收获作业机械化对于提高劳动生产率、减轻劳动强度、降低收获损失、以确保丰产丰收具有极其重要的意义。

14.1　马铃薯收获的农业技术要求、工艺及机械类型

14.1.1　马铃薯收获的农业技术要求

1. 马铃薯机械收获作业的技术要求

（1）及时收获。马铃薯块茎成熟的标志是植株茎叶大部分由绿转黄，并逐渐枯萎，葡匐茎干缩，易与块茎分离，块茎表面形成较厚的木栓层，块茎停止增重，但在气候太热，不能进一步生长或为保种薯质量，在茎叶未转黄时也能收获。生长期较长的晚熟品种，霜期来临时茎叶仍为绿色，霜后要及时收获。没有正常成熟的，即茎叶作为绿色的块茎表皮很薄，收获时容易损伤。

（2）收获前要割秧。除去茎叶的马铃薯成熟得比较快，它的外皮变硬，水分减少，可减少收获时的损伤，同时，也可减少收获机作业过程中易出现的缠绕，壅土和分离不清等现象，以利于机械化收获。

（3）马铃薯收获机械在收获过程中应尽可能减少块茎的丢失和损伤，同时使土壤、薯块杂草、石块彻底分离，在地面上成条铺放，以利于人工捡拾。

（4）确定合适的挖掘深度。掘起的泥土量最少而又没有过多的伤薯和漏挖现象，即减小作业阻力，挖掘深度一般为 10~20 cm，垄作轻质的土壤应深些，平作硬质的土壤应浅些，同时还要考虑主机的配套功率。

（5）质量要求，一是减少对块茎的损伤，包括皮伤、切割、擦伤和破裂，要求允许

轻度损伤小于产量的6%，严重损伤小于3%；二是避免直射阳光的高温引起的日烧病和黑心病，块茎挖掘到地面后应及时捡拾；三是块茎和土壤分离好，在易抖落的土壤里，块茎的含杂率不能超过10%；四是收获干净，丢失率≤5%。

2. 马铃薯机械收获作业的技术规范

（1）用户在使用前，应仔细阅读《使用说明书》能否正确挂接、调整和使用，是提高生产率，保证作业质量，延长机器使用寿命的关键。

（2）安装万向节，注意中间两支夹叉开口必须处于同一平面内。

（3）机器挂接好后，悬挂到地头、对准垄、放平机器，调节挖掘铲入土深度到马铃薯下5 cm左右，开始挖掘作业。

（4）作业时，液压分配器手柄应放在浮动位置，作业中要保持机组有稳定的前进速度，切忌忽快忽慢，或猛轰油门。

（5）作业时，发现异常情况，要停车检查，检查时，要切断动力，以免伤人。

（6）为了提高工作效率，在地头转弯时，提升机器不宜过高，离地10 cm即可，从而避免机具提升过高必须切断动力的情况。

（7）拖拉机动力输出轴的最高转速不能超过540 r/min，否则将损坏机器。

（8）在提升挖掘机转入运输状态时，一定要先切断动力，然后再提升。

（9）挖掘机提升离地后，不得猛轰油门，以防转速过高，损坏机器。

14.1.2 马铃薯收获的工艺和机械类型

马铃薯收获的工艺过程包括：切茎、挖掘、分离、捡拾、分级和装运等工序。按照完成的工艺过程，马铃薯收获机大致可以分成马铃薯挖掘机和马铃薯联合收获机两种。

1. 按动力分

马铃薯挖掘机有机动和畜力两种，可完成挖掘和初步分离，用人工捡拾和分级装运。如图14-1所示。

图14-1 早期畜力牵引的马铃薯挖掘机

2. 按挖掘形式分

（1）抛掷轮式　挖掘机掘起的土垡在抛掷轮拔齿的作用下，被抛到机器一侧，并散落在地表，为了避免抛的分散而不便捡拾，挖掘机在工作时带有挡帘，如图 14-2 所示。这种挖掘机结构简单，重量轻，不易堵塞工作部件，适合在土壤潮湿黏重，多石和杂草茂盛的地上作业，缺点是埋薯多，拔齿对薯块的损伤较大，现在已逐步淘汰。

（2）升运链式　其分离部件为杆条式升运器。工作时挖掘铲将薯块同土壤一起铲起，送到杆条式升运器，在一边抖动一边输送的过程中，把大部分泥土从杆条间筛下，薯块在机器后部铺放成条，为了便于捡拾和装运，升运筛后部固定一个可调的集条挡板，有的还装有横向集条输送器，如图 14-3 所示。升运链式挖掘机适宜在沙土和壤土地上作业。其特点是：工作稳定可靠，但机具较重。

图 14-2　LK20 抛掷轮式马铃薯收获机

图 14-3　MZPH-820 型单行马铃薯收获机

（3）振动式　是通过曲柄连杆机构摆动栅条分离筛进行薯块与土壤的分离，由于工作部件振动，可在一定条件下产生较大的瞬时力，从而增强了碎土性能，强化了分选效果。如图 14-4 为孟加拉国生产的马铃薯挖掘机，图 14-5 为意大利思培多农业设备公司生产的侧式土豆挖掘机，都属于这种类型。

图 14-4　孟加拉国生产的马铃薯挖掘机

图 14-5　意大利生产的侧式土豆挖掘机

3. 按收获方式分

（1）挖掘型　属手扶拖拉机或小四轮拖拉机配挂的简易挖掘机（铲）。主要部件只有挖掘铲。作业时需人工扒土清选、捡拾。特点：结构简单，整机成本低，但明薯率低，损失率高，生产率低，作业效果差。

（2）挖掘分离型　属手扶拖拉机或四轮拖拉机悬挂或牵引的马铃薯收获机。主要由悬挂或牵引连接装置、机架总成、挖掘、输送分离装置等部件组成。能一次完成挖掘、输送、清选、铺条等项作业。特点：明薯率高、损失率低、作业效果好。基本适应马铃薯种植的农艺要求。

（3）联合收获型　主要由牵引悬挂连接装置、机架总成、挖掘部件、输送、分离、清选、提升、卸料装置等部分组成。能一次完成挖掘、输送、清选、提运、装卸等项作业。特点：技术含量高、机械化作业程度高、损失率低、作业效果好，适应大面积种植马铃薯的收获作业。如图 14-6 所示。

图 14-6　现代农装生产的 1650 型带臂式马铃薯联合收获机

按动力配套型式分为自走式和牵引式两种。

自走式　该代表机型有美国 Loganfarm Equipment COLTD 生产的 W9032、W9034、W9038 等 4 行收获机，如图 14-7 所示。特点是行走轮上安装有计算机导航系统，可根据 GPS 地理信息系统进行定位；另外还有德国 Grimme 公司生产的两行自走式马铃薯收获机，如图 14-8 所示。主要特点是机器自身设计有收集装置，无需人工捡拾，节省了劳动力。机器有分选台，马铃薯块茎在收获同时被分级，减少后续作业流程。

图 14-7　美国四行自走式收获机

图 14-8　德国自走式联合收获机

牵引式　这种马铃薯收获机按输出方式分为侧输出和后输出两种。侧输出代表机型有美国 4 行牵引式马铃薯联合收获机和德国 Grimme 公司生产的 GZ DLI 型马铃薯收获机，如图 14-9 所示。GZ DLI 型马铃薯收获机具有小型、联合等特点，自身有升运装置，可将马铃薯收集在同步行走的运输车内；Double L 公司及 LookWood 公司的 LL-815 型联合收获机，在自动化控制、薯块分离以及减少薯块损伤等方面都有独到之处，但没有升运装置，仍需人工捡拾。后输出代表机型有德国 Grimme 公司生产 RL-1700 型马铃薯收获机，如图 14-10 所示，与 LL-815 型收获机相似，同样需人工捡拾。

图 14-9　美国两行侧输出式收获机

图 14-10　德国两行后输出式收获机

14.2　马铃薯挖掘机的组成及工作原理

14.2.1　马铃薯挖掘机的组成

应用中的大中型马铃薯收获机均采用杆条链作为土薯分离输运装置，然而对于小型马铃薯收获机，目前我国除了杆条链式之外，还存在摆动筛式和转笼式结构的机型，但后两者在实际应用中所占份额较小。杆条链式马铃薯挖掘机的结构如图 14-11 所示，由挖掘铲

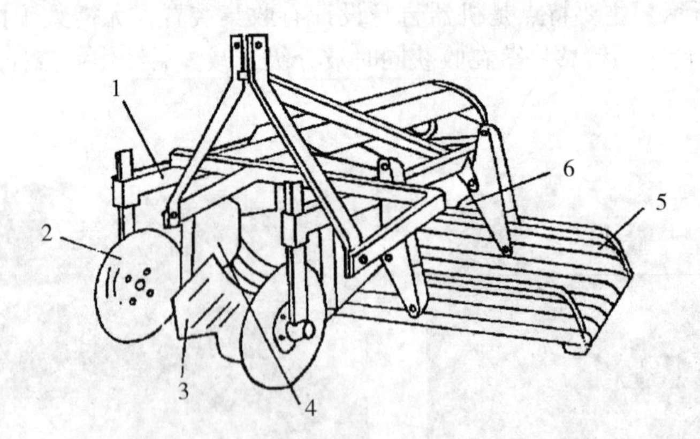

1—机架；2—切土（蔓）圆盘刀；3—挖掘铲；4—挡土板；5—分离筛；6—限深轮

图 14-11　4SW-40 型马铃薯挖掘机

组件、分离装置、纵向集条栅、传动装置和机架等部件构成；可一次完成挖掘、分离及集条铺放作业。

1. 机架

机架是连接马铃薯收获机各机构的基础部件，是用来承载各部件的载体，一般也将牵引机构安装于机架上。

机架多采用 60 mm×40 mm 的矩形管、钢板和螺栓焊接而成，主要由挂接板、减速器固定座、挖掘铲固定臂安装螺栓、分离轮固定臂安装螺栓、支撑行走轮安装套筒组成，其结构如图 14-12 所示。

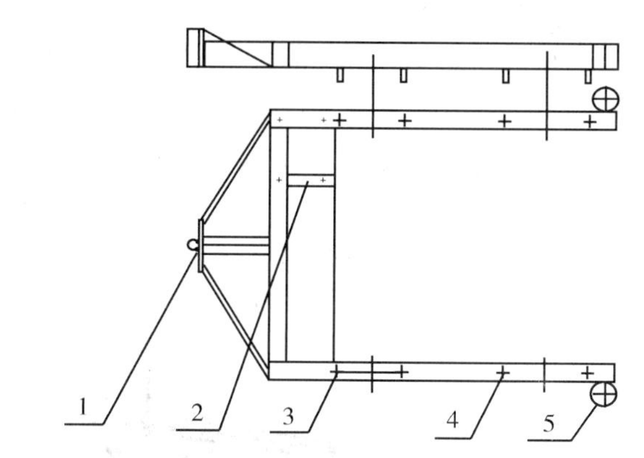

1—挂结板；2—减速器固定座；3—挖掘铲固定臂安装螺栓；
4—分离轮固定臂安装螺栓；5—支撑行走轮安装套筒

图 14-12 机架结构示意图

2. 挖掘铲

挖掘铲是马铃薯收获机的重要部件，要求挖掘马铃薯要干净利落，同时尽可能少地从行间挖起过多的土壤。其几何形状、尺寸及安装角度对机具阻力影响很大。

马铃薯挖掘铲的功用在于掘出薯块，并将它输送给分离装置。挖掘铲工作时既要保证掘出土层中的所有薯块，又要尽量减少进入机器的泥土量和降低能量消耗，同时还要防止挖掘铲上缠草和壅土，并能顺利地把崛起物输送到分离装置。在不同土壤条件（土质、湿度、温度等）下，圆满完成挖掘任务并达到各项要求非常困难。

根据机具工作时挖掘铲的运动情况，马铃薯挖掘铲分为固定式、回转式、往复式和振动式。根据工作幅宽或铲片不同可分为单铲、多铲和双铲。根据铲面形状又分为平铲（三角铲、条形铲）、凹面铲、槽形铲等，如图 14-13 所示。

固定式三角平面挖掘铲结构比振动式挖掘铲和主动圆盘挖掘部件结构简单，制造方便，不需要动力传动。其缺点是容易产生壅土现象。壅土现象产生的原因：土壤板结，有大土块、大石块和杂草缠绕。

振动式挖掘铲 具有较高的碎土性能和筛分性能，可减少分离部件的负荷 20%～40%，明显提高生产率和作业质量。但在工作时需要动力，功率消耗大，机器运转不平稳。如图 14-14 所示。

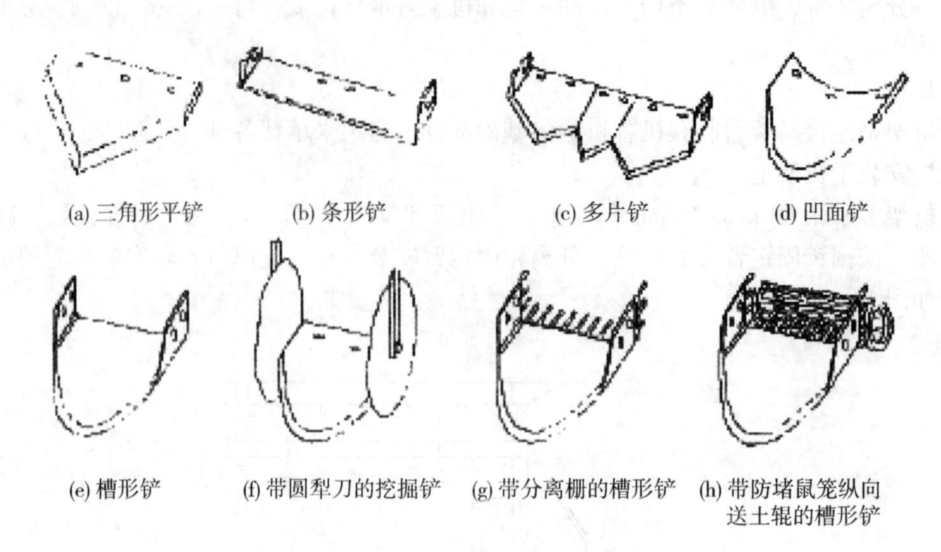

(a) 三角形平铲　(b) 条形铲　(c) 多片铲　(d) 凹面铲

(e) 槽形铲　(f) 带圆犁刀的挖掘铲　(g) 带分离栅的槽形铲　(h) 带防堵鼠笼纵向送土辊的槽形铲

图 14-13　挖掘铲的形式

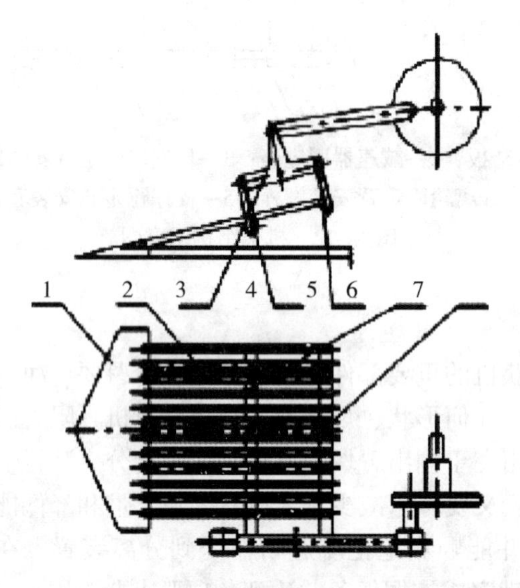

1—挖掘铲；2—键式振动筛；3—连杆；4 和 5—吊杆；6 和 7—横向键

图 14-14　振动式挖掘铲

组合式挖掘铲　它是对传统平面三角形铲的改型，由二阶平面铲和指状延伸铲构成的组合挖掘铲，使土垡蜿蜒动态流动，综合解决了减阻、壅土和近于平沟底挖掘的问题，但是结构复杂，容易产生壅堵现象。如图 14-15 所示。

栅条式马铃薯挖掘铲　其结构如图 14-16 所示。简化了挖掘铲组件的结构，使土垡在铲面输送顺利，减小了机具阻力，提高了碎土性能，同时减少了进入分离装置的土壤量。它主要由安装轴和栅条等组成。

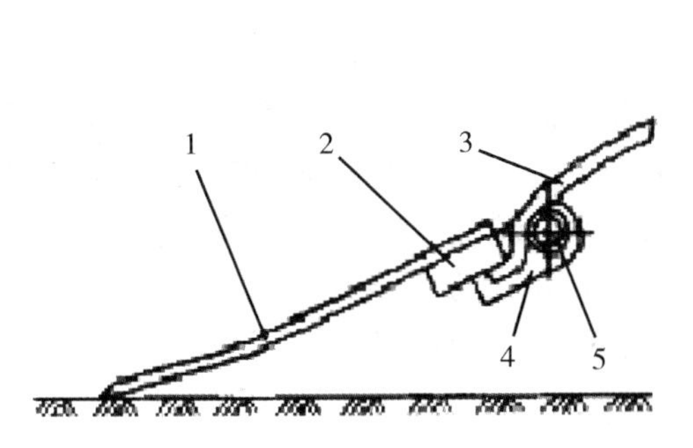

1—二阶平面铲；2—固定板；
3—指状延伸铲；4—联结耳；5—心轴
图 14-15 组合式挖掘铲

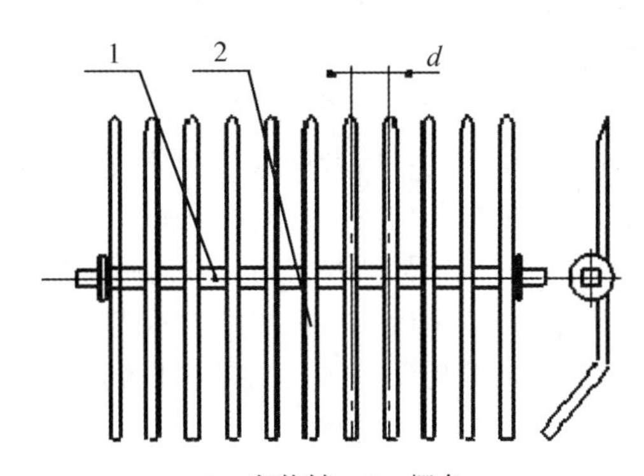

1—安装轴；2—栅条
图 14-16 栅条式挖掘铲

3. 动力传动系统

如图 14-17 所示，拖拉机动力输出轴将动力经链条传给马铃薯挖掘机变速箱的输入轴，变速箱经过一对直齿圆柱齿轮改变了动力的旋转方向和转速后，将动力经过链条传给分离轮轴使其转动，在转动过程中分离弹指撕裂土垡，将薯块从土垡中拨出来。

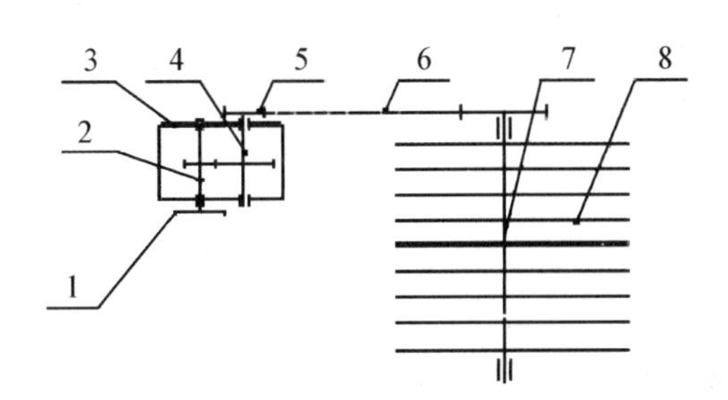

1—输入链轮；2—输入轴；3—减速箱；4—输出轴；
5—输出链轮；6—链条；7—分离轮轴；8—分离轮弹指
图 14-17 动力传动

4. 分离装置

在马铃薯挖掘机上采用的分离装置种类较多。一般马铃薯挖掘机分离装置包括输送分离器和一些专用分离器，输送分离器主要作用是将马铃薯块茎从掘起物的土壤中分离出来，并将块茎及部分土壤输送到一定位置。常用形式有抖动链式、摆动筛式、分离轮式等。

抖动链式输送分离器 结构如图 14-18 所示。它由抖动链、抖动轮及主、从动链轮组成。抖动链式输送分离器是利用薯块和夹杂物的几何尺寸不同而进行分离的。夹杂物、土块和小石子等从抖动链的杆条中漏下，薯块和大杂物等则送至后续分离器上。抖动轮是被动的，由抖动输送链带动，用来强化分离能力，有椭圆形、半椭圆形和三角形等几种，数量为一个或两个不等。近年来一些机器采用的强制式抖动机构，由曲柄直接驱动，改变曲柄的转速和半径能改变抖动频率和振幅。但抖动链式输送分离器磨损快、金属用量大、体积大。

摆动筛机构　如图 14-19 所示。筛式又可分摆动和振动两种，前者由两摇杆悬吊，曲柄连杆机构驱动；后者两端由弹簧支承，由振动源激振，以前者应用较多。筛子多为长孔，由纵横杆条构成。纵向两杆间隙为 25～35 cm。一般振动筛式的分离能力比抖动链强，但易堵塞，机架强度要求高。圆筒筛常用来作后续的分离输送器。它通常配置在抖动链式或筛式分离器之后，在筛的内表面装有叶片，在分离的同时提升薯块。这种结构使用可靠性好，能量消耗少，并且没有不平衡的惯性力，但分离能力差，金属用量大，当在潮湿的土壤里作业时容易堵塞。

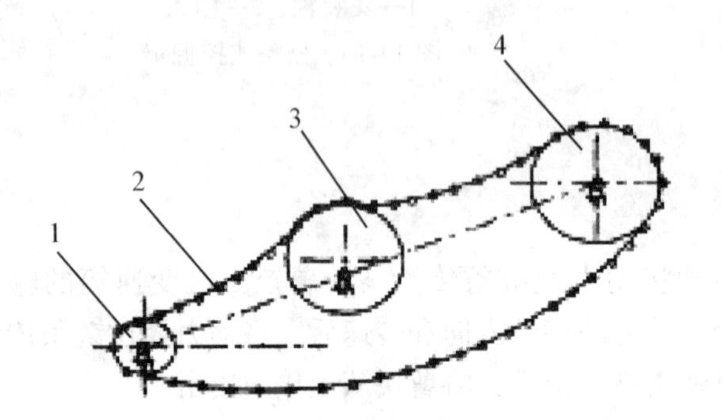

1—从动链轮；2—抖动链；
3—抖动轮；4—主动链轮
图 14-18　抖动链式输送分离器

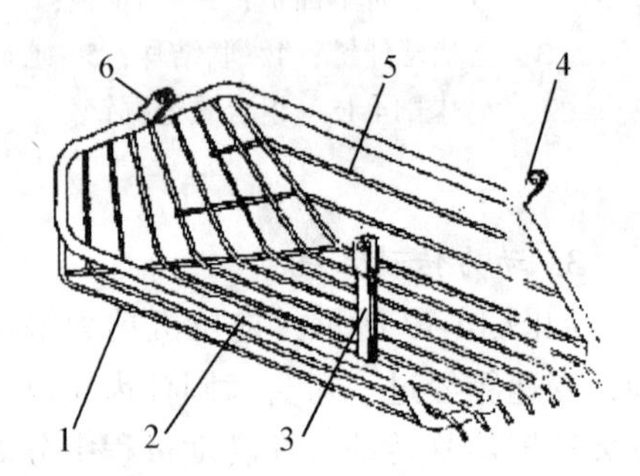

1—底筛条；2—筛框；3—左前吊耳；
4—左后吊耳；5—侧筛条；6—右吊耳
图 14-19　摆动筛机构

分离轮式薯土分离器　组成如图 14-20 所示，它主要由主轴、支撑圆环、分离弹指、弹性橡胶套等组成。在作业时，分离轮式薯土分离器经减速器通过链条带动做旋转运动，分离弹指在工作时将挖掘铲输送过来的崛起物进一步撕裂，从中拨出薯块，提高了薯土分离效率；通过支撑圆环与纵向集条栅的交错结合在薯土分离的同时能提升薯块到一定的高度；弹指上的弹性橡胶套，减少了薯块的碰撞损伤。

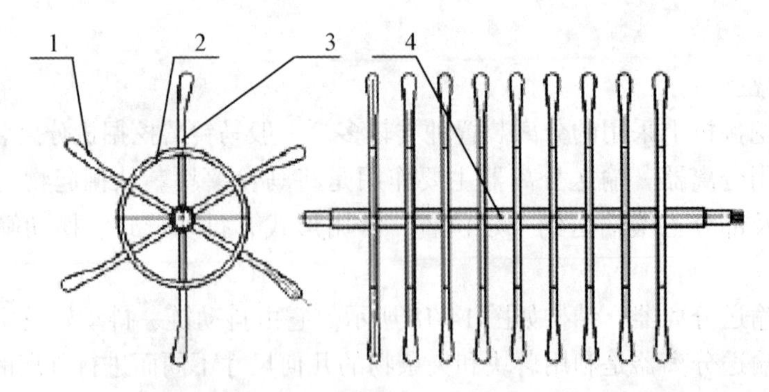

1—弹性橡胶套；2—支撑圆环；3—分离弹指；4—主轴
图 14-20　分离轮式薯土分离器结构图

14.2.2　马铃薯挖掘机的工作原理

机组作业时，栅条式挖掘铲将薯垄掘起，薯和土块一起沿栅条铲面向上向后滑移，在栅条作用下土块断裂破碎，直径小于栅条间隙的土块和马铃薯从栅条之间漏下，进行了一次分离；经过一次分离的薯和土块从栅条式挖掘铲后端滑落在分离轮上，与分离轮上弹指碰撞后被弹指拨送到纵向集条栅上，通过了第二次分离（也是最主要的分离过程，在这个过程中土块通过与弹指碰撞、被弹指拨动进一步撕裂破碎，直径小于分离轮弹指间隙的土块漏下）；其余薯和土块沿纵向集条栅向后滑动破碎使其进一步分离，最后薯与大土块成条铺放在松软垄面上。通过挖掘铲角度调节机构，可以调节马铃薯挖掘机的入土角；改变支撑轮相对于机架的位置可以调整马铃薯挖掘机的挖掘深度；通过分离轮调整装置，可改变分离轮与栅条式挖掘铲各纵向集条栅的相对位置，以提高马铃薯挖掘机的分离性能和减少伤薯率。马铃薯收获机和拖拉机牵引呈刚性联结，分离轮动力由拖拉机动力输出轴经减速机输入，采用链条传动。

14.3　马铃薯收获机的使用及调整

14.3.1　马铃薯收获机使用前的准备工作

（1）将马铃薯收获机悬挂在拖拉机后面，使拖拉机的牵引中心线与机具的阻力中心线基本重合，挂接找正后，将左右悬挂臂的限位链拉紧，防止机具在运行中左右摆动。

（2）用万向节将拖拉机的后输出轴与收获机的动力输入轴连接，用手转动万向节，检查连接件是否可靠，旋转方向是否正确。

（3）机具空运转，检查各传动部件转动是否均匀流畅，不能有卡住、异声等不正常现象。

（4）机具下地前，调节好限深轮的限深高度，将挖掘深度调节在收获农艺要求适宜范围。

14.3.2　马铃薯收获机使用时的注意事项

（1）行走时，拖拉机行走速度应控制在合适的范围，随时注意观察机具的运转情况，发现有异常现象，应立即停车，对机具进行调整。

（2）挖掘时，限深轮应走在要收获马铃薯秧的外侧，确保挖掘铲能把马铃薯挖起，不能有挖偏现象，否则会有较多的马铃薯损失。

（3）收获中发现振动分离筛工作不正常时，应立即停车，排除故障。

（4）作业到地头后，停机清除振动分离筛上缠绕的薯秧、杂草和挖掘铲上的泥土。

（5）使用后，将机具停放在地面上，及时对机具进行检查维护，并在各润滑点加注润滑油保养，放入机棚妥善保管。

14.3.3　马铃薯收获机重要部件的调整

（1）挖掘铲入土角调整。改变挖掘铲两端固定螺钉的位置，可以改变入土角度，获得更好的收获效果。

（2）挖掘深度调整。调整左右两个限深轮高低，即可改变挖掘深度，此调整可结合调整拖拉机悬挂机构的中央拉杆及左右提升拉杆来进行。

（3）振动分离筛转动速度调整。调换带动振动分离筛的主动皮带轮和被动皮带轮，可改变振动筛的转动速度。

（4）传动皮带松紧度调整。改变张紧轮的位置，即可改变传动皮带松紧度。

14.4　典型的马铃薯收获机

14.4.1　4U-1 型马铃薯收获机

4U-1 型马铃薯收获机与具有后动力输出轴的 25 马力以上拖拉机配套使用，要求收获土地平整，铲除作物地面以上的秧茎及杂草。

1. 结构与工作原理

马铃薯收获机由悬挂装置、机架总成、挖掘铲、震动筛等组成（见图 14-21）。通过拖拉机的带动，挖掘铲将土及块茎挖起，通过震动筛使茎块与土壤分离，土壤首先通过震动筛间隙漏下，最后马铃薯块茎从机器侧方落到地面。从而避免挖掘不必要的泥土，减轻作业负荷。收获时深度调节在 20 cm 左右。

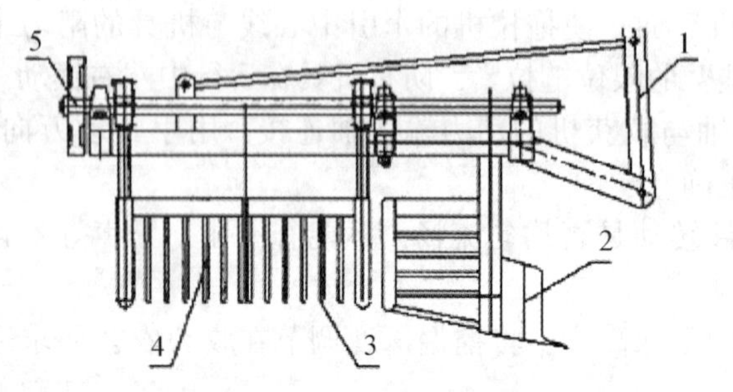

1—机架；2—挖掘铲；3—前振动筛；4—后振动筛；5—传动轴

图 14-21　4U-1 型马铃薯收获机结构简图

2. 主要技术参数

4U-1 型马铃薯收获机的主要技术参数见表 14-1。

表 14-1　**4U-1 型马铃薯收获机的主要技术参数**

外形尺寸（长×宽×高）	1 350 mm×800 mm×800 mm
配套动力	25~40 马力
挖掘深度	20 cm
作业幅宽	50 cm
工作效率	0. 2~0. 3 hm^2/h
行驶速度	4~6 公里/ h
损伤率	>5%

3. 使用与调整

(1) 机器连接

将万向节的一端与拖拉机后输出轴连接，另一端与收获机花键轴连接，再将机器与拖拉机三点悬连接。

(2) 挖掘铲深度调节

① 可通过调节拖拉机中央拉杆的长度来调节其深度，中央拉杆缩短时挖掘深度则深；中央拉杆伸长时挖掘深度则浅。注意调整后，中央拉杆的丝扣结合不能太少，否则造成机具松脱而损坏。

② 可通过调节限深轮深浅，控制挖掘铲的深度。为能更好地挖尽作物茎块，建议采用适当的挖掘深度，从而避免挖掘不必要的泥土，减轻作业负荷。收获时深度调节在 20 cm 左右为宜。

(3) 整机偏移程度调节

当上述工序完成后应及时检查挖掘铲与垄是否对正，如不对正，可通过拖拉机的悬挂系统进行偏移调节，或者通过加宽拖拉机的轮距来调节。

4. 整机试运转

按以上步骤调整完毕后，进一步检查各连接部位的可靠性，各润滑部位及转动部件是否加注了足量的润滑油。检查完毕后发动拖拉机，先用小油门，机器无异常响声后，方能逐渐加大油门。全速运转 20min 后，检查轴承及转动部件，温升不应超过 25℃，所有紧固件无松动，方可投入使用。

5. 维护与保养

轴承座每班补充 1 次黄油；地轮每 10 个班次补充 1 次黄油；每班次工作完毕后及时检查各部件是否在工作状态，否则必须及时恢复；短期停放应将机具清理干净，遮盖防雨；长期停放应将整机支垫离开地面，遮盖防潮防锈，工作表面涂油防锈。

14.4.2 4UJ-2 型马铃薯收获机

4UJ-2 型马铃薯收获机，该机结构紧凑、性能稳定，适应性强，操作维护简单方便，收获效率高，收净率高，伤薯率低，在黏重土壤及湿度较大土壤中可以将收获的马铃薯在地里成条铺放，在沙土地及湿度适中土壤加装马铃薯成堆堆放装置后（选装），还可实现马铃薯成堆堆放。该机具是将收获后的马铃薯自动升运、输送到收集箱，在装满收集箱后，由驾驶员操作液压手柄，将马铃薯收集箱倾转，将箱内马铃薯卸成一堆，用很少的人力分选，或就地用湿土掩盖，即不损失水分，也不影响马铃薯的品质，却大大减少了捡拾的人工，降低了劳动强度。

1. 结构与工作原理

该机主要由挖掘机构、链式薯土分离机构、筛片摇摆分离机构、机架、齿轮箱、三点悬挂机构、支承地轮等组成，如图 14-22 所示。

有马铃薯集堆功能的机具还加装了旋转升运笼、输送带及收集箱等部件，如图 14-23 所示。

机具在拖拉机的牵引下，将土壤及土壤中的马铃薯一起铲到挖掘铲上部，随着机具的前进滑移到链式薯土分离机构，将土壤筛落地上，而马铃薯继续向后输送，直到落到筛式

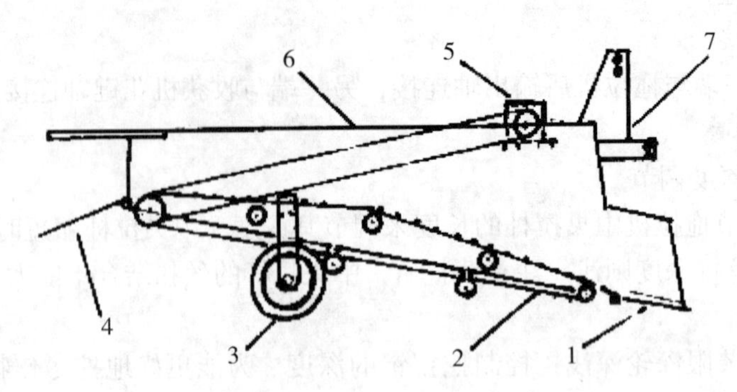

1—挖掘铲；2—薯土分离链；3—支承地轮；4—筛式摇摆机构；5—齿轮箱；6—机架侧板；7—悬挂机构

图 14-22

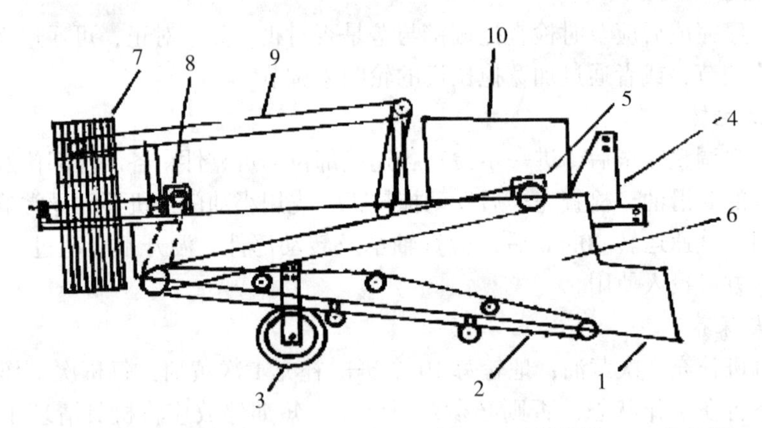

1—挖掘铲；2—薯土分离链；3—支承地轮；4—悬挂机构；5—齿轮箱；
6—机架侧板；7—旋转升运笼；8—减速器；9—输送带；10—集料箱

图 14-23

摇摆分离机构，进一步将残留的土壤筛落，而马铃薯滚落在地表成条铺放。而带集堆功能的机具是将马铃薯送到旋转升运笼中，马铃薯随笼子的旋转上升，直到顶部滚落到输送带上，由输送带送到收集箱，在装满收集箱后，再操作拖拉机的液压手柄，由液压油缸推动收集箱倾转，将马铃薯成堆堆在地上，完成收获。

2. 技术参数

4UJ-2 型马铃薯收获机的主要技术参数见表 14-2。

表 14-2　**4UJ-2 型马铃薯收获机的主要技术参数**

项目	参数
工作幅宽	1.6 m
配套动力	48~66 kW
作业效率	4~9 亩/h
作业速度	1.7~4.0 km/h

续表

挖掘深度	18~23 cm
挖净率	>97%
伤薯率	<0.5%
挂接方式	三点后悬挂
动力输出轴转速	720 转/min
外形尺寸（长×宽×高）	2900×1850×1700
机具重量	880 kg

3. 使用及安全事项

（1）检查机具的螺栓拧紧程度，检查转动部分有无卡滞及异常，如有问题及时排除。

（2）调整拖拉机液压提升螺栓，使挂接后的机具前后左右水平。

（3）该机动力由拖拉机动力输出轴通过带万向节的传动轴传来，在挂接机具时，先将传动轴方轴部分的花键套装在拖拉机的动力输出轴上并装好两个定位锁销，然后传动轴方套部分装在收获机的变速箱输入轴上，同时装好两个定位锁销，挂接时需两个人操作，一个人操作拖拉机缓慢倒车并注意尽量使拖拉机与收获机的中心处在同一直线，以方便挂接，在靠近收获机时，由另一个人装传动方套及传动轴，方套部分连接以后拖拉机继续倒退，直至拖拉机液压悬挂板孔与收获机悬挂板孔对正，然后装好悬挂轴销并用安全锁销锁好，完成挂接。

注意：挂接机具的人员应站在机具的侧边或机具上方等安全位置，以防拖拉机倒退挂接时挤伤。

（4）将机具提升到略离开地面，缓慢接合动力输出轴，检查机具有无异常。

（5）在作业前，检查或询问将要收获的地块中有无预埋的喷灌管道或较大的石块，以免作业时损坏机具。

（6）作业时应使机具缓慢下降，在支承地轮着地后，将液压手板放到浮动位置，作业时机具没有提升不许倒退，不准转急弯，作业时注意收获机的工作情况有无异常及薯土分离情况，尽量避免在潮湿的土地中用高挡作业引起土壤壅堵，造成过载离合器打滑，这样容易烧坏过载离合器。

（7）在潮湿或黏重土壤中收获时，可以将机具的旋转升运笼拆下，将摇摆筛装到机具后部，只需简单地拆下和拧紧几个螺栓就可以了，然后将机具和拖拉机挂接。将挂接好的机组行进到将要收获的田地中，操作液压手柄，使机具缓慢下降，机具着地后，将液压手柄放到浮动位置，接合动力输出轴，使机具运转，然后拖拉机挂上合适挡位开始收获。土壤及马铃薯被挖掘铲挖起来，随着机具前进、滑移到薯土分离链，将大部分土壤抖落，马铃薯及少量土壤继续向后移动，直到落到筛式摇摆分离机构，将残留土壤筛落，马铃薯滚落到地表，成条铺放，完成收获。

（8）在砂土或温度适中的土地中收获时，将机具后部的摇摆筛拆下，装上旋转升运笼。然后将升运笼的固定螺栓拧紧，再将机具挂接到拖拉机上，同时将收集箱的两根液压油管接到拖拉机的液压输出阀上。操作方法和不集堆的机具几乎一样的，马铃薯从薯土分离链掉落到旋转升运笼中，自动升运到输送带上部掉落在输送带上，再由输送带送到收集箱中，在收集箱装满后，应使拖拉机挂空挡，操作拖拉机液压手柄，依靠液压油缸将收集箱倾转，马铃薯卸成堆，随后操作液压手柄将收集箱放下，将拖拉机挂上挡后，继续收获。

注意：收集箱装满后，拖拉机需掉头或移动时，切不可提升机具，应操作液压手柄将马铃薯卸完后再提升机具，然后再移动拖拉机。

注意：如果土地里面有较大的茎蔓，应用打秧机作业一遍或将茎蔓割掉。收集箱的活门在机组的运输过程中，应该关闭并且固定，以降低运输宽度。

(9) 作业时注意收获机是否有不正常的响声等异常现象或杂草拥堵，需排除时，先切断收获机的动力输入，然后使拖拉机熄火，再进行清理或排除故障。

4. 调整保养

(1) 齿轮箱的输入轴上装有万向节，应每 4 h 注黄油一次。

(2) 经常检查皮带的松紧程度，并及时调整。

(3) 检查并调整链条的松紧，并加机油润滑。调整时拆下链条护罩，松开张紧链轮的固定螺母，将链轮置于合适的位置，使链条松紧适宜，然后拧紧张紧轮固定螺母，装好链条护罩。

(4) 经常检查机具的连接螺栓，不得有松动，应及时拧紧或更换。

(5) 经常检查链式输送机构上是否缠有残留地膜，并清理，机具支承轴、托链轴等是否缠有杂草，并及时清理，以免影响土壤下落，进而影响作业质量。

(6) 过载离合器的调整

为了保证机具的正常作业而在过载情况下不致损坏而加装了过载离合器，离合器在机具出厂时都已调好，一般不必调整。当在正常作业情况下，离合器出现打滑，导致薯土分离链不能正常运转时，需及时调整离合器。调整时只需拧紧离合器上的几个压紧螺栓，使摩擦片与链轮之间的摩擦力加大，就可以消除离合器打滑现象，调整时应尽量保持几个螺栓的压紧力一致。压紧螺栓不可以一次拧得过紧，以免机具过载时，不能切断输入动力，而损坏机具。

(7) 齿轮箱及减速器内润滑油已装好，使用中应定期检查润滑油的清洁程度，必要时更换润滑油，应选用适应环境温度的齿轮油，齿轮箱的润滑油面应装到轴承孔中心略下位置，减速器的润滑油装入应按减速器说明书添加或按原添加量加入。

(8) 薯土分离链部分的强抖轮、托链轮及驱动轴的轴承采用黄油润滑，旋转升运笼传动轴轴承、输送带托辊的轴承也都采用黄油润滑，每工作 5 班次应保养一次，加注适量黄油，薯土分离链的传动链条部分应每班润滑两次，涂上适量润滑油。

参考文献

[1] 罗云波，蔡同一. 园艺产品储藏加工学 [M]. 北京：中国农业大学出版社，2001.
[2] 周山涛. 果蔬储运学 [M]. 北京：化学工业出版社，1998.
[3] 冯双庆. 园产品采后处理 [M]. 北京：中央广播电视大学出版社，2005.
[4] 张爱芝，王书治. 马铃薯收获与储藏技术 [J]. 农业技术与装备，2007，7：48-49.
[5] 张聚华，罗容，徐剑. 马铃薯储藏过程的品质分析 [J]. 北京服装学院学报，1999，19（1）：53-56.
[6] 马铃薯储藏期间的生理变化及储藏期间的温湿度条件，http://www.shucai001.com/News/Detail-11489.html.
[7] 王迪轩. 马铃薯采后处理技术 [J]. 蔬菜，2010，9.
[8] 周朝发. 马铃薯采收与储藏技术 [J]. 农民文摘，2007，10：34-35.
[9] 康朵兰. 马铃薯大西洋块茎在休眠萌发和低温储藏期的生理生化变化 [C]. 长沙：湖南农业大学，2007.
[10] 张有林. 马铃薯的储前处理及几种储藏方法 [J]. 农产品加工，2008，6：17-19.
[11] 巩慧玲，赵萍，杨俊丰. 马铃薯储藏期间淀粉和还原糖含量的变化及回温处理的影响 [J]. 食品工业科技，2008，2：277-279.
[12] 陈彦云. 马铃薯储藏期间干物质、还原糖、淀粉含量的变化 [J]. 中国农学通报，2006，22（4）：84-87.
[13] 孙成军，王效瑜. 马铃薯储藏期间主要加工品质指标变化研究 [J]. 现代农业科技，2008，19：46-47.
[14] 蔬菜保鲜——马铃薯生理生化特性及其保鲜包装技术，http://info.1688.com/detail/1021097644.html.
[15] 刘国芬. 马铃薯高效栽培技术 [M]. 北京：金盾出版社，2000.
[16] 石瑛，秦昕，卢翠华，陈伊里. 不同马铃薯品种储藏期间还原糖及干物质的变化 [J]. 中国马铃薯，2002，16（1）：16-18.
[17] 谢发成，宋跃，杨昌达，熊继文，刘振业. 不同温度对储藏马铃薯干物质、淀粉、还原糖含量影响初报 [J]. 耕作与栽培，2003，5：27-28.
[18] 张凤军. 马铃薯不同地区品质性状差异研究 [C]. 西宁：青海大学，2007.
[19] 田丰，张永成，师理，孙海林，阮建平，纳添仓. 马铃薯不同品系储藏期品质分析 [J]. 中国马铃薯，2006，20（1）：19-23.
[20] 晋小军. 提高马铃薯产量和耐储性的农艺措施及环境控制技术 [C]. 兰州：甘肃农业大学，2005.
[21] 张亚川，郑冬梅，贾艳宇. 储藏温度对马铃薯品质的影响 [J]. 马铃薯杂志，1999，

13 (2): 120-123.

[22] 何华，赵世伟，陈国良. 不同水肥条件对马铃薯产量的影响 [J]. 西北农业大学学报，1999，27 (5): 22-27.

[23] 方贯娜，庞淑敏，李建新. 马铃薯畸形薯综合防治技术 [J]. 中国种业，2010，1: 78.

[24] Cochrane M Patricia. Potato Research，1991，34: 333-341.

[25] Nell I Monday et al. J Agric Food Chem，1992，40: 197-199.

[26] 胡启山. 马铃薯的储藏特性及其方法 [J]. 蔬菜. 2008，10: 26.

[27] 谭庆艳，于诗森，夏令奇. 浅析马铃薯的储藏技术与方法 [J]. 吉林农业，2011，7: 127.

[28] 赵生山，牛乐华. 山体窖储藏马铃薯保鲜技术 [J]. 农业科技与信息. 2008，10: 46-47.

[29] 蔬菜保鲜——马铃薯生理生化特性及其保鲜包装技术，http://info.1688.com/detail/1021097644.html.

[30] 黄先祥，伊秀锋，曾世华，段湘妮. 马铃薯储藏窖的建设及窖藏技术 [J]. 中国马铃薯，2007，21 (5): 306.

[31] 陈海柏. 马铃薯土窖储藏技术 [J]. 现代农业科技，2009，17: 118.

[32] 罗有中，王永伟. 定西市马铃薯窖藏管理技术 [J]. 中国蔬菜，2008 (2): 48-49.

[33] 张新霞. 通风储藏库的建筑及管理要点 [J]. 农村实用工程技术. 1997，1: 27.

[34] 张生梅. 马铃薯的储藏 [J]. 现代农业科技. 2008，14: 101.

[35] 通风库储藏. http://zj.baojiagri.gov.cn/zhuanjiaguanli/apple/13chucang/02/01r.htm.

[36] 黄劲松，广辉. 土豆冷库设计及注意事项 [J]. 冷藏技术，2006，12 (4): 10-13.

[37] 徐新明，冯建华. 马铃薯冷藏技术 [J]. 农业知识，2004，5: 30.

[38] 冯双庆. 水果和蔬菜的机械冷藏技术 [J]. 农村. 农业. 农民: 上半月，2001，6.

[39] 机械冷藏保鲜技术. http://www.nyjx.cn/news/2008/6/16/200861615384885452.shtml.

[40] 杜广平，李凤玉，黄莹，金明今. 黑龙江马铃薯黑心病的为害及防治 [J]. 植物医生 (双月刊)，1999，12 (3): 10.

[41] 赵生山，牛乐华. 马铃薯储藏期病害调查及药剂防治研究 [J]. 农业科技与信息. 2008，11: 44-45.

[42] 王科茂. 马铃薯储藏期主要病害及防治措施 [J]. 农业科技与信息. 2011，9: 30.

[43] 陈彦云. 宁夏西吉县马铃薯储藏期病害调查及药剂防治研究 [J]. 耕作与栽培，2007，3: 15-16.

[44] 辽宁金农网. 马铃薯储藏期的病害及防治. http://www.jinnong.cc/technology/detail.asp? id=342.

[45] 薛勇. 马铃薯块茎生理病害识别与预防. [J]. 蔬菜. 2000，8: 23.

[46] 马铃薯生理病害: 冻害和冷害. http://info.1688.com/detail/1021051130.html.

[47] 蔬菜保鲜——马铃薯生理生化特性及其保鲜包装技术. http://info.1688.com/detail/1021097644.html.

[48] 李大刚. 冬季如何保养拖拉机 [J]. 科学种养，2011 (1): 59.

［49］金攀. 冬季拖拉机工作省油要点［J］. 北京农业：实用技术，2011（1）：34.
［50］赵芳. 冬季拖拉机收车注意事项［J］. 农民致富之友，2010（11）：46.
［51］邢翠华. 拖拉机冬季使用注意事项［J］. 致富天地，2010（11）：46-47.
［52］华中农业大学. 拖拉机汽车学（汽车学）［M］. 北京：农业出版社，1988.
［53］中国农业机械流通协会，中国农业机械总公司. 新编农机商品知识［M］. 北京：中国农业科技出版社，1995.
［54］陈新轩. 现代工程机械发动机与底盘构造［M］. 北京：人民交通出版社，2002.
［55］农业部农机化技术开发推广站. 农机化使用新技术读本［M］. 北京：兵器工业出版社，2000.
［56］司玉峰. 农业机械驾驶操作人员必读 2000 年版［M］. 北京：航空工业出版社，2000.
［57］沈逸文，李代华，谢敏蓉，等. 农业机械应用技术［M］. 重庆：科学技术文献出版社重庆分社，1985 .
［58］杨丹彤. 现代农业机械与装备［M］. 广州：广东高等教育出版社，2000.
［59］朱禀兰. 农业机械使用与维修［M］. 郑州：河南科学技术出版社，2006.
［60］宋建农. 农业机械与设备［M］. 北京：中国农业出版社，2006.
［61］余泳昌主编；河南省农业机械管理局编. 新编农业机械使用读本［M］. 郑州：河南科学技术出版社，2004.
［62］朱禀兰. 小型农业机械使用与维修［M］. 郑州：中原农民出版社，1992.
［63］肖兴宇. 机械作业的使用与维护［M］. 北京：中国农业大学出版社，2009.
［64］林宏明. 农业机械［M］. 北京：高等教育出版社，2006.
［65］李宝筏. 农业机械学［M］. 北京：中国农业出版社，2003.
［66］尚书旗. 农业机械应用技术［M］. 北京：高等教育出版社，2002.
［67］高连兴. 农业机械概论［M］. 郑州：农业出版社，2000.
［68］汪懋华. 农业机械化工程技术［M］. 郑州：河南科学技术出版社，2000.
［69］张波屏. 现代种植机械工程［M］. 北京：机械工业出版社，1997.
［70］李宝筏. 农业机械学［M］. 北京：中国农业出版社，2003.
［71］高焕文. 保护性耕作技术与机具［M］. 北京：化学工业出版社，2004.
［72］高连兴. 农业机械概论［M］. 北京：农业出版社，2000.
［73］中国农业机械化科学研究院. 农业机械设计手册［M］. 北京：机械工业出版社，2001.
［74］盛国成，王晓仪. 马铃薯收获机械化技术《现代农业装备》2001.
［75］李亦清，韩建强. 2CM-2T 型系列马铃薯种植机［J］. 农机与食品机械 1998，（2）：24.
［76］盛国成，吴正文，张勇，等. 2CM-1 型马铃薯种植机［J］. 农业机械 2009，（4）：55.
［77］吕金庆，韩休海，杨金砖，等. 2CMF-2 型马铃薯施肥种植机［J］. 农机化研究 2009，（6）：105.
［78］王红. 2CML-2 型全自动马铃薯种植机［J］. 山西农机，2006，（2）：20.

[79] 马铃薯收获机械化技术《现代农业装备》盛国成、王晓仪，2001.

[80] 侯书林，胡三媛，等. 国内残膜回收机研究的现状［J］. 农业工程学报，2002（5）.

[81] 张东兴. 残膜回收机的设计［J］. 中国农业大学学报，1999，(6).

[82] 周良墉. 各具特色的残膜回收机［J］. 农业机械，2000，(4).

[83] 秦伟. 残膜回收机械的推广与改进［J］. 农村科技，2009，(7).

[84] 安世才. 1FMJ-850 型废膜捡拾机的工作原理及推广应用［J］. 农村机械化，2000，(4).

[85] 李洋. 1304 型马铃薯中耕机的研制［J］. 农业机械，2011，4.

[86] 田斌，等. 2LZF-2 型垄作马铃薯中耕施肥机的设计［J］. 机械研究与应用，2010，23（1）：135-137.

[87] 刘俊峰，杨欣，马跃进等. 4U-1A 型马铃薯收获机的设计［J］. 农业机械学报，2004，(2)：182-183.

[88] 霍振生. 实用新型马铃薯收获机［J］. 包头职业技术学院学报，2008，2 .

[89] 曾山. 马铃薯收获机械现状及发展趋势［J］. 贵州农业科学，2009，（12）：233-235.

[90] 王志军，陈士新，曹明亮等. 马铃薯收获机结构设计探讨［J］. 湖南农机. 2008，9：18-19.

[91] 张立东，刘存元. 马铃薯收获机的选型与使用. 农机使用与维修 2006，(2).

[92] 苏日娜，王相田，刘跃星等. 马铃薯收获机械作业质量测试方法探讨. 农村牧区机械化，1999，(4)：13-14.

[93] 赵满全，窦卫国，赵士杰等. 新型马铃薯挖掘机的研制与开发［J］. 内蒙古农业大学学报，2000，(2) ：91-96.

[94] 朱礼好，格力莫. 马铃薯机械的世界隐形冠军. 当代农机［J］. 2007，(8)：34-35.

[95] 杨德秋，郝新明，贾晶霞. 马铃薯机械化收获技术的发展现状［J］. 农业技术与装备. 2007，(7)：139.

[96] 许天生，方存金. 手扶式马铃薯挖掘机的技术研究与效益分析［J］. 福建农机. 2005，(3)：84-87.

[97] 岳玉泉，武凤鸣. 马铃薯收获机械试验对比分析［J］. 农村牡区机械化，1998，(2)：25-28.

[98] 刘鹏霞. 单行牵引式马铃薯联合收获机的改进设计［D］. 甘肃农业大学，2009.

[99] 乐小兵. 现代物流学［M］. 北京：清华大学出版社，北京交通大学出版社，2011.